海洋油气钻采设备质量控制

中海油安全技术服务有限公司 组织编写
张士超 黄儒康 时永刚 等◎编著

中国石化出版社
·北京·

内 容 提 要

本书包括设备质量控制相关理论方法、海洋油气钻采设备质量控制实践案例及数智化转型等相关内容。首先，从设备质量概念入手，论述了常用的设备质量检验方法、设备质量控制手段与工具；其次，在应用实例部分详细介绍了钻修机提升系统、水面井口装置和采油树、水下井口装置和采油树 3 类关键海洋油气钻采设备质量控制实务；最后，简要探讨了质量控制数智化技术及设备监理服务质量评价方法。

本书注重实用性，可供石油石化行业油气设备监理、质量控制、检验检测等专业技术人员参考使用。

图书在版编目（CIP）数据

海洋油气钻采设备质量控制/张士超，黄儒康，时永刚等编著．—北京：中国石化出版社，2024.6
ISBN 978-7-5114-7584-8

Ⅰ.①TE52

中国国家版本馆 CIP 数据核字第 2024WY9551 号

中国石化出版社出版发行
地址：北京市东城区安定门外大街 58 号
邮编：100011　电话：(010)57512500
发行部电话：(010)57512575
http://www.sinopec-press.com
E-mail:press@sinopec.com
宝蕾元仁浩（天津）印刷有限公司印刷
全国各地新华书店经销
*
787×1092 毫米 16 开本 13 印张 308 千字
2024 年 6 月第 1 版　2024 年 6 月第 1 次印刷
定价：72.00 元

前　言

设备质量是设备本质安全的基础。为确保设备的质量得到保障，对设备形成的全过程尤其是制造阶段进行质量控制，可以提高设备服役期间本质安全程度。当前，设备制造阶段质量控制依托设备监理形式开展，通过对设备制造阶段驻厂监造，可有效防范和化解设备质量安全风险，减少质量安全事故造成的损失。

近年来，国家从多个层面强调设备质量的重要性，要求加强国家重大战略装备质量监理，加强对重大设备、核心基础零部件、关键工艺和特殊工序、关键原材料的监理工作，提升生产过程质量控制水平。2023年2月6日，中共中央、国务院印发了《质量强国建设纲要》，提出完善重大工程设备监理制度，保障重大设备质量安全与投资效益。2024年1月15日，市场监管总局、国家发展改革委、科技部、农业农村部、商务部等5部门联合印发了《关于质量基础设施助力产业链供应链质量联动提升的指导意见》，部署进一步发挥质量基础设施效能，助力产业链供应链质量联动提升。2024年1月31日，中国海洋石油集团有限公司印发了《中国海洋石油集团有限公司进一步加强质量监督管理工作的指导意见》，要求以质量管控驱动本质安全提升为核心，强化重点领域质量监督，有效管控质量风险。其中重点提到采购物资质量监督：针对重点环节，管理关口前移，定期开展随机抽检、监督检查和驻厂监造，确保采购物资质量可靠。要推进建立采购物资质量问题现场反馈机制，明确反馈渠道，落实闭环管理，实现问题可追溯，逐步建立采购质量问题数据库，通过数据分析，持续提升采购物资质量。

在当前海洋油气增储上产的大背景下，越来越多的高端高附加值钻采设备投入使用，保障其制造质量愈加重要。但对于海上油气钻采设备的质量控制工作，目前并没有太多明确具体的相关标准或者指导文件，均是依据生产厂方实际情况结合中国海油管理制度及采购技术标准的要求开展。鉴于此，中海油安全技术服务有限公司根据多年来设备监理工作实践，充分吸收了陆地油田在设备监理领域的先进做法，广泛征求了设计单位、制造厂方和使用单位的意见，梳理了典型的海洋油气钻采设备监造工作流程、质量控制点和控制内容，结合应用案例形成了这部著作。希望本书的出版，能够为海洋油气钻采设备质量控制工作提供帮助，持续提高物资供应质量风险防控能力和质量管理水平，以设备质量管控驱动设备本质安全水平提升，同时推动传统设备监理服务向规范化、数智化转型。

本书共8章。其中第1章对设备质量相关概念进行了论述；第2章介绍了常用的设备质量检验方法；第3章介绍了设备质量控制方法；第4章为钻修机提升系统制造质量控制实务；第5章为水面井口装置和采油树制造质量控制实务；第6章为水下井口装置和采油树制造质量控制实务；第7章介绍了质量控制数智化技术；第8章介绍了设备监理服务质量评价方法。

本书具体编写分工如下：第1章由黄儒康、时永刚、张士超编写；第2章由张士超编写；第3章由黄儒康编写；第4~6章由张士超、时永刚、黄儒康、陈小伟、张海洋、何宝林、曾湘东、王鹏编写；第7章由张士超、黄儒康、时永刚、曹义威、张向阳编写；第8章由黄儒康、李彪彪编写。

本书受到中海油安全技术服务有限公司科技项目“海洋油气关键设备监理服务标准化及数智化技术研究与应用”（HFKJ-AH-STS202301）的资助。在本书编写过程中，参考了大量同行的良好作业实践、技术成果及设备制造厂方资料，借此出版之际，一并表示感谢。

由于编者水平有限，书中的错误和不妥之处在所难免，欢迎专家和广大读者批评指正。

目　录

1 设备质量概述

1.1 质量

1.1.1 质量的概念

质量是质量管理的对象，在有些场合也称为“品质”。站在不同的角度，对质量有不同的解释。站在顾客的角度会认为，质量的好坏在于产品是否适用和令人满意；站在生产经销商的角度会认为，质量的好坏在于产品是否符合标准。正确、全面地理解质量的概念，对于开展质量管理工作是十分重要的。

在生产发展的不同历史时期，人们对质量的理解，随着科学技术的发展和社会经济的变化而有所变化。统计质量控制之父沃尔特·休哈特(Walter Shewhart)将质量定义为“产品‘好’的程度(goodness of a product)”，但是缺乏对如何定义“好”和谁来界定产品好坏的深入探讨。现代质量管理的领军人物约瑟夫·朱兰(Joseph Juran)博士从顾客角度出发，将质量定义为“适用性(fitness for use)”，建立了顾客驱动的质量理念。著名质量管理专家菲利普·克劳斯比(Philip Crosby)则认为质量就是符合规格，是客观的、标准化的、人为给定的，符合要求是质量的唯一定义。

国际标准化组织(International Organization for Standardization，ISO)在国际标准 ISO 9000：2015《质量管理体系 基础和术语》中，将质量定义为：客体的一组固有特性满足要求的程度。该定义中的“客体”是“特性”的载体，即质量概念所描述的对象，不只局限于产品和服务，而是泛指一切可感知或可想象的事物，如产品、服务、过程、人员、组织、体系和资源等。该定义是从特性和要求两者之间关系的角度来描述质量的，即某种事物的特性满足某个群体要求的程度，满足的程度越高，说明质量越好；反之则认为该事物的质量不好或差。特性是指可区分的特征，ISO 的质量定义特别强调了用于描述事物质量的特性是固有特性，就是某事或某物中本来就有的，尤其是那种永久的特性。固有的反义是赋予或外在，事物的赋予特性如价格等，不属于质量的范畴。该定义中的“要求”是由组织利益相关方，如顾客、股东、雇员、供应商、银行、工会、合作伙伴或社会等提出的，它反映了利益相关方对质量概念所描述对象的需求或期望。这些要求有时是明确规定的，如产品购销合同中对产品性能的规定；也可以是隐含的或不言而喻的，如银行对客户存款的保密性，即使人们没有特别提出，也必须保证；还可以是由法律法规等强制规定的，如食品卫生、电气安全等。

质量这一定义具有丰富的内涵，首先强调了固有特性而不是赋予特性，它既反映了要符合标准的要求，又反映了要满足顾客的要求。将质量的概念按实体的性质细分，可分为以下几个方面：

（1）产品质量。根据质量的定义，产品质量可以理解为“产品满足规定需要和潜在需要的特征和特性的总和”。任何产品都是为满足用户的使用需要而制造的。对于产品质量来说，不论是简单产品，还是复杂产品，都应当用产品质量特性或特征去描述，包括性能、可信性等实物质量；对于设备产品而言，如发动机设备的功率、能耗、噪声水平、可靠性等。

（2）服务质量。在产品质量的基础上扩展到包括准时交付、周期时间等服务质量。例如，对于设备产品而言，顾客不仅关注设备产品本身的质量和可靠性等实物质量指标，还非常关注设备供应商的安装和服务态度、服务的响应、服务效率等。

（3）过程质量。过程质量指过程满足规定需要或潜在需要的特征和特性的总和，也可以说是过程的条件与活动满足要求的程度。过程质量涉及5M1E（人、机、料、法、环、测），这时的质量已是体现实物质量、成本、交付、环境、安全等的综合质量。对于设备产品而言，除产品和服务的质量外，设备产品生产过程、安装过程甚至维修和维护过程的质量也是顾客关注的内容，设备运行的安全性、污染物的排放、设备全寿命周期的成本等也是设备产品质量的体现。因此，产品质量和服务质量的特性要由“过程”或“活动”来保证。

（4）体系质量。体系质量即管理系统的质量，或称管理质量、经营质量，可以是一个组织的经营管理质量，还可以是一个跨组织共同体的运作质量。体系质量能反映企业的组织工作、管理工作与技术工作的水平，它不像产品质量那样直观地表现在人们面前，而是体现在一切生产、技术、经营活动之中，并且通过企业的工作效率及工作成果，最终通过产品质量和经济效果表现出来。对于设备产品而言，设备从顾客提出需求，到设计、生产、安装、调试、运行、维护、维修，最后到报废、拆除的全寿命周期，需要构建设备管理体系，这一体系的质量是设备质量管理的综合体现。

1.1.2 质量特性

1.1.2.1 质量特性的含义

质量特性是产品、过程或体系与要求有关的实体的固有特性。特性分为固有特性与赋予特性。固有特性是指本来就有的长久不变的属性。固有特性与赋予特性是相对的，如交货期是硬件产品的赋予特性，而对于服务业来说则是固有特性。特性可以是定量的或定性的。

ISO 9000标准把质量特性定义为：“与要求有关的客体的固有特性。”为了满足顾客需要，要求把感性的、含混的顾客需要变换为清晰的、理性的、技术的或工程的语言，这就是质量特性。所得到或确定的质量特性是人为变换的结果，实质上是相对于顾客需要的代用特性。这种变换的准确程度将直接影响顾客需要能否得到满足，从而影响顾客满意度。质量特性可分为以下几种类型：

(1)技术性或理化性的质量特性。例如，机械零件的刚性、弹性、耐磨性；汽车的速度、牵引力、耗油量、废气排放量；手表的防水、防震、防磁等功能。技术性的质量特性可以用理化检测仪器精确测定。

(2)心理方面的质量特性。例如，服装的样式、食品的味道、汽车象征的地位等。心理方面的质量特性反映了顾客的心理感受和审美价值，而人们的心理感受和审美价值千差万别，很难用准确的技术指标加以衡量。

(3)时间方面的质量特性。例如，耐用品的可靠性、可维修性、精度保持性、电力供应的及时性等。时间方面的质量特性同产品全生命周期的费用相联系。产品使用过程中的及时性、可靠性、可维修性以及使用费用等都极大地影响顾客的质量评价。

(4)安全方面的质量特性。产品的使用不仅要可靠、及时，而且不能给顾客造成伤害或事故，因此产品必须有保证条款和安全措施。重视安全方面的质量特性对于企业避免和防止产品责任问题的发生具有极为重要的意义。

(5)社会方面的质量特性。在考虑质量特性的内容时，仅仅考虑对应的顾客需要是不全面的，还必须考虑法律法规、环保以及社会伦理等有关社会整体利益方面的要求。

1.1.2.2 产品的质量特性

产品质量特性因产品的特点而异，表现的参数和指标也多种多样，反映用户使用需要的质量特性归纳起来一般有 7 个方面，即性能、寿命(耐用性)、可靠性与维修性、安全性、适应性、经济性和美观性等。

(1)性能是产品满足使用目的所具备的技术特性，指产品符合标准，满足一定使用要求所具备的功能。例如，机床的转速、功率；钢材的化学成分、强度等。

(2)寿命指产品能够使用的期限，即产品在规定的使用条件下，完成规定功能的工作总时间。例如，海洋石油钻机钻头的进尺数、轮胎的行驶里程数等都是衡量这些产品寿命的特性。

(3)可靠性指产品在规定的时间内和规定的条件下，完成规定任务的能力。这项质量特性反映了产品在使用过程中，其功能发挥的稳定性和无故障性。例如，机床精度的稳定期限、材料与零件的持久性与耐用性等。与可靠性相联系的特性是维修性，其是指产品在规定的条件下和规定的时间内，按规定的程序和方法进行维修时，保持或恢复到规定状态的能力。可靠性与维修性决定了产品的可用性。可用性指产品在任一时刻需要和开始执行任务时，处于可工作、可使用状态的程度。

(4)安全性指产品保证顾客的生命不受危害，身体和精神不受伤害，以及财产不受损失的能力。它主要体现在产品本身所具有的保障使用者人身安全的质量特性。此外，还应考虑不对社会造成伤害及环境污染。

(5)适应性指产品适应外界环境变化的能力。这里所说的环境包括自然环境和社会环境，前者指产品适应沙漠与山地、暴风雨与海浪、振动与噪声、灰尘与油污、电磁干扰、高温与高湿等自然条件的能力；后者指产品适应某地区、某国家、某类顾客等需求的能力。

(6)经济性是产品从设计、制造到使用整个生命周期的成本费用方面的特征。具体表现为设计成本、制造成本及使用成本。产品的经济性既要求产品制造成本低，也要求用户的使用成本低，从而达到产品全寿命周期的总费用最低。

(7)以上6个方面的质量特性属于产品的内在特性，体现其使用价值。随着社会经济的发展，消费者消费观念和消费水平也在发生变化，人们已不满足产品所提供的使用价值，而要求它们在满足物质需要的同时，还要满足人们的精神需要。例如，对产品的造型、款式、手感、色彩、包装等表现出的偏好，这种特性被称为美学质量，即美观性。

1.1.3 设备工程质量

设备工程质量是指设备工程的一组固有特性满足要求的程度。具体表现为满足法律法规、技术标准、合同文件及相关方要求的特性总和。这里所讲的设备工程质量是一个大的概念，既包括设备工程项目质量，又包括设备工程系统质量；既包括成套设备质量，又包括单件设备质量。

设备工程质量的特点主要有以下6个方面：

(1)设备种类多、数量大，技术含量高。设备类型繁多，有机械设备、电子设备、自动化仪表设备等，并且都有较高的技术含量，具有跨学科、跨行业的特点，这给设备的质量管理带来了一定的困难。

(2)质量影响因素多。就质量形成的阶段而言，影响设备质量的因素包括人、机、料、法、环等，这些因素在设备质量形成的每一个环节都会直接或间接地影响设备的质量，在质量管理过程中必须重视对各类质量影响因素的控制。

(3)质量波动大。质量影响因素的多样性直接导致质量特性的波动性，在一些大型复杂设备的质量形成过程中，由于某个环节或某个零部件的质量失控，就有可能导致质量问题，甚至酿成质量事故。

(4)质量问题的隐蔽性。大型复杂的设备往往包括内部多种类型的零部件，有些零部件的过程质量，以及由这些零部件装配成的系统质量不易或不能够经济地测量出来，只有在设备使用后才能暴露出来。有些零部件的质量需要进行破坏性试验才能暴露出来，了解和掌握了设备工程质量的隐蔽性，就应加强设备工程过程质量管理，防止隐蔽性质量问题的发生。

(5)质量问题不易诊断和处理。大型复杂设备解体拆卸复杂，返修难度大。

(6)协作的广泛性。设备工程质量的形成过程涉及不同的项目参与方，在某一个质量形成过程中也会有来自不同专业的人员共同合作，特别是大型成套设备，往往是不同领域、不同行业、多厂方、多个专业共同协作的产物。

1.2 质量管理

1.2.1 质量管理的含义

质量管理是企业为了保证和提高产品与服务质量而开展的各项管理活动的总称。ISO

9000：2015《质量管理体系 基础和术语》中，将质量管理定义为：关于质量的管理，即在质量方面指挥和控制组织的协调一致的活动。

质量活动通常包括制定质量方针和质量目标以及质量策划、质量控制、质量保证、质量改进等。其中，质量方针是由组织最高管理者正式发布的该组织总的质量宗旨和方向，通常与组织总方针保持一致；质量目标是依据组织质量方针制定的可测量目标，制定后在各职能和层次上展开；质量策划致力于设定质量目标并规定必要的作业过程和相关资源以实现目标；质量控制致力于达到质量要求，是预防不合格质量发生的重要手段和措施；质量保证致力于提供使质量要求得到满足的信任；质量改进致力于增强组织满足质量要求的能力，实现前所未有的质量水平。

对于一个企业来说，质量管理通常具有以下三项基本任务：

(1)制定质量方针目标及其实施规划。质量管理首先要确定企业在一定时期内的质量方针与目标，并制定出贯彻方针目标的实施规划。通过方针目标和规划来指导和组织各部门、各岗位的工作，激发他们为实现预期的质量目标而不断做出努力。

(2)实施质量控制。质量控制是对质量形成的过程进行监视、检测，并排除过程中影响质量的各种原因，以达到质量要求所采取的作业技术活动。质量控制贯穿于产品形成和体系运行的全过程，是企业最基本和最经常的质量管理活动，它是企业用来保证产品质量与服务质量的重要手段。在进行质量控制前，企业首先应识别影响产品、过程和体系质量的因素，通常影响质量的因素包括人员、技术和管理三方面。在实施质量控制时，首先应进行过程因素分析，找出起主导作用的因素，再实施因素控制，才能取得预期效果。

(3)实施质量保证。质量保证是为使人们确信企业能满足质量要求而开展的，并按需要进行证实的、有计划和有系统的活动。它是向用户证实企业有能力保证质量，并对其产品及服务质量负责到底的一系列活动。其核心是向人们提供足够的信任，为此，企业内部必须开展一系列质量保证活动。质量保证可分为内部质量保证和外部质量保证，前者是向企业的管理者提供信任，后者是向顾客和第三方等提供信任。

质量保证和质量控制既相互区别又相互联系，企业必须在实施质量控制的基础上提供质量保证。

1.2.2 全面质量管理

由于科学技术的迅速发展，工业生产技术手段越来越现代化，工业产品更新换代也越来越频繁。特别是出现了许多大型产品和复杂的系统工程后，对质量提出了更高的要求。人们普遍认识到，依靠制造领域的统计质量控制远远不能满足顾客对质量的要求，也远远不足以应对日益严峻的挑战。因为整个系统工程与试验研究、产品设计、试验鉴定、生产准备、辅助过程、使用过程等环节都有着密切联系，仅仅靠控制过程是无法保证质量的。这样就要求从系统的观点全面控制产品质量形成的各个环节、各个阶段。

1.2.2.1 定义

全面质量管理(Total Quality Management，TQM)指一个组织开展以质量为中心，以全员参与为基础，通过使顾客满意和本组织所有成员和社会受益而达到长期成功的管理途径。

定义中的“全员”，指组织结构中所有部门和所有层次的人员。定义中的“社会受益”，意味着满足社会的要求，取得好的效益。也就是说，全面质量管理是经营管理某一组织的一种方式，其目的是使全体成员持续地参加和协作，在符合社会需要的条件下，使用户满意，本组织长期盈利，成员也受益。

全面质量管理是一种基于组织全员参与的管理形式，是适应市场经济发展的现代质量管理，反映了质量管理的本质和客观规律。

1.2.2.2 发展历程

美国通用电气公司的费根堡姆首先提出了“全面质量管理”这一概念。费根堡姆主张解决质量问题不能仅局限于制造过程，因为制造过程中出现的质量问题只是所有质量问题的20%左右，约80%的质量问题是在制造过程以外产生的。解决问题的手段仅仅局限于统计方法也是不够的，必须是多种多样的。1961年，费根堡姆在其《全面质量管理》一书中提出：“全面质量管理是在最经济的水平上，考虑到充分满足用户要求而进行市场研究、设计、生产和服务，把企业内各部门研制质量、维持质量和提高质量的活动构成一体的一种有效体系。”费根堡姆主张用全面质量管理代替统计质量管理，强调质量控制应作为一种管理方法而不是技术方法，统计方法应作为全面质量控制过程中的一个组成部分，认为质量控制活动中的基本问题是人与人之间的关系。提倡讲究质量成本，运用系统论的方法来解决质量问题，加强企业经营的全面质量管理。从统计的质量管理发展到全面的质量管理，是质量管理工作的又一个大的进步。质量管理的发展阶段比较见表1－1。

表1－1　质量管理的发展阶段比较

项目	质量检验阶段	统计质量控制阶段	全面质量管理阶段
时期	20世纪初至20世纪40年代	20世纪40～70年代	20世纪70年代至今
生产特点	手工半机械化	大量生产	现代化大规模生产
质量概念	狭义质量	狭义质量向广义质量过渡	广义质量
管理范围	检验过程	生产制造过程	产品质量形成的全过程
管理对象	产品质量	产品质量和工序质量	产品质量、工序质量、工作质量
管理依据	质量标准	质量和控制标准	以用户为中心，侧重产品适用性
管理方法	技术检验方法	技术检验方法与数理统计方法相结合	多种管理方法相结合
参与人员	检验部门和检验人员	技术和质量检验部门	全体员工

1.2.2.3 特点

全面质量管理是一种预先控制和全面控制制度，其特点是“三全一多样”。

(1)全面质量的管理，即管理的对象是全面的。质量管理的对象不限于狭义的产品质量，而是扩大到一切质量，即广义的质量。不仅要保证产品质量，还要保证低消耗、低成本、按期交货、服务质量等，以及对质量管理的各项工作质量实行全面的综合管理。

(2)全过程的管理，即管理的范围是全面的，从市场调查、设计、生产、销售，直至售后服务等过程都纳入质量管理范围。产品质量有一个产生、形成和实现的过程，要保证产品质量，不仅要搞好生产制造过程的质量管理，还要搞好设计过程和使用过程的质量管理。对产品质量形成的全过程各个环节加以管理，形成一个综合性的质量管理工作体系。做到以防为主，防检结合，重在提高。

(3)全员参加的管理，即参加管理的人是全面的。质量管理的全员性、群众性是科学质量管理的客观要求。工业产品质量的好坏，是诸多生产环节和各项管理工作的综合反映。企业任何环节、任何人的工作质量，都会不同程度地直接或间接地影响产品质量。

(4)质量管理方法多样化，即全面、综合地运用多种方法进行质量管理。随着现代化科学技术的发展，以及生产规模的扩大和生产效率的提高，对产品质量也提出了越来越高的要求。影响产品质量的因素也越来越复杂，既有物质因素，又有人的因素；既有生产技术因素，又有管理的因素；既有企业内部的因素，又有企业外部的因素。要把如此繁多的影响因素系统地控制起来，统筹管理，仅靠数理统计方法是不可能实现的，必须根据不同情况、不同的影响因素，灵活运用各种现代化管理方法和措施加以综合管理。

1.2.3 质量管理体系

1.2.3.1 目的及作用

质量管理体系是指在质量方面指挥和控制组织的管理体系，是质量管理的组织保证。质量管理体系中所包含的内容，是指对产品质量有影响的组织体制，以及促使质量体系发挥功能的管理能力和资源能力，一般包括质量管理体系文件、质量管理职责、资源管理、产品实现过程能力管理、采购管理、监视和测量装置的控制、测量分析和改进、数据分析和改进等内容。

建立质量管理体系的主要目的是帮助组织增强顾客满意。顾客要求产品具有满足其需求和期望的特性，这些需求和期望在产品规范中表述。顾客要求可以合同方式规定或由组织自己确定。在任何情况下，产品是否可接受最终是由顾客决定的。顾客的需求和期望是不断变化的，市场竞争在加剧，技术也在不断发展，这些都促使组织持续地改进其产品和过程。

质量管理体系方法鼓励组织分析顾客要求，规定相关的过程，并使其持续受控，以实现顾客能接受的产品。质量管理体系能提供持续改进的框架，以增加顾客和其他相关方满意的机会。组织通过提供持续满足要求的产品，向顾客及相关方提供信任。

质量管理体系的作用主要有以下四个方面：

(1)质量管理体系通过有效的组织和流程将组织的质量方针和质量目标进行层层展开和分解，使得所有部门、个体的活动聚焦于顾客需求和组织的战略目标，因此质量管理体系能够帮助组织提高顾客满意度和完成组织战略目标。

(2)质量管理体系强调用过程方法管理业务流程，基于顾客需求设计业务流程，规定相关的过程管理规范和要求，并使其持续受控，以实现顾客能接受的产品要求。

(3)质量管理体系要求按照 PDCA 框架构建持续改进的管理机制和体系，通过对质量管理体系运行的评审(内审、第二方和第三方的评审等)，不断发现改进机会，并将改进机会转化为改进项目，实现持续改进。

(4)通过标准认证的质量管理体系且组织能够提供持续满足要求的产品，向组织及其顾客提供信任。

从本质上讲，质量管理体系关注的是组织流程，要求组织中的部门和个人按照规定的流程和文件执行，并能提供其按照规定流程和文件执行的记录。因此，质量管理体系不能保证产品或服务质量 100% 符合要求，但是运行良好的质量管理体系对系统性、致命性的质量问题有着重要的防范作用。构建符合企业自身特点的质量管理体系并获得相关的标准认证是一项基础性的管理工作。

1.2.3.2 ISO 9000 族标准

ISO 是 1947 年成立的一个非政府性国际标准化机构，其宗旨是在世界范围内促进标准化工作的开展，扩大知识、科学、技术和经济方面的合作。ISO 9000 族标准是国际标准化组织的质量管理和质量保证技术委员会(ISO/TC 176)制定的有关质量管理的一组国际标准，帮助组织实施并有效运行质量管理体系，是质量管理体系的通用要求。

ISO 质量管理体系标准系列中有三个核心标准：

(1)ISO 9000《质量管理体系 基础和术语》。ISO 9000 标准旨在帮助使用者理解质量管理的基本概念、原则和术语，以便有效和高效地实施质量管理体系，并实现质量管理体系其他标准的价值。标准表述的质量管理的基本概念和原则，一般适用于通过实施质量管理体系寻求持续成功的组织；对组织持续提供符合其要求的产品和服务的能力寻求信任的顾客；对在供应链中其产品和服务要求能得到满足寻求信任的组织；通过对质量管理中使用的术语的共同理解，寻求促进相互沟通的组织和相关方；依据 ISO 9001 的要求进行合格评定的组织；质量管理培训、评价和咨询的提供者等。ISO 9000 标准为质量管理体系提供了基本概念、原则和术语，为质量管理体系的其他标准的制定奠定了基础。

(2)ISO 9001《质量管理体系 要求》。ISO 9001 标准为各种类型、不同规模和提供不同产品的组织规定了质量管理体系的通用要求，供组织需要证实其具有稳定提供满足客户要求和适用法律法规要求的产品的能力时应用。组织可通过体系的有效应用，包括持续改进体系的过程及确保符合客户与适用法规的要求，增强客户满意度。ISO 9001 标准可用于内部和外部(第二方或第三方)评价组织满足客户要求、适用于产品的法律法规要求和组织自身要求的能力，是审核和第三方认证的依据。

(3)ISO 9004《质量管理 组织的力量 实现持续成功指南》。ISO 9004 标准帮助组织用有效和高效的方式识别并满足客户和其他相关方的需求和期望，实现、保持和改进组织的总体业绩，从而使组织获得成功。ISO 9004 标准提供了超出 ISO 9001 要求的指南和建议，不用于认证或合同的目的，也不是 ISO 9001 的实施指南。ISO 9004 标准鼓励组织在建立、实施和改进质量管理体系及提高其有效性和效率时，通过满足相关方要求来提高对相关方的满意程度，为组织的管理者在复杂的、要求更高的和易变动的环境中获得持续成功提供了指南。

以完整的方式运用全部 ISO 9000 族标准将使组织获得最大价值。ISO 9000 标准为正确理解和实施 ISO 9000 族标准提供了必要基础；ISO 9001 标准规定了质量管理体系要求，采用 ISO 制定的管理体系标准框架，使组织能够使用过程方法，并结合 PDCA 循环和基于风险的思维，将其质量管理体系与其他管理体系标准的要求进行协调或整合；ISO 9004 标准为选择超出 ISO 9001 标准要求的组织提供了持续成功的指南。组织在采用 ISO 9001 标准以实现第一阶段绩效水平之前应当先掌握 ISO 9000 标准，从而熟悉标准的基本概念和所使用的语言，然后可以利用 ISO 9004 标准所描述的实践来使组织的质量管理体系更加有效和高效地实现经营目标。ISO 9001 标准和 ISO 9004 标准的结构可使组织把它们与其他管理体系或部门特定要求整合起来。

1.2.3.3 建立与运行

组织是一个具有生存和学习能力的社会有机体，由相互作用的系统、过程和活动组成。在组织中建立、实施和保持质量管理体系并持续改进，是提高企业产品和服务质量的重要环节，也是一项复杂而又具有相当难度的系统工程。

ISO 9000 族标准鼓励组织在建立、保持和改进质量管理体系的绩效和有效性时采用过程方法。过程方法作为质量管理的七项原则之一，是组织建立质量管理体系的关键，可以确保质量管理过程与组织的实际业务运作过程紧密结合。过程是指任何使用资源将输入转化为输出的活动，将活动作为相互关联、功能连贯的过程组成的体系来理解和管理时，可更加有效和高效地得到一致的、可预知的结果。质量管理体系是由相互关联的过程所组成的，为了使组织有效运行，必须识别和管理许多相互关联和相互作用的过程。

ISO 9001 引言中指出，PDCA 循环能够应用于所有过程以及完整的质量管理体系。遵循过程方法和风险思维，将 PDCA 循环用于整个质量管理体系的模型如图 1－1 所示。

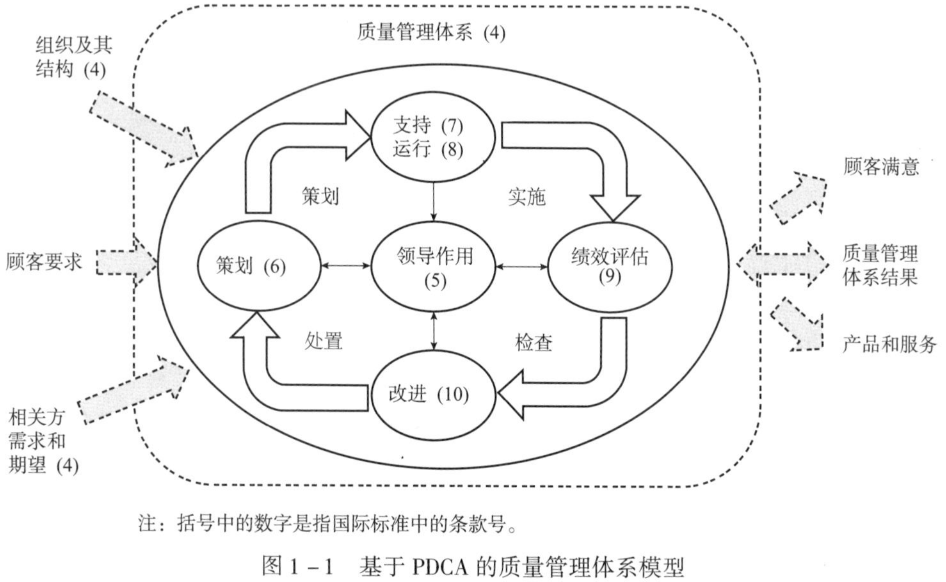

图 1－1 基于 PDCA 的质量管理体系模型

PDCA 循环简要描述如下。

策划(Plan)：根据顾客的要求和组织的方针，建立体系的目标及其过程，确定实现结果所需的资源，并识别和应对风险及机遇。

实施(Do)：执行所做的策划。

检查(Check)：根据方针、目标、要求和所策划的活动，对过程以及形成的产品和服务进行监视和测量(适用时)，并报告结果。

处置(Action)：必要时，采取措施提高绩效。

PDCA 循环使组织能够确保其过程得到充分的资源和管理，确定改进机会并采取行动。基于风险的思维使组织能够确定可能导致其过程和质量管理体系偏离策划结果的各种因素，采取预防控制，最大限度地降低不利影响，并利用出现的机遇。为了贯彻过程方法这一质量管理原则，利用 PDCA 模式有序地建立质量管理体系，有效地实施、保持和改进质量管理体系，以期通过提高产品和服务质量，使顾客满意和忠诚。

总体来说，建立和运行质量管理体系可分为三部分：质量管理体系的策划和文件化、质量管理体系的实施和保持、质量管理体系的绩效和有效性评价与改进，每项内容又可分为若干步骤，如表 1 – 2 所示。

表 1 – 2　质量管理体系的建立和运行

项目	步骤	内容
质量管理体系的策划和文件化	体系建立的前期准备	1. 管理层统一思想做出决策； 2. 成立领导小组和跨职能推进小组； 3. 确定目标和总体方案； 4. 宣传教育和导入培训； 5. 制定体系建立工作计划
	现状调查和风险与机遇分析	1. 收集相关法规资料； 2. 调查现有文件及其执行情况； 3. 质量管理现状调查； 4. 产品和服务形成过程的调查分析； 5. 风险和机遇综合分析
	体系策划	1. 确定质量方针和质量目标； 2. 分析和确定体系结构； 3. 质量职能分配； 4. 评审策划结果
	体系文件的编制	1. 制定文件编制计划； 2. 规定文件体例和标识方法； 3. 编制文件； 4. 文件审批和发布

续表

项目	步骤	内容
质量管理体系的实施和保持	体系试运行	1. 最高管理者审核并签发质量方针； 2. 最高管理者审批实施文件和指令； 3. 组织培训，使每个员工熟悉与本岗位有关的程序文件； 4. 岗位质量责任培训与考核； 5. 有关活动纳入质量管理体系运行； 6. 存在的问题和不足按程序规定修改
	体系认证	1. 确定是否认证； 2. 选择认证机构； 3. 申请认证和接受审核
	体系保持	1. 组织协调； 2. 体系监控； 3. 信息管理； 4. 体系审核和管理评审
质量管理体系的绩效和有效性评价与改进	体系绩效和有效性及其评价	1. 质量审核； 2. 管理评审； 3. 顾客满意度评价； 4. 自我评价
	体系改进	1. 实现和改进现有质量管理体系的绩效和有效性； 2. 应用 ISO 9004 持续改进组织总体绩效； 3. 导入卓越绩效模式，持续改进经营质量

1.3 设备监理与驻厂监造

1.3.1 设备监理

1.3.1.1 定义

根据 GB/T 26429—2022《设备工程监理规范》中的定义：设备监理(plant project management and supervision)是为保证符合法规、标准、合同等规定要求，对设备工程项目的设计、采购、制造、安装、调试、检修、再制造等过程及其结果进行见证、检验、审核、控制等的监督管理活动。

设备监理是工程咨询的重要组成部分。在某些领域也习惯称为设备监造。设备监理重点关注设备工程的质量、进度、费用和资源等项目制约因素。

设备监理可理解为：依据委托监理合同的约定，对设备工程实施过程中行为主体的行为进行监督、控制，并指导、协调行为主体按合同约定和相关法律、法规、规章、标准规范等要求行事，保障设备工程或设备工程项目的质量安全与投资效益，以实现设备工程项目预期的目的。设备工程中各方的关系可以用图 1－2 表示。

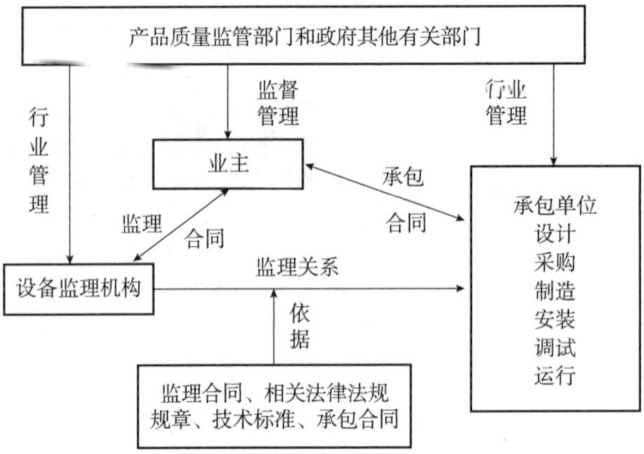

图 1－2　设备工程中各方的关系

设备监理中的“监理”二字包含两层含义：

(1)对设备工程各个组成过程中特定行为主体的履约行为进行监督、指导和管理，这里的特定行为主体一般是指设备形成过程中的设计、采购、制造、安装、调试及试运行、维护、修理和改造单位，也称为被监理方；

(2)对设备形成过程及其结果进行监督和管理，包括过程及过程中的各种活动、事件、阶段性成果、各类文件资料和最终成果等。

1.3.1.2　对象与范围

设备监理的对象，是针对设备工程项目的诸多“活动及结果”，覆盖设备全生命周期的设计、采购、制造、安装、调试、检修、再制造等一系列活动及其形成的设备实物等结果。设备监理的对象包括两个层次。

(1)设备形成的全过程及设备形成过程的结果

设备的形成过程和这些过程形成的结果构成了传统意义上的设备工程项目中设备工程的全部内容，即设备效能的形成过程。这些内容虽然相对独立完整，但又是整个设备工程项目的重要组成部分，与整个设备工程项目的其他工作过程密不可分。鉴于设备工程项目决策和实施过程中的其他内容对设备工程的影响，根据委托方的委托和实际需要，这些内容也可纳入设备监理的对象，或在进行设备监理工作时给予充分考虑。此外，由于设备投入使用后的维护、修理、更新等工作内容在工程的实施意义上与上述设备效能的形成过程没有区别。因此，根据对设备工程的定义，设备效能的维持、改善和提高的过程也被纳入设备工程的范畴，也可作为设备监理的对象。后续不再强调设备效能的维持、改善和提高过程，而统称为设备形成的过程。

(2)设备工程的行为主体——设备承包商在设备形成过程中的履约行为

设备承包商在实际合同条件下，有时也称设备采购供应商、设备制造商。设备监理的对象应包括设备形成过程中各个组成过程的承包商(设备的设计、制造、安装、检验和试运行单位)的履约行为。设备承包商也存在众多的分包商、分供方或协作企业等单位，在设备监理合同有明确约定的情况下，也可延伸到承包商的分包方。

设备监理的范围涉及设备工程项目中的各类成套和单体设备，信息系统的硬件及支持其运行的配套软件的设计、制造、安装、调试和试运行过程，这些过程既可能出现在某个工程项目的实施过程中，也可能出现在设备的使用过程中。

根据《设备监理管理暂行办法》，使用国家财政性资金的大中型基本建设项目和限额以上技术改造项目，涉及国家政策性银行或者国有商业银行规定使用贷款需要实施监理项目的设计、采购、制造、检验、储运、安装、调试等过程的质量、进度和投资等应当实施设备监理。

对政府投资项目、国有企业或者国有控股企业投资建设需要政府核准的投资项目中涉及《国家鼓励实施设备监理的重大设备目录(2014 年版)》的重大设备，应当实施设备监理。国家鼓励政府投资项目、国有企业或者国有控股企业，投资建设需要政府核准的投资项目以外的其他投资项目，参照目录实施设备监理。

综合《设备监理管理暂行办法》和《国家鼓励实施设备监理的重大设备目录(2014 年版)》的内容，下列建设项目应当实施设备监理：

(1)涉及公共安全、人身健康、生命财产安全、公共利益等的设备工程项目；

(2)使用国有资金投资或国家融资的设备工程项目；

(3)国家实行核准制的重大设备工程项目；

(4)使用国际组织或者外国政府贷款、援助资金的设备工程项目；

(5)国家政策性银行或者国有商业银行规定使用贷款需要实施监理的设备工程项目。

1.3.1.3 监理性质

设备监理行业属于服务性产业，是工程咨询行业在经济、技术、法律和组织方面提供的一种技术密集型咨询服务，它的工作性质有服务性、规范性、专业性和公正性。设备监理单位是独立的社会中介服务机构，与行政机关无行政隶属关系或者经济利益关系。

(1)服务性

在设备工程项目实施的过程中，设备监理工程师利用自身的专业设备方面的知识、技能和经验为客户提供设备监理服务，以满足业主对项目管理的需求，他所获得的报酬是技术服务性报酬。这种服务性的活动是按设备监理合同来进行的，受法律的约束和保护。由于设备监理的服务性使之与政府对工程的行政性监督活动区分开来，也使它与承包商在设备工程项目建设中的活动区别开来。

(2)规范性

规范性主要表现在设备监理工作是按照设备监理合同的要求，根据国家的法律、法规、政策、技术规范、质量标准、经济参数、合同条件等对设备工程进行咨询和管理。基于上述规范性的法规、标准、条件、合同等内容，要求设备监理过程一方面应不折不扣地按照其规定执行；另一方面，设备监理单位还应建立规范性制度，约束实际执行过程和结果不出现或少出现偏离，以保证执行的效果。

(3)专业性

设备监理是一项专业性咨询和管理活动。首先，设备监理的对象都具有较强的专业性，对设备进行设计、采购、制造、安装、调试等工作的完成都需要多个专业的、掌握工程技术专业知识的工程技术人员和管理人员；此外，设备监理工作本身也是一种专业性工作，完成设备监理的任务需要包括质量管理、项目管理、工程经济和相关的设备专业知识等，必须由掌握所需专业知识的人员完成。

(4)公正性

设备监理单位在设备监理活动中具有组织有关各方协作、配合的职能，同时作为合同管理工作的主要承担者，具有调节有关各方之间的权益矛盾、维护合同双方合法权益的职能。为实施上述职能，设备监理单位必须坚持其公正性，不能有所偏向，更不能有其他经济行为。设备监理单位应确保设备监理人员特别是设备监理工程师免受任何有可能影响监理工作公正性的商业、财务、报酬和其他方面的压力；不应有任何可能影响设备监理人员做出公正、独立判断的其他商业行为；不提供也不接受任何可能会从感觉上和实际上影响监理委托人的选择、支付及影响设备监理人员公正判断的报酬或馈赠。公正性是设备监理工作的四项原则之一，也是设备监理工程师的基本职业道德准则。

1.3.1.4 监理依据

设备监理是根据设备监理合同的约定以及业主和设备承包商所签订的设备工程合同或采购合同的要求，按照设备和设备工程的一般规律，遵循国家有关法律、法规、规章、技术标准等要求进行的工作。综上，设备监理的依据包括：设备监理合同，设备工程合同或采购合同，被监理单位自我声明的标准规范，以及有关法律、法规、规章、标准规范等。

设备监理合同是委托方与设备监理单位就设备监理所签订的委托合同。

设备工程合同或采购合同，是设备工程项目的业主与设备工程项目产品和服务承包商或供应商签订的合同，是设备监理的主要依据之一，体现了项目业主对工程的特定要求，是设备监理合同管理的对象。

被监理单位自我声明的标准规范，是指设备工程的承包商、制造商、供应商自愿、公开做出的各项承诺，如经备案的企业标准、获得认证的质量管理体系程序文件等。即使这些企业标准、程序文件没有纳入合同文本，企业也应遵照执行。

1.3.2 设备驻厂监造

1.3.2.1 基本概念

设备驻厂监造(也称驻厂监理)通常是指对设备生产过程中的制造、检验等工序实施质量监督。设备驻厂监造的实施人员可以是业主指定的工人、技术人员或其他人员，也可以是第三方监造机构。监造的工作范围主要包括：工厂资质、质量体系、人员资质审查；设备运行状况及量具、检测设备等检定情况审查；对主要原材料质量证明文件进行审核；对功能试验过程进行现场见证；对产品外观尺寸进行抽检；对产品质量证明文件(含检测报告)审核；包装发运过程的质量、进度及 HSE 监督检查工作。

1.3.2.2 质量控制点

驻厂监造工作将按照设备制造过程进行实施，在物资正式开始生产前确定监造质量控制点。根据产品的重要程度和特点，可以将整个监造过程分为文件见证点、现场见证点、停止见证点和随机抽查点。

(1)文件见证点(R点)

由设备监理工程师对设备工程的有关文件、记录或报告等进行见证、检验或审核而预先设定的监理控制点。

(2)现场见证点(W点)

由设备监理工程师对设备工程的活动、过程、工序、节点或结果进行现场见证、检验或审核而预先设定的监理控制点。

(3)停止见证点(H点)

需由设备监理工程师完成见证、检验或审核并签认后，设备工程才可转入下一个活动、过程、工序或节点而预先设定的监理控制点。

(4)随机抽查点(I点)

对生产厂生产、检验过程或检验结果进行随机检查，以确定其符合性。可根据合同或监理策划要求按照相应的检验比例、检验项目进行验证检查。

1.3.2.3 实施流程

(1)生产前期监造

检查生产厂的质量管理体系运行情况与其相关规定的符合性，以确认生产厂的管理工作正常运行。包括但不限于:

1)检查生产厂与设备工程项目相关的资质和资源条件;

2)检查特殊岗位人员资质和关键设备能力;

3)检查设备工程项目相关的质量检验计划;

4)检查外部供方质量控制、不合格控制体系等。

(2)生产过程中监造

生产制造过程的主要监造活动，包括但不限于:

1)向生产厂进行监造交底;

2)约定需生产厂配合的相关事项，可包括见证通知要求，工作中的沟通方式和渠道，监造控制点、控制方式和内容;

3)检查适用的外部供方清单，审查分承包人的资质和能力；必要时可核查生产厂的采购计划和生产计划，以确认选定或拟选定的外部供方符合要求;

4)审查设备设计文件、制造标准和规范、工艺文件、质量检验计划文件等，必要时对重要工艺方案的验证与重要工艺的评定实施监督;

5)识别设备采购技术要求与现行规范、强制性标准的偏差，设备设计文件、工艺文件与设备采购技术要求、现行规范、强制性标准的偏差;

6)审查人员资格、检查测量仪器、装置的有效性和适用性；检查加工、装配、检测、试验等过程中对质量有重要影响的环境条件;

7)检查生产设备和工艺装备的能力及状态;

8)识别设备制造过程中的重要过程，包括特殊过程、关键工序、重要的检验试验活动等，确定并实施监督控制；应对关键工序、重要活动的实施方法、实施过程和结果的符合性进行检查；

9)识别制造技术要求，尤其是关键技术要求和涉及接口的技术要求，并检查其符合性；

10)采用适当方式见证生产单位的检验试验过程(包括阶段性检查和验收、出厂最终检查和试验等)；

11)见证生产、检验和试验过程原始记录和(或)放行记录；

12)检查不合格控制，验证不合格处置结果和纠正措施，检查设备制造过程的改进措施；

13)检查设备最终的外观质量、清洁度、防异物控制情况、防腐处理情况等；

14)检查包装过程和包装质量。

(3)储运过程中监造

储运过程的主要监造活动，包括但不限于：

1)审查设备运输方案，特别是审查超限设备的运输方案，大型设备解体运输方案等，包括审查设备运输环境条件、装卸方案、加固方案、运输方式、运输工具、发运顺序、特殊的技术措施、安全措施等；

2)审查运输计划，检查大型关键设备的运输安排，包括运输前的准备工作、运输时间、人员组织安排等；

3)检查设备装箱和发运前状态，包括设备包装方式和质量，防护措施(包括防潮、防震、防污染等)，包装标识(包括设备重心吊装点、收发货标记、重量等)，随机资料等，采取适当方式核查装箱清单与实物的一致性；

4)检查设备运输前的装车等情况，检查转运、倒运等中途交接及到货验收的交接记录。

(4)收尾过程中监造

设备监造项目结束前，应确认监造合同的所有条款和要求得到满足，并开展资料整理和归档、工作总结、服务改进等收尾工作。

1)资料的整理与归档。对服务过程的资料进行整理并归档保存：按照归档文件目录整理后，按有关规定向业主或其他相关方移交；归档文件目录、立卷要求和保存期应符合业主或其他相关方的要求；宜以纸质文件、电子文件保存形式并重，纸质文件宜立卷并编制卷内目录，电子文件宜建文件夹并命名；编有归档资料总目录，办理移交手续。

2)编写并提交工作总结。内容包括但不限于：监造项目概况，包括监造范围、费用、机构、设施、周期等；监造过程资料，包括归档资料清单、典型照片等；顾客评价，包括顾客或相关方的检查、考评、通报或反馈意见；内部评价，包括内部督导、评比或通报意见；自我评价意见或建议，包括质量目标的实现程度、过程绩效以及服务的合格情况、不合格及纠正措施、需要改进的方面及措施等。

3)确认监造工作完成。确认监造工作完成，包括但不限于：设备工程项目、过程及其结果满足合同要求；设备工程项目、过程通过验收并经业主确认；提交监造总结报告等。

4)监造工作改进。收集监造服务相关的经验教训，提出改进意见和建议。内容包括但不限于：监造工作总结中提出的总结意见或建议；对风险和机遇需采取的措施意见或建议。根据总结意见或建议，给予评审或意见，以改进当前和未来的设备监造服务。

1.4 本章小结

本章阐述了质量的多维概念及其在不同利益相关方的多重含义，对设备工程质量的特点、质量管理的含义、全面质量管理的实施及其发展和质量管理体系的构建与运行进行了简要论述。最后，从设备质量控制角度出发，介绍了设备监理及设备驻厂监造相关内容。

2 设备质量检验方法

2.1 质量检验概述

对产品(含原材料、装配件、成品等)的一个或多个特性进行测量、检验、试验或度量，并将结果与规定要求进行比较以确定每项合格情况的活动，称为质量检验(简称检验)。即检验是通过观察和判断，必要时结合测量、试验所进行的符合性评价。

2.1.1 检验作用

质量检验在产品质量管理中的主要作用包含以下四个方面：

(1)鉴别

根据技术标准、产品图样、作业规程(工艺)或订货合同、技术协议等规定，采用相应的检测方法观察、测量、试验产品的质量特性，判定产品质量是否符合规定的要求，这是质量检验的鉴别功能。鉴别是把关的前提，只有经过鉴别才能判断产品质量是否合格。因此，鉴别功能是质量检验的各项功能的基础。

(2)把关

把关是质量检验中最重要、最基本的功能。把关是将鉴别发现的不合格品控制，不交付预期使用的“关口”。产品的生产往往是一个复杂的过程，影响质量的各种因素都会在该过程中发生变化，各过程或工序质量波动是不可避免的。因此，必须通过严格的质量检验剔除不合格品并予以隔离，以实现不合格的原材料不投产；不合格的产品组件及中间产品不转序、不放行；不合格的产品不交付。

(3)预防

质量检验的预防作用主要表现在两个方面：一是通过测定工序能力和使用控制图起到预防作用；二是通过工序生产中的首件检验与流动检验起到预防作用。

(4)报告

为及时掌握产品在生产过程中的质量状况，评价和分析质量控制的有效性，质量检验人员应对检验获取的数据和信息进行汇总、整理、分析并形成报告，从而为质量控制、质量改进、质量考核、质量监督及质量决策等提供信息和依据。

2.1.2 检验方式

检验方式是对具体的检验对象，在不同的条件和要求下所采取的不同的检验方法。对于制造业而言，检验方式可按表 2－1 划分。

表 2－1 检验方式分类

分类原则	检验方式	说明
按生产流程划分	进货检验	对进厂外购物品所进行的检验
	过程检验	为判定半成品或产品能否流转入下道工序所进行的检验
	最终检验	产品制造、返修或调试完成后所进行的检验
按检验目的划分	生产检验	对半成品、装配件、产品等在整个过程中的检验
	验收检验	需方为了得到质量合格的物品对入厂物品质量所进行的检验
	复查检验	对检验员检验过的产品进行随机抽验或全数检验
	仲裁检验	当质检员与生产工人或供需双方对产品质量发生争议时，由第三方所进行的检验
按检验地点划分	固定检验	在固定的地点设置检查站(点、组)，生产工人将自己加工完毕并经自检合格的产品送到检验站由专职检验员所进行的检验
	巡回检验	检验员在生产过程中按规定所进行的流动性来回检验
	派出检验	将检验员派到供方或使用方对产品质量所进行的检验
	就地检验	在生产线上设置检验点，由检验员就地对产品质量所进行的检验
按检验人员划分	自我检验(自检)	生产工人对自己生产出来的产品质量所进行的检验
	互相检验(互检)	工序之间的生产工人对产品质量互相进行检验
	专职检验(专检)	由专职检验员对产品质量所进行的检验
	兼职检验(兼检)	既是生产工人又是检验员的人员对产品质量所进行的检验
按检验数量划分	全数检验	对一批产品的每一个产品的质量逐一进行检验
	抽样检验	根据事先制定的抽样方案，从一批产品中随机抽取一部分作为样品，以这部分样品的检验结果，对整批产品质量合格与否做出判定的检验
	免检	免除检验
按检验后果性质划分	非破坏性检验	在检验过程中被检验产品不受到破坏的检验
	破坏性检验	在检验过程中被检验产品受到破坏的检验

2.1.3 检验方法

检验方法是指检验时所采用的检验原理、检验程序、检验手段和检验条件的总称。常用检验方法的分类如图 2－1 所示。

2.1.4 检验步骤

(1)质量检验准备工作。了解被检验对象，明确检验依据，熟悉并正确选择计量器具，制定检验计划。

- 检验方法
  - 感官检验
    - 视觉检验
    - 触觉检验
    - 听觉检验
    - 味觉检验
    - 嗅觉检验
  - 试验性使用效果检验
  - 器具检验
    - 物理检验
      - 几何量检验
      - 热学检验
      - 力学性能检验
      - 电学性能检验
      - 光学检验
      - 时间频率检验
      - 其他物理性能检验
        - 声学检验
        - 流量检验
        - 无损检验
    - 化学分析
      - 常规化学分析
        - 质量分析
        - 滴定分析
      - 仪器分析（物理化学分析）
        - 光学分析
        - 电化学分析
        - 放射化学分析
        - 色谱分析
        - 质谱分析
    - 生物学检验
      - 生理学试验
      - 生物学试验
      - 微生物学试验

图 2－1　检验方法

(2)获取样品。样品在客观上决定了质量检验结果，获得样品的途径包括送样和取样两种。

(3)试样或试液的制备。在对某些产品或材料进行质量检验时，必须事先制作专门的检测或试验用的试样，或者配制一定浓度、成分的试液。

(4)检测或试验。按已确定的检验方法，对产品质量特性进行定量或定性的观察、测量、试验，得到需要的量值和结果。

(5)记录和描述。对测量的条件、测量得到的量值和观察得到的技术状态用规范的格式和要求予以记载或描述，将它们作为客观的质量证据保存下来。

(6)比较和判定。由专职人员将质量检验结果与规定要求进行对照比较，确定每项质量特性是否符合规定要求，从而判定受检产品是否合格。

(7)确认和处置。负责质量检验的人员对质量检验记录和判定结果进行签字确认，并对产品是否可以接收或放行做出处置。

2.2 理化检验

2.2.1 概述

理化检验是利用物理的、化学的技术手段，采用测量器具、仪器仪表和测试设备或化学物质和试验方法，对产品进行检验而获取结果的检验方法。理化检验是确保和提高产品质量、评价产品性能的重要手段和科学依据。其对产品的质量既有监督保护作用，又有指导作用。理化检验内容主要包括：金属材料力学性能检测、金属材料化学分析、金相检验与分析、非金属材料化学分析、非金属材料性能检测、特种材料理化分析等。

材料的性能主要包括使用性能和工艺性能。使用性能主要包括力学性能、物理性能、化学性能。

(1)力学性能是指材料在不同环境因素(温度、介质)下承受外力作用时所反映出来的性能，通常表现为材料的变形和断裂，它是衡量金属材料好坏极其重要的标志。金属材料的力学性能主要有弹性、塑性、强度、刚度、硬度、冲击韧性、疲劳强度、断裂韧度等。

(2)物理性能。金属材料的主要物理性能有密度、熔点、热膨胀性、导热性、导电性和导磁性等。由于材料的用途不同，对于其物理性能的要求也有所不同。

(3)化学性能是金属材料在室温或高温时抵抗各种化学作用的能力，主要是指抵抗活泼介质的化学侵蚀的能力，如耐酸性、耐碱性、抗氧化性等。

加工工艺性能按金属材料成形加工工艺方法的不同，可分为铸造性、可锻性、焊接性和切削加工性等。

由于油气钻采设备多为金属材料，本章节主要介绍金属材料力学性能试验和金属材料化学分析。

2.2.2 金属材料力学性能试验

2.2.2.1 力学性能试验的意义

金属材料力学性能试验的基本任务是模拟产品真实使用状态，正确地选用检测仪器、试样或工件，尽可能准确、快速地检测出试样或工件的力学性能参数。力学性能试验中采集到的数据贴合实际、真实可靠，能够确切表征和反映工作条件下金属工件的性能，具有重大的工程实际意义。

(1)在金属原材料的入厂验收中，力学性能试验起到“把关”的作用。进厂的原材料是否能满足使用要求，需要通过力学性能试验的结果来判定。

(2)对于新开发的产品，力学性能指标是金属零件或构件设计的重要参数，也是设计方评价、选择材料和制订工艺规程，确保金属产品设计合理、使用安全可靠的依据。在产品的生产过程中，力学性能试验结果是评价零件加工工艺水平高低和产品内在质量验收的判据。因此，力学性能试验是控制产品质量的重要手段。

(3)在工件失效分析中，对废品和失效零件进行原因分析时，也离不开力学性能试验。

(4)在金属材料研究领域，力学性能参数是合金成分设计、显微组织结构控制所要达到的目标之一，也是反映金属内部组织结构变化的重要表征。故力学性能试验对研制和发展新型金属材料、改进材料质量、最大限度发挥材料潜力都具有重要意义。

2.2.2.2 金属学基础知识

(1)金属的晶体结构

一般情况下，金属和合金在固态下都是晶体。晶体就是原子(或分子、离子)在三维空间呈有规则的周期性重复排列的物质。晶体的特点是原子呈规则排列，具有固定的熔点和各向异性。一个原子的周围最近邻的原子数越多，原子之间的结合能力就越低，能量最低的状态就是最稳定的状态。因此，金属中的原子总是自发地趋于较为紧密的规则排列。

假定理想状态下，晶体中的原子都是固定不动的刚性球，则晶体就是由这些刚性球堆垛而成的，这种原子堆积模型立体感很强，很直观，但却很难看清内部排列的规律和特点。为了清楚地表明原子在空间的排列规律，常常把构成晶体的实际质点忽略，而将它们抽象为纯粹的几何点，称为阵点。这种描述晶体中原子(或分子、离子)规律排列的空间格架称为空间点阵或晶格。

由于阵点在晶格中的排列具有周期性，为研究方便，常选取晶格中一个能够完全反映晶格特征的最小的几何单元来分析晶体中原子排列的规律性，这个最小的几何单元就称为晶胞。

上面论述的是理想的晶体结构，实际应用的金属材料晶体不可能像理想晶体那样规则和完整，总会存在一些原子偏离规则排列的不完整性区域，这就是晶体缺陷。晶体缺陷对金属的性能、原子扩散和相变等都有重要影响。

由于纯金属的强度一般很低，通常不能满足产品性能要求，因此，工业上实际广泛应用的不是纯金属，而是合金。合金是指由两种或两种以上的金属或金属与非金属，经熔炼或烧结或用其他方法结合而成的具有金属特性的物质。组成合金最基本的、独立的物质称为组元，简称元。一般来说，组元就是组成合金的元素或是稳定的化合物。根据组元多少，合金有二元合金、三元合金和多元合金。当不同的组元组成合金时，这些组元之间由于物理和化学的相互作用，形成具有一定晶体结构和一定成分的相。

相是指合金中结构相同、成分和性能均一并以界面相互分开的组成部分。由一种固相组成的合金称为单相合金；由几种固相组成的合金称为多相合金。合金相的种类繁多，不同的相具有不同的晶体结构。根据晶体结构特点，相可分为固溶体和金属化合物两大类。

(2)热处理工艺

金属的热处理是指将金属零件以一定的速度加热到一定温度，保温一定时间，然后以一定的速度冷却到室温，从而改变其组织结构，得到所需性能的一种工艺。通过热处理可以改变金属的组织，获得所需力学性能，从而充分发挥金属的潜力，提高工件的性能和使用寿命。加热和冷却是热处理过程中重要的两个环节。加热通常包括加热速度、加热温度、加热时间、加热设备等。冷却方式通常有缓冷(随炉冷却)、空冷、介质中冷却等。依据加热与冷却方式以及组织、性能的变化，可将热处理分为整体热处理和表面热处理。整体热处理通常指钢的退火、正火、淬火、回火。表面热处理通常指表面化学热处理和表面淬火。

1)整体热处理

①钢的退火

退火是将工件加热到一定温度，保温一定时间后随炉冷却的热处理工艺，常用于铸钢件、锻件、焊件等多种毛坯加工前的预备热处理。退火的目的是细化晶粒，提高塑性和韧性；降低硬度，软化钢材，以利于切削加工；消除内应力，防止工件变形；改善和消除组织缺陷，均匀成分，为工件最终热处理做准备。钢件的退火工艺很多，按加热温度可分为两大类：一类是临界温度以上的退火，又称相变重结晶退火；另一类是在临界温度以下的退火。

②钢的正火

正火是将钢加热到 Ac_3(加热时转变为奥氏体的终了温度)或 Ac_{cm}(加热时溶入奥氏体的终了温度)以上某一温度，保温一定时间，然后空冷的一种热处理工艺。

正火主要应用在以下方面：普通中碳钢和中碳低合金钢结构件最终热处理；取代部分重要零件的完全退火(低碳钢)，改善组织、切削性能，细化晶粒，为后续淬火做准备；过共析钢。一般在球化退火前进行，可抑制和消除网状二次渗碳体的形成。

与退火比较，正火的加热温度稍高，冷却速度稍快，正火后钢的强度、硬度较高，韧性较好。

③钢的淬火

淬火就是将钢加热到 Ac_1(加热时珠光体向奥氏体转变的温度)或 Ac_3 以上某一温度，保温一定时间，然后以大于临界冷却速度快速冷却，得到马氏体或贝氏体组织的一种工艺。

淬火是热处理工艺中非常重要的一种工艺。快速冷却的目的是使原奥氏体中的过饱和碳难以向外扩散，形成了碳在 $\alpha-Fe$ 中的过饱和固溶体，即马氏体。由于碳严重过饱和导致晶格畸变，大大增加了变形抗力，从而可以显著提高钢的强度、硬度和耐磨性。将淬火与不同的回火工艺相配合，则可以得到不同的强度、塑性和韧性的钢。淬火加热温度过低，会使硬度和强度降低；加热温度过高，则会引起奥氏体晶粒粗大，易引起变形和开裂，工件韧性也差。

淬火应力是引起工件变形和开裂的根本原因，一般由热应力和组织应力组成。热应力是由于加热或冷却过程中不同截面存在温差造成的，因此，加热或冷却速度越大，热应力也越大。在冷却介质相同的条件下，工件加热温度越高，尺寸越大，钢材导热系数越小，热应力越大。工件冷却时，由于温差造成不同部位组织转变的时期不同而引起的内应力称为组织应力。组织应力的大小与钢在马氏体转变温度范围内的冷却速度、工件大小、钢的导热性、钢的碳含量和淬透性等有关。淬火冷却速度过大，会使工件应力增大，易产生变形或开裂；如果冷却速度过小，又会得到非马氏体组织，达不到淬火的目的。因此，淬火时必须选择合适的淬火介质，以达到既获得马氏体组织，又能减少变形和开裂倾向的目的。

常用的淬火介质有水及其溶液、油、水油混合液等。水是最常用的淬火介质，冷却能力较大，水温越高，冷却能力越低；循环水比静止水冷却能力强，在水中添加盐会提高冷却能力；常用的淬火油是矿物质油，如机油等，它们的冷却能力比水差，但在高温区有较快的冷却速度，故常用作合金钢的淬火介质。

④钢的回火

工件淬火后虽然硬度、强度很高，但因脆性及内应力较大，故必须经过回火处理才能使用。回火就是将淬火后的工件加热到相变点（Ac_1）以下某一温度，保温一定时间后冷却至室温的热处理工艺。回火一般是工件的最后一道热处理工序，回火加热时碳原子扩散能力增强，将以 Fe_3C 形式析出，致使淬火应力减少或消除，可提高韧性和塑性，获得硬度、强度、塑性和韧性的适当配合，稳定组织，稳定工件尺寸。根据回火温度不同，回火可分为低温回火（降低淬火应力和脆性，获得回火马氏体组织）、中温回火（保持较高的表面硬度，获得高的弹性和屈服强度，又有较好的塑性和韧性）、高温回火（获得高强度、高塑性和高韧性的搭配良好的综合力学性能）三类。

2）表面热处理

许多零件在扭转、弯曲等交变载荷下工作，有时表面还要受摩擦、冲击等。因此，要求零件表面要有足够的强度、硬度和耐磨性，同时，心部还要有足够的塑性和韧性，这样就发展了表面热处理技术。

①表面淬火

表面淬火是利用快速加热的方法，只使工件表面奥氏体化，然后淬火。它只改变表层的组织和性能，使表层得到强化和硬化，而心部仍保留原有的组织和性能，故多用于中碳调质钢。表面淬火的加热方法很多，包括感应加热、火焰加热、激光加热、离子束加热等。

②化学热处理

将钢件放于含有一种或几种渗入元素的化学介质中，通过加热、保温、冷却的方法，使渗入元素自表面向内部扩散的过程称为化学热处理。化学热处理的目的是通过改变钢件表面的化学成分和组织，提高金属表面的硬度、耐磨性、耐热性、耐蚀性和疲劳强度等性能。

金属表面渗入不同元素后，可以获得不同的性能，因此，金属的化学热处理常以渗入元素来命名，如渗碳、渗氮、碳氮共渗、渗硼、渗铝、渗铬等。

③气相沉积

气相沉积也属于表面热处理的一种，它是用离子沉积的方法在工件表面获得耐磨、耐热和耐蚀的沉积相，从而大大提高工件的使用寿命。

3)其他热处理

除上面介绍的热处理工艺外，还有很多热处理工艺方法，如固溶处理、时效处理、深冷处理等，这里不再一一赘述。

2.2.2.3 硬度试验

(1)金属材料的硬度

硬度是金属材料力学性能试验中最常用的一个性能指标，硬度检测是最迅速、最经济的一种力学性能检测方法。一般来说，金属材料的硬度是指材料抵抗局部变形，特别是塑性变形、压入或刻画的能力。从一定意义上讲，对于被测材料而言，硬度可以认为是代表在一定的压头和力的作用下所反映出的弹性、塑性、形变强化、强度、韧性以及抗摩擦性能等一系列不同物理量的综合性能指标。硬度所表示的不是一个确定的物理量，它所表示的量不仅取决于被测材料的结晶物态、分子结构、原子间的键结合力、弹性模量、强度极限等，而且还取决于计量条件和计量方法。

硬度试验设备较为简单，操作方便，检测效率高。经过硬度检测的工件一般不会被破坏，留在工件上的检测痕迹较小，在大多数情况下对工件的使用无影响，而且对重要的产品可以逐个进行检测。

(2)硬度试验的分类

常用的硬度测量方法主要有压入法及回跳法等。根据荷载的性质及测量方法的不同，常见的硬度表示方法有布氏硬度(HB)、洛氏硬度(HR)、维氏硬度(HV)、肖氏硬度(HS)及里氏硬度(HL)等，各种硬度试验方法及适用范围介绍见表2-2。其中，布氏、洛氏、维氏硬度测试属于压入法，其硬度值表示材料表面抵抗另一物体压入时所引起的塑性变形的能力；而肖氏、里氏硬度测试属于回跳法，其硬度值代表金属弹性变形功能的大小。

表2-2　硬度测试方法及适用范围

试验方法	适用范围
布氏硬度试验	布氏硬度一般用于材料较软时，如有色金属、热处理之前或退火后的钢铁。布氏硬度是以一定大小的试验载荷，将一定直径的淬硬钢球或硬质合金球压入被测金属表面，保持规定时间后卸荷，测量被测表面压痕直径。由于布氏硬度试验采用的压头直径、试验力均较大，试验后压痕面积也较大，其优点是测得的硬度值反映金属在较大范围内的平均性能，所得数据稳定，重复性强；其缺点是对不同的材料需要更换压头和改变试验力，压痕直径测量较复杂，同时，由于压痕较大，对工件有一定损伤，对成品件不宜采用
锤击式布氏硬度试验	适用于正火、退火或调质处理的大件及原材料的现场检测
洛氏硬度试验	洛氏硬度试验可以采用金刚石圆锥压头和两种不同直径的硬质合金球压头，可以测量从较软到较硬材料的硬度，有预试验力，检测力比较小。其优点如下：适用范围很广；操作方便、迅速、工作效率高；所产生的压痕比布氏硬度压痕小，因而对工件表面没有明显损伤；试验面可以是平面、曲面，测试可直接在成品、半成品工件上进行，适用于批量、成品件及半成品件的检验。其缺点如下：压痕较小，结果代表性差；在组织不均匀的材料上检测，结果会很分散，不适于测定组织不均匀的金属；用不同标尺测得的结果彼此无内在联系，不能直接进行比较

续表

试验方法	适用范围
表面洛氏硬度试验	表面洛氏硬度试验是对洛氏硬度试验的一种补充。适用于测量薄件、小件及具有薄或中等厚度硬化层零件的表面硬度测量。这时采用与洛氏硬度试验相同的压头，采用只有洛氏硬度试验几分之一大小的试验力，就可以在上述试样上得到有效的硬度试验结果
维氏硬度试验	维氏硬度的测定原理基本上和布氏硬度相同，也是根据压痕单位面积上的载荷来计算硬度值，所不同的是维氏硬度试验的压头是金刚石的正四棱锥体。和布氏、洛氏硬度试验相比，维氏硬度试验测量范围较宽，几乎涵盖所有材料。其缺点是：操作复杂、效率低；代表性差；重复性差、分散度大。大负荷维氏硬度试验的试验力可高达2.45kN(250kg)，适用于高硬度零件
小负荷维氏硬度试验	适用于测量小件、薄件的硬度，以及具有薄或中等厚度硬化层零件的表面硬度，也可测定表面硬化零件的表层硬度梯度或硬化层深度
显微维氏硬度试验	适用于测量微小件、极薄件或显微组织的硬度，以及具有极端或极硬硬化层零件的表面硬度
肖氏硬度试验	肖氏硬度试验是一种在动态试验力作用下评定金属硬度的试验方法，特别适用于冶金、重型机械行业中大型工件、原材料的硬度测定。其优点是：肖氏硬度计是轻便的手提式硬度计，操作方便，测试效率较高，便于各种场合使用；试验力较小，试验后工件上几乎不产生压痕，因此可在成品件上试验。其缺点是：试验结果分散性较大、重复性低，试验结果的比较仅限于弹性模量相同的材料
钢的锉刀硬度试验	适用于被检面硬度不低于40HRC的形状复杂的零件、大件等的现场硬度检验和批量零件的100%硬度检验
努氏硬度试验	努氏硬度试验的特点主要是在压头设计上的改进，一般不用专用的硬度计，而是与小力值硬度计或显微维氏硬度计配合使用，仅需更换压头。努氏硬度试验的压痕与维氏硬度试验的相比较浅，更适合于测定极薄的表面硬化层和镀层的硬度，还可测定细小零件、线材等的硬度。其缺点是：不同试验力得出的压痕不具有几何相似性，硬度值随试验力的减小而增大，试验力较小时，压痕的窄长形状使得压痕顶端的清晰度不够理想，导致测量值经常偏低
里氏硬度试验	里氏硬度试验可适用于多种金属材料；仪器体积小、质量轻；硬度值为数字显示；可以手握冲击装置直接对被测材料和工件进行硬度检验，特别适用于不易移动的大型工件和不易拆卸的大型构件的硬度检验；由于操作简便，检测效率高，压痕较小，对产品表面损伤较小，可对不同方向进行测试；可以实现与布氏、洛氏、维氏和肖氏硬度值之间的换算，因此在许多场合更显其优越性。其缺点是影响试验结果准确性的因素较多，对薄管、薄板不适用
超声硬度试验	适用于大件、组装件、形状较复杂零件、薄件等的现场硬度检测
纳米硬度试验	有压痕硬度和划痕硬度两种工作模式，适用于纳米级的电子薄膜、各类涂层、材料表面等的硬度检测

2.2.2.4 拉伸试验

拉伸试验是金属力学性能试验中最基本、应用最广泛的试验。利用拉伸试验得到的数据可以确定材料的弹性极限、伸长率、屈服点、屈服强度和其他拉伸性能指标。拉伸试验中的弹性变形、塑性变形、断裂等各阶段真实地反映了材料抵抗外力的全过程。拉伸力学性能指标是金属构件设计时选材和进行强度计算时的主要依据，在新材料的研制、产品的质量控制及设备的安全评估等方面都有很重要的应用和参考价值，在有些场合还可以直接用拉伸试验的结果作为判据。

材料应力应变曲线是力学中最基础也是最重要的一个概念，也是拉伸试验的基本原理。低碳钢是工程上使用最广泛的材料，同时，低碳钢试样在拉伸试验中所表现出的变形与所受荷载间的关系也比较典型。一般万能试验机可以自动绘制出试样在试验过程中工作段的伸长与荷载间定量的关系曲线。曲线以横坐标表示试样工作段的伸长量 Δl，而以纵坐标表示试样承受的荷载 F，称为试样的拉伸图。

图 2－2 所示为低碳钢试样的拉伸。由图可知，低碳钢在整个拉伸试验过程中，其工作段的伸长量与荷载间的关系大致可分为以下四个阶段。

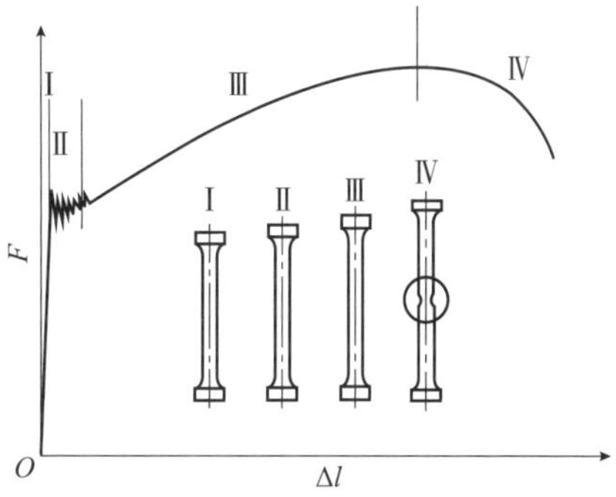

图 2－2　低碳钢试样的拉伸

(1) 阶段Ⅰ

试样的变形完全是弹性的，全部卸除荷载后，试样将恢复其原长，这一阶段称为弹性阶段。低碳钢试样在此阶段，伸长量与荷载成正比，即满足胡克定律所表达的关系式：

$$\Delta l = \frac{Fl}{EA} \qquad (2-1)$$

式中，比例常数 E 称为弹性模量，Pa。E 的数值因材料而异，是通过实验测定的，其值表征材料抵抗弹性变形的能力。

(2) 阶段Ⅱ

试样的伸长量急剧增加，而试验机上的荷载读数在很小的范围内波动。试样的荷载在很小的范围内波动，而其变形却不断增大的现象称为屈服，这一阶段则称为屈服阶段。屈服阶段出现的变形是不可恢复的。

(3) 阶段Ⅲ

试样经过屈服阶段后，若要使其继续伸长，由于材料在塑性变形过程中不断发生强化，因而试样中的荷载不断增长，这一阶段称为强化阶段。在强化阶段试样的变形主要是塑性变形，其变形量要远大于弹性变形。

(4) 阶段Ⅳ

试样伸长到一定程度后，荷载读数反而逐渐降低。此时可以看到试样某一段内的横截面面积显著地收缩，出现“缩颈”现象。在试样继续伸长（主要是“缩颈”部分的伸长）的过程中，由于“缩颈”部分的横截面面积急剧缩小，因此荷载读数反而降低，一直到试样被拉断，这一阶段称为局部变形阶段。

低碳钢试样的拉伸图只能代表试样的力学性能，因为该图的横坐标和纵坐标均与试样的几何尺寸有关。若将拉伸图的纵坐标（荷载 F）除以试样横截面的原面积 A，将其横坐标（伸长量 Δl）除以试样工作段的原长 l，所得曲线即与试样的尺寸无关，从而可以代表材料的力学性能，这一曲线称为应力－应变曲线或 $\sigma-\varepsilon$ 曲线（图 2－3）。

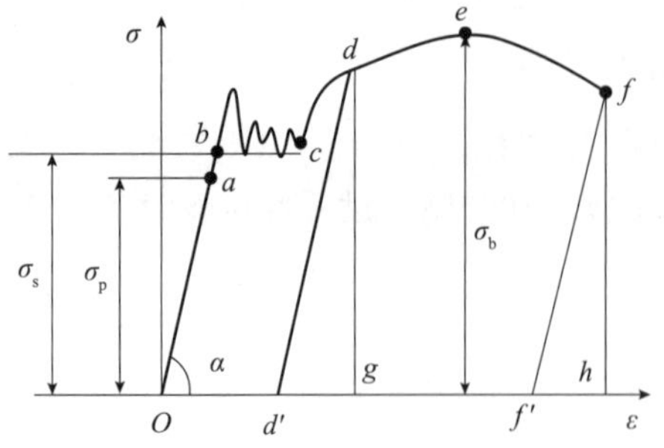

图 2-3　σ-ε 曲线

曲线的纵坐标 $\sigma=\dfrac{F}{A}$ 实质上是名义应力(称为工程应力)，因为超过屈服阶段以后，试样的横截面面积显著缩小，仍用原面积求得的应力并不能表示试样横截面上的真实应力。

曲线的横坐标 $\varepsilon=\dfrac{\Delta l}{l}$ 实质上也是名义应变(称为工程应变，通常用百分数表示)，因为超过屈服阶段之后，试样的长度显著增加，用原长 l 求得的应变也不能表示试样的真实应变。

根据 $\sigma-\varepsilon$ 曲线可获得表征材料的力学性能的几个特征点及相应的含义。

在弹性阶段，a 点是应力与应变成正比(符合胡克定律)的最高限，与之对应的应力称为材料的比例极限，以 σ_p 表示。弹性阶段的最高点 b 是卸载后不发生塑性变形的极限，而与之对应的应力称为材料的弹性极限，并以 σ_s 表示。

由于这两个极限应力在数值上相差不大，在实测中很难区分，因此在工程实用中通常并不区分材料的这两个极限应力，而统称为弹性极限。材料内的应力处于弹性极限以下，统称为线弹性范围。

在屈服阶段，应力 σ 有幅度不大的波动，在发生屈服而力首次下降前所对应的最高应力(点 c)为上屈服强度，而在屈服期间，不计初始瞬时效应时的最低应力(点 d)为下屈服强度。研究表明，上屈服强度的数值受加载速度等因素的影响较大，而下屈服强度值则较为稳定。因此，通常将下屈服强度称为材料的屈服强度或屈服极限，并以 σ_s 表示。

在强化阶段，e 点是最高点，即试样中的名义应力的最大值，称为材料的抗拉强度或强度极限，以 σ_b 表示。

对于低碳钢而言，极限应力 σ_s 和 σ_b 是衡量材料强度的两个重要指标。

2.2.2.5　压缩试验

工程实际中有大量承受压缩载荷的设备构件，如大型厂房的立柱、起重机的支架、海洋钻机井架等。为了保证这些构件安全可靠，需要对其原材料进行压缩性能评定。压缩试验是在规定的试验条件下，试样受轴向递增的单向压缩力，且力和变形可连续地或按有限增量进行检测，测定其压缩力学性能。

压缩试验具有以下特点：

(1)试样承受压应力，同时在端面还存在摩擦力；

(2)试样沿压应力方向缩短；

(3)适用于脆性材料和塑性材料强度指标的测定，如铸铁、铸铝、工具钢等；

(4)端面摩擦力对试验结果有较大的影响，在满足试验要求的前提下，尽量选用较大的高度与直径之比；

(5)对于塑性材料，一般只能发生变形，不会发生破坏。

2.2.2.6 弯曲试验

弯曲试验主要用于检验材料在受弯曲载荷作用下的力学性能，同样是材料机械性能试验的基本方法之一。弯曲试验主要用于测定脆性和低塑性材料的抗弯强度并能反映塑性指标的挠度；焊接接头弯曲试验用于检验接头受拉面上的塑性并显示缺陷，通常用来检验焊接工艺的优劣。此外，弯曲试验还可用来检查材料的表面质量。

金属弯曲试验是将一定形状和尺寸的试样，在弯曲装置上按规定的弯曲压头直径，弯曲到规定角度后，卸除试验力，观察试样承受弯曲变形的能力。弯曲试验在万能材料机上进行，有三点弯曲和四点弯曲两种加载方式。试样的截面有圆形和矩形两种，试验时的跨距一般为其直径的 10 倍。对于脆性材料，弯曲试验一般只产生少量的塑性变形即可破坏，而对于塑性材料则不能测出弯曲断裂强度，但可检验其延展性和均匀性。塑性材料的弯曲试验称为冷弯试验，试验时将试样加载，使其弯曲到一定程度，观察试样表面有无裂缝。

弯曲试验有以下特点：

(1)试样在整个跨距内存在弯矩和剪力且分布不均匀，三点弯曲试样在试样中点存在最大的弯矩，以中点为界，试样两侧剪力大小相等，方向相反；四点弯曲试样在两力臂之间弯矩最大，剪力为零，两力臂之外剪力大小相等，方向相反。上表面存在最大压应力，下表面存在最大拉应力。

(2)试样横截面应变分布不均匀，上、下表面存在最大应变。

(3)四点弯曲两力臂之间为纯弯曲，弯矩均匀分布，试验时可显示出该长度上存在的缺陷。三点弯曲为剪切弯曲，试样通常在中点及附近破坏，在其他部位的缺陷不易显示。

(4)弯曲试验适用于脆性材料和低塑性材料强度指标的测定，以挠度表示塑性。

(5)对于塑性材料，一般只能发生变形，不会发生破坏。

2.2.2.7 剪切试验

很多机械零部件在工作状况下，除承受拉、压、弯应力外，还存在承受剪切应力的情况。剪切试验即是测定材料在剪切力作用下的抗力性能，主要用于试验承受剪切载荷的零件和材料。剪切试验在万能试验机上进行，试样置于剪切夹具上，在剪切载荷作用下被切断。构件在剪切时受力和变形特点是：作用在构件两侧面上的横向外力的合力大小相等，方向相反，作用线相隔很近，故使各自作用的构件部分沿着与合力作用线平行的受剪面发生错动。剪切试验就是测定最大错动力和相应的应力。

为使试验结果尽可能接近实际情况，剪切试验通常用各种剪切试验装置和相应的试验方法来模拟实际工件的工况条件，对试样施加剪力直至断裂，以测定其抗剪强度。常见的试验方法有单剪试验、双剪试验、冲孔剪切试验和开缝剪切试验等。

2.2.2.8 扭转试验

很多轴类零件在工作中承受扭转载荷作用，对其进行扭转试验可以测定脆性材料和塑性材料的强度和塑性。扭转试验采用圆柱形试件，在扭转试验机上进行。通过扭转试验通常能获得扭矩、扭角，并通过它们绘制扭转曲线图，以测定金属材料的一项或几项扭转力学性能指标。扭转试样的断口形状能反映出材料性能和受力情况：如断口断面与试样轴线垂直，材料呈塑性，是切应力作用的结果；如断口断面与试样轴线夹角约呈45°，材料呈脆性，是正应力作用的结果。

由于扭转试验可用于测定塑性材料和脆性材料的剪切变形和断裂的全部力学性能指标，并且还有着其他力学性能试验方法无法比拟的优点，因此在材料检验中应用广泛。然而，扭转试验的优点在某些情况下也会变为缺点。例如，由于扭转试件中表面切应力大，越靠近心部切应力越小，当表层发生塑性变形时，心部仍处于弹性状态，很难精确地测定表层开始塑性变形的时刻，故用扭转试验难以精确地测定材料的微量塑性变形抗力。

2.2.2.9 冲击试验

金属材料除了要求具有足够的强度、硬度和塑性之外，还应具有一定的韧性，即在一定条件下受到冲击载荷时，具有在断裂过程中吸收足够能量的能力，以保证金属构件及零件的安全。冲击试验即反映金属材料对外来冲击负荷的抵抗能力。冲击试验因试验温度不同可分为常温冲击试验、低温冲击试验和高温冲击试验三种；若按试样缺口形状又可分为V形缺口冲击试验和U形缺口冲击试验两种。

冲击试验是将规定几何形状的缺口试样置于试验机两支座之间，缺口背向打击面放置，用摆锤依次打击试样，测定试样的吸收能量。金属冲击试验可分为夏比冲击试验、艾氏冲击试验和落锤冲击试验三类。夏比冲击试验是应用最广泛的一种测定金属材料韧性的传统力学性能试验，也是评定金属材料在冲击载荷下韧性的重要手段之一。

影响冲击试验结果的主要因素有以下三个：

(1)与样品取样和制备有关的因素包括样品的取样方向、缺口的加工质量、试样的尺寸等；

(2)与试验机有关的因素包括试验机的精度、摆锤与机架的配合等；

(3)与试验过程有关的因素包括试验温度、冲击试样的定位等。

2.2.2.10 疲劳试验

疲劳是在往复加载条件下，发生在材料某点处局部的、永久性的损伤递增过程。经足够的应力或应变循环后，累计损伤可使材料发生裂纹，或使裂纹进一步扩展至完全断裂。疲劳所导致的断裂破坏过程是在载荷持续作用下，裂纹产生、扩展并最终导致突然断裂，其最大疲劳应力明显低于材料开始发生塑性变形的应力，构件或试样通常在断裂之前整体上没有明显的塑性变形，具有一定的突然性，所以，疲劳断裂会产生更大的危害。疲劳破坏是构件的主要失效方式，工程中超过一半的失效都是由疲劳引起的。因此，研究材料的疲劳强度，根据受载情况按疲劳理论进行强度设计是非常重要的。

疲劳试验用以测定材料或结构疲劳应力或应变循环数的过程。其采取接近实际服役条件的载荷和环境，在实验室中对构件进行载荷随时间发生周期性变化的加载，最终得到疲劳性能数据和疲劳设计参数。

疲劳试验按不同分类方法可分为不同类型，具体如下：

(1)按疲劳断裂周次划分，可分为高周疲劳(高循环疲劳)和低周疲劳(低循环疲劳)，高周疲劳试验施加的循环应力水平较低，低周疲劳试验循环应力常超过材料的屈服极限，故通过控制应变实施加载；

(2)按材料性质划分，可分为金属疲劳试验和非金属疲劳试验；

(3)按工作环境划分，可分为高温疲劳试验、热疲劳(由循环热应力引起)试验、腐蚀疲劳试验、微动摩擦疲劳试验、声疲劳(由噪声激励引起)试验、冲击疲劳试验和接触疲劳试验等；

(4)按疲劳试验加载方式划分，可分为拉压疲劳、弯曲疲劳、扭转疲劳、旋转弯曲疲劳及复合应力疲劳等；

(5)按应力循环类型划分，可分为等幅疲劳、双频疲劳、变频疲劳、程序疲劳、随机疲劳等。

2.2.2.11 断裂韧度试验

韧度是指材料在断裂前弹性变形和塑性变形中吸收能量的能力，是能量概念。强度高并且塑性好的材料在断裂前吸收的能量多，韧度高。只是强度高，或只是塑性好的材料韧度并不一定好。

通常所说的脆性和韧性是相对于韧度低或韧度高而言的。传统的韧性指标是用冲击试验来测量的，冲击吸收能量是能量概念，也是一种韧度指标，反映了材料在一次冲击载荷下断裂前吸收的能量，但它没有考虑材料内部存在尖锐裂纹的情况。断裂韧度就是表示含尖锐裂纹的材料在断裂前吸收能量的能力。根据断裂前变形量的大小，断裂力学分为线弹性断裂力学和弹塑性断裂力学。线弹性断裂力学研究脆性断裂的断裂韧度，弹塑性断裂力学研究韧性断裂的断裂韧度。

脆性断裂通常发生得比较突然，即裂纹开始扩展的起裂点与裂纹失去控制的失稳扩展点之间，塑性变形量非常小，裂纹扩展量很小载荷就迅速下降，断裂过程很快结束，断裂前吸收能量很少。

韧性断裂过程中，裂纹开始扩展的起裂点与断裂点之间塑性变形量比较大，裂纹有稳定缓慢的扩展阶段，断裂过程持续一定的时间，断裂前吸收能量比较多。

断裂韧度试验主要测试项目：平面应变断裂韧度 K_{IC} 的测定、裂纹稳定扩展和非稳定扩展断裂韧度的测定。

2.2.3 金属材料化学分析

2.2.3.1 常规化学分析

(1)重量分析法(经典分析法)

重量分析法是利用物理或化学反应将试样中待测组分与其他组分分离，然后用称量的方法测定该组分的含量。重量分析的过程包括分离和称量过程。重量分析法具有准确度高但是操作手续繁杂的特点。

根据分离方法的不同，重量分析法分为沉淀法、汽化法(挥发法)和电解法。

1)沉淀法：沉淀法是使欲测组分成为难溶化合物从溶液中沉淀出来，经过滤、洗涤、干燥或灼烧后进行称量，从称得的质量计算其含量。重量分析法以沉淀法应用最多。

2)汽化法：汽化法也称挥发法，是通过加热或用其他方法使样品中某种挥发性组分逸出，然后根据样品减轻的重量计算该组分的含量；或者当挥发性组分逸出时，选一种吸收剂将它吸收，然后根据吸收剂增加的重量计算该组分的含量。

3)电解法：电解法是利用电解的原理，使待测金属离子在电极上还原析出，然后根据电极增加的重量，计算被测组分含量的方法。该方法仅用于铜、金、银等少数金属元素的分析。

(2)滴定分析法

滴定分析法是将一种已知确切浓度的试剂溶液滴加到被测物质的溶液中，直到所加的试剂与被测物质按化学计量定量反应为止。根据试剂溶液的浓度和消耗的体积，计算被测物质的过程叫作滴定。常用的滴定法有以下几种。

1)酸碱滴定法

酸碱滴定法所涉及的反应是酸碱反应，酸碱反应平衡的基础理论是酸碱质子理论。酸碱滴定中最常用的标准溶液是 HCl 和 NaOH，一般浓度常配成 0.1mol/L。

2)络合滴定法

利用络合反应进行的滴定分析方法称为络合滴定法。虽然能够形成无机络合物的反应很多，而能用于滴定分析的并不多，原因是许多无机络合反应常常是分级进行的，并且络合物的稳定性较差，因此计量关系不易确定，滴定终点不易观察，致使络合滴定的方法受到很大局限。

3)氧化还原滴定法

氧化还原滴定法是以氧化还原反应为基础的滴定分析法，可以用于滴定分析的氧化还原反应很多。根据所用的氧化剂和还原剂不同，可将氧化还原滴定法分为高锰酸钾法、重铬酸钾法、碘量法、溴酸钾法及铈量法等。氧化还原滴定法的应用很广泛，可以用来直接测定氧化性或还原性物质，也可以用来间接测定一些能与氧化剂或还原剂发生定量反应的物质。氧化还原反应中常有诱导反应发生，它对滴定分析往往是不利的，应设法避免。但是如果严格控制试验条件，也可以利用诱导反应对混合物进行选择性滴定或分别滴定。

4)沉淀滴定法

沉淀滴定法是以沉淀反应为基础的一种滴定分析方法。在分析工作中，虽然能形成沉淀的反应很多，但能用于沉淀滴定法的反应不是很多，目前用得较广的是生成难溶银盐的反应，称为银量法，用银量法可以测定 Cr、Br、I、Ag、SCN 等离子。

2.2.3.2 仪器分析方法

仪器分析是以物质的物理和化学性质为基础并借用较精密的仪器测定被测物质组成、含量及化学结构的分析方法。仪器分析法又分为以下几种。

(1)光学分析：主要有分光光度法、原子吸收法、发射光谱法及荧光分析法等。

(2)电化学分析：常用的有电位法、电导法、电解法、极谱法和库仑分析法等。

(3)色谱分析：常用的有气相色谱法和液相色谱法等。

(4)其他分析：主要有质谱分析法、X 射线分析法和核磁共振分析法等。

下面简要介绍几种常见的分析方法。

(1)近紫外-可见分光光度法

分光光度法是通过测定被测物质在特定波长处或一定波长范围内光的吸收度，对该物质进行定性和定量分析的方法。包括比色法、可见及紫外分光光度法、红外光谱法等。分光光度法是各种光谱测定方法中应用最频繁的一种，由于其具有较高的灵敏度和准确度，可适用于从痕量至常量的组分测定，几乎可以测定周期表中所有的元素及大部分的有机化合物，同时其操作简便、快速，所以它在定量分析中占有重要的地位。

分光光度法与重量法、滴定法等比较，主要具有灵敏度高、准确度较高、应用范围广、手续简便快速、仪器设备构造简单、价格便宜、使用方便和应用普遍等优势。但该方法也有一定的局限性，目前对高含量组分的测定应用还不多；对于超纯物质的分析，光度法也存在灵敏度不够的问题。

(2)原子吸收分光光度法

原子吸收分光光度法(又称原子吸收光谱法)是将被测元素的化合物置于高温下，使其离解为基态原子，当元素灯发出的与被测元素的特征波长相同的光辐射穿过一定厚度的原子蒸汽时，光的一部分被原子蒸汽中被测元素的基态原子所吸收。检测系统测定特征光谱被基态原子吸收后的辐射能量，应用朗伯-比尔定律就可得到被测元素的含量。

原子吸收分光光度法与其他分析方法相比较，其主要有以下优点：干扰少，准确度高；检出限低；测定范围广；操作简便，分析速度快。其缺点是：测定不同元素时，需要更换光源灯，不利于同时进行多元素分析；对于多数非金属元素的直接测定，目前尚有一定的难度。

(3)原子发射光谱分析法

原子发射光谱分析法是利用原子受到电能或热能而激发，外层电子跃迁所发射的特征光谱来判断物质的组成，进行元素的定性与定量分析的方法。原子发射光谱分析法由光源提供能量使试样蒸发，形成气态原子，并进一步使气态原子激发而产生光辐射；之后将光源发出的复合光经单色器分解成按波长顺序排列的谱线，形成光谱；然后用检测器检测光谱中谱线的波长和强度。

原子发射光谱分析法的优点是：具有多元素同时检测能力，可同时测定一个样品中的多种元素；分析速度快；检出限低；准确度较高；试样消耗少及线性范围宽。其缺点是：光谱分析是一种相对分析方法，需要用一套标准样品对照；对谱线在远紫外区的非金属元素，一般光谱仪尚无法完成；部分元素由于激发电位高，灵敏度低；光谱仪价格高。

(4)X 射线荧光光谱分析法

X 射线荧光光谱分析法是一种高效率的现代化检测元素的仪器分析方法，是国际标准分析方法之一。由于入射光是 X 射线，发射出的荧光也在 X 射线范围内，因此常称为二次 X 射线光谱分析或 X 射线荧光光谱分析。

X 射线荧光光谱分析法的优势是分析速度快、非破坏分析、分析精密度高、易于解析(易于定性分析)及制样简单等。缺点是难以做绝对分析，故定量分析需要标样；原子序数低的元素，其检出限及测定误差都比原子序数高的元素高。

2.3 无损检测

无损检测是用非破坏性的方法，即在检测中不会对被检测实体造成损坏，同时能发现材料或工件内部及表面所存在缺陷的一种检测技术手段。该技术具有以下特点：

1)非破坏性。体现在无损检测时，在最大限度保证其运行安全性和稳定性的同时，不会对其内部结构产生任何破坏或不利影响，确保了材料或工件的完整性。

2)全面性。由于无损检测过程中不会对待检物正常运行产生影响，故可以根据具体需求为依据和参考，对设备实施全面化的检测，所获取的检测信息更加完整。这样一方面可以使检测结果更精准，另一方面也能提升检测效率。

3)全程性。在无损检测中，检测工作不会因为外部因素影响而中断，可以直接完成整个检测流程。

4)可靠性。从无损检测技术实际应用情况来看，该项技术获取检测数据更加便捷，可以保证检测数据的精准性。有了精准的数据作为支撑，其可靠性自然会有所提升。

5)直观性。检测技术在应用中所得到的数据信息会通过影像、色谱图及数字建模等形式呈现，这样也在很大程度上提高了信息内容的直观性。在对其进行评估时，可以更快地判断出信息中异常数据的具体原因，加快了问题的识别速度。

无损检测的技术原理几乎涉及现代物理学的各个分支。按照不同的原理和不同的探测及信息处理方式，目前已经应用和正在研究的各种无损检测方法多达几十种，主要包括声和超声波检测、电学和电磁检测、射线检测、渗透检测、力学和光学检测及热力学方法等。在本部分，主要介绍在海洋油气钻采设备制造过程无损检测中应用较多的四种无损检测方法。

2.3.1 目视检测

2.3.1.1 基本原理

用视觉所进行的检测称为目视检测(Visual Testing，VT)，又称外观检测，是一种操作简单而又应用广泛的检测方法，主要是发现实体表面的缺陷。相比于其他利用先进设备的无损检测技术，目视检测技术的出现时间较长，而且在长时间的应用中已经形成了非常完善的应用体系。在具体的应用中，其工作原理是借助目视、光、电、机等技术对材料、零件、部件、设备和焊接接头等的基础情况进行检查，如表面的凹陷、细微裂纹、油污、颜色变化等内容，从而评估待检实体目前应用状态。

2.3.1.2 技术特点

(1)优势

1)该检测技术在应用中，最大的优势便是利用目视来检查所需要的成本非常低，而且整个应用过程的工作效率较高，不需要借助额外的设备，可以在日常养护工作开展的同时完成。

2)目视检测原理简单，易理解和掌握，不受或很少受被检实体的材质、结构、形状、尺寸等因素的影响，具有检测结果直观、真实、可靠、重复性好等优点。

3)目视检验是一种表面检测方法，其应用范围相当广泛，不但能检测工件的几何尺寸、结构完整性、形状缺陷等，而且还能检测工件表面上的缺陷和其他细节。此外，目视检测不受检测空间的限制，可用于狭小空间的检测。

(2)不足

1)该检测技术在应用时，受到人眼分辨能力和仪器分辨率的限制，只能准确识别表面具有明显缺陷的情况，对于结构内部缺陷或隐蔽缺陷很难识别。

2)长时间利用眼睛进行查看时，很容易造成人眼疲劳，进而影响最终分析结果的准确性。

3)在观察过程中由于受到表面照度、颜色的影响容易发生遗漏现象。

2.3.1.3 检测工艺

目视检测通常分为直接目视检测、间接目视检测和透光目视检测。

(1)直接目视检测

直接目视检测指不借助于目视辅助器材(照明光源、反光镜、放大镜除外)，用眼睛进行检测的一种目视检测技术。直接目视检测时，应使眼睛能够与被检件表面达到最佳的距离和角度。眼睛与被检件表面的距离不超过600mm，且眼睛与被检件表面所成的夹角不小于30°。目视检测可检测范围见图2-4。

直接目视检测可采用反光镜改善观察的角度，并可以借助低倍放大镜来分辨细小缺陷。为达到最佳检测效果，照明条件应满足以下要求：使照明光线方向相对于观察点达到最佳角度；避免表面炫光；优化光源的色温度；使用与表面反射光相适应的照度级(被检件表面至少要达到500lx的照度，对于必须仔细观察或发现异常情况并需要进行进一步观察和检测的区域则至少要达到1000lx的照度)。

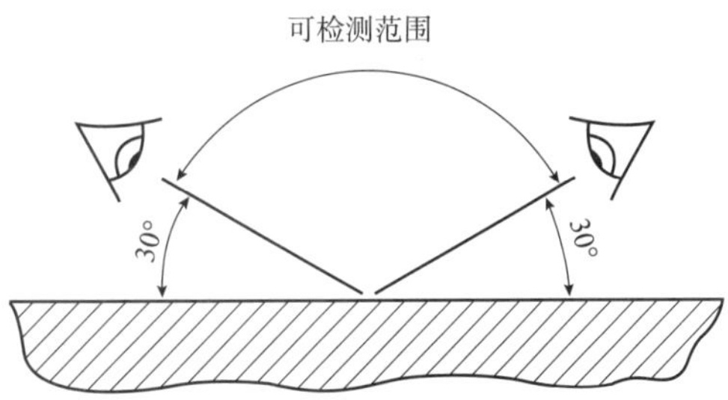

图2-4 目视检测可检测范围

(2)间接目视检测

间接目视检测是指借助于反光镜、望远镜、内窥镜、光导纤维、照明相机、视频系统、自动系统、机器人以及其他合适的目视辅助器材，对难以进行直接目视检测的被检部位或区域进行检测的一种目视检测技术。在不易或无法进行直接目视检测的被检测部位和区域，可采用间接目视检测。间接目视检测应至少具有与直接目视检测相当的分辨力，必要时应验证间接目视检测系统能否满足检测工作的要求。

(3)透光目视检测

透光目视检测需要借助人工照明，其中包括一个能产生定向光照的光源，该光源应能提供足够的强度，照亮并均匀地透过被检测部位和区域，使其能检查半透明层压板中任何的厚度变化。周边光线必须事先识别，来自被检测表面的反射光或表面炫光，应小于所施加的透过被检测部位和区域的透照光。

2.3.2 磁粉检测

2.3.2.1 基本原理

磁粉检测(Magnetic Particle Testing，MT)是通过磁粉在缺陷附近漏磁场中的堆积以检测铁磁性材料表面或近表面缺陷的一种无损检测方法。磁粉检测的原理是铁磁性材料被磁化后，由于不连续性的存在，使工件表面和近表面的磁感应线发生局部变形而产生漏磁场，吸附工件表面的磁粉。根据工件表面存在的磁粉，并在合适的光照情况下，一些存在缺陷的部位会看到目光可见的磁粉痕迹，根据相应的痕迹形状与位置，评价缺陷的严重程度。

2.3.2.2 技术特点

(1)优势

1)显示直观。磁粉检测最突出的特征就是能够直观地显示出缺陷的位置、大小、形状及严重程度，并可大致确定其性质，适合检测工件表面及近表面的裂纹、白点、疏松、冷隔、气孔和夹渣等缺陷。

2)检测灵敏度高。可以检测出长0.1mm，宽为微米级的裂纹。

3)适用面广。采用合适的磁化方法，几乎可以检测到工件的各个部位，基本不受试件大小和形状的限制。

此外，磁粉检测还具有操作简便、检测速度快、重复性好及成本低廉等优势。

(2)不足

1)磁粉检测仅限于铁磁性材料使用，对于非铁磁性材料没有办法实施检测。

2)磁粉检测只适用于检测表面及近表面缺陷，存在于远表面的内部缺陷则很难检测到。此外，该方法仅能显示出缺陷的长度和形状，而难以确定其深度，也不能确定裂纹开口的大小与高度。

3)对被检试件的表面光洁度要求高。试件表面不得有油脂或其他能黏附磁粉的物质；如果工件表面有覆盖层，可能会影响磁粉的检测结果，需要打磨后才能进行检测。

4)检测灵敏度与磁化方向有很大关系，不适用于检测延伸方向与磁力线方向夹角小于20°的缺陷。检测可能会受到几何形状的制约，容易产生非相关显示。

5)必要时需要退磁处理。有些工件在检测完毕后还需要对表面进行退磁和清洗处理，工序相对比较复杂。

6)观察评定依赖于人工视觉，自动化程度不高。

2.3.2.3 检测工艺

(1)检测方法分类

1)按照磁化方向分类，可分为纵向磁化、周向磁化和复合磁化。

①纵向磁化。检测与工件轴线或母线方向垂直或夹角不小于45°的线性缺陷时，应采用纵向磁化方法。纵向磁化可用线圈法(图2-5)及磁轭法(图2-6)获得。

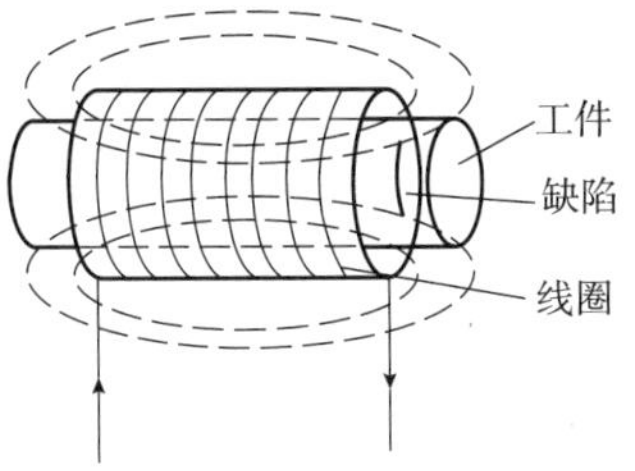

图2-5　线圈法

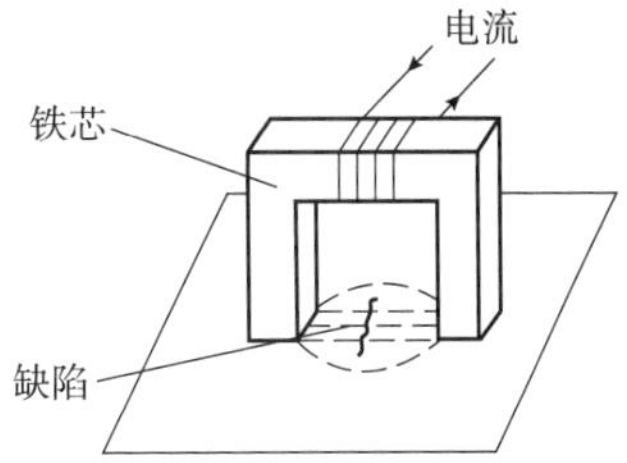

图2-6　磁轭法

②周向磁化。检测与工件轴线或母线方向平行或夹角小于45°的线性缺陷时，应采用周向磁化方法。周向磁化可用轴向通电法(图2-7)、触头法(图2-8)、中心导体法(图2-9)和偏心导体法获得。

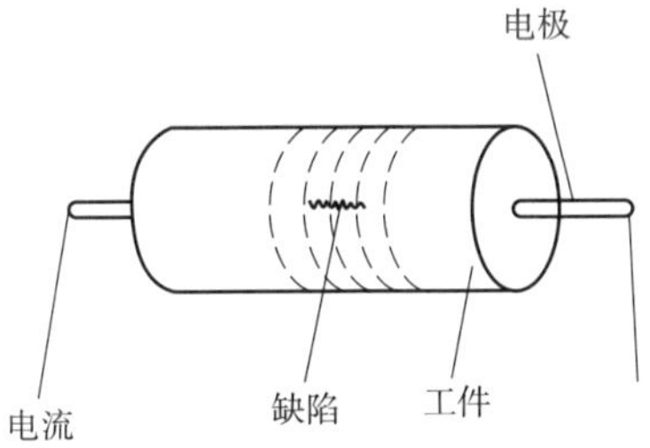

图2-7　轴向通电法

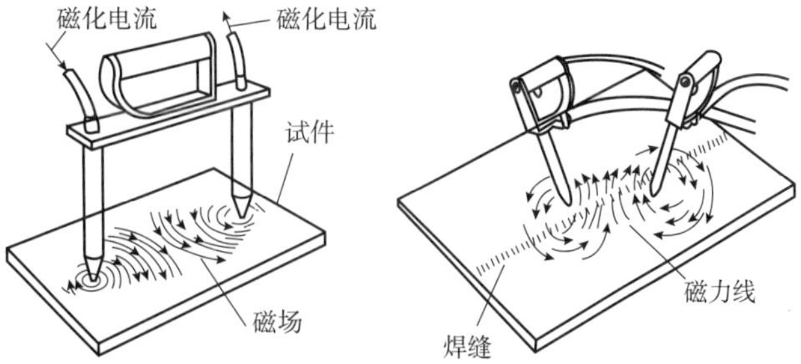

(a)间距固定式触头磁化　(b)间距非固定式触头磁化

图2-8　触头法

③复合磁化。包括交叉磁轭法(图2-10)、交叉线圈法和直流线圈与交流磁轭组合等多种方法。

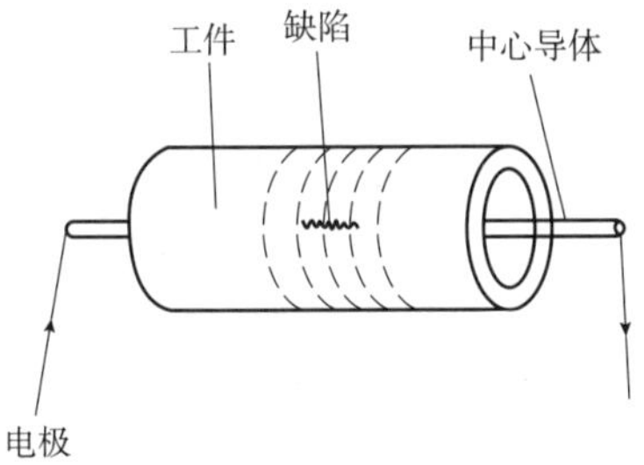

图2-9　中心导体法

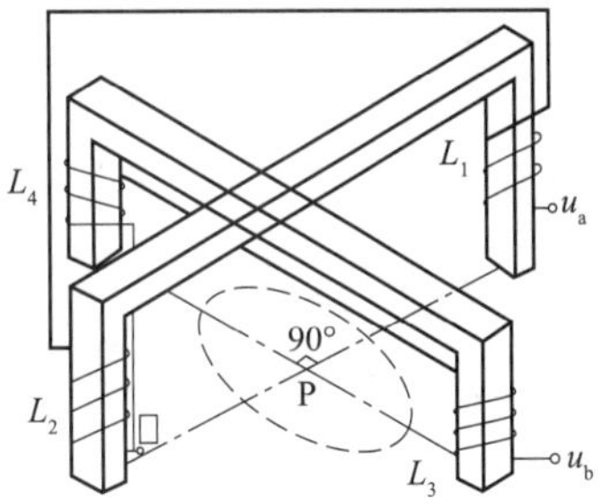

图2-10　交叉磁轭法

2)按照磁化的电流类型，可分为直流磁化、交流磁化和半波整流磁化。

3)依据喷撒磁粉和观察评定的时间，可以分为连续法(外加法)与剩磁法。

4)依据磁化过程中加入的磁粉介质种类，可分为干粉法和湿法。

(2)检测设备

尽管磁粉检测的方法多种多样，但由于现场应用时磁粉检测主要是针对焊缝(包括对接焊缝、角焊缝等)，一般无法使用固定式设备，只能用便携式设备分段探伤。携带式探伤机属于分立型探伤装置，具有体积小、重量轻和携带方便等优点，其磁化电流一般在500～2000A，此类探伤机适用于现场、高空和野外检测，多用于特种设备的焊缝检测，以及大型工件的局部检测。

(3)检测工艺程序

1)被检工件预处理。所有材料和试件的表面应无油脂及其他可能影响磁粉正常分布、磁粉堆积物的密集度、特性以及清晰度的杂质。因此需要在检测前除去被检测工件表面的铁锈、油污、氧化层等，保证表面光滑。

2)被检工件的磁化。包括确定磁化方法、磁化方向、磁化电流及磁化的通电时间等。

3)施加磁性介质。采用干法检测时，应使干磁粉喷成雾状；湿法检测时，磁悬液需经过充分的搅拌，然后进行喷洒。

4)观察评定。磁痕的观察和记录应在磁痕形成后立即进行。采用非荧光磁粉检测时，可见光照度不得低于500lx；荧光磁粉检测时，黑光辐照度不得低于1000μW/cm^2。

5)缺陷评级。磁粉检测显示的磁痕，要先鉴别是否由缺陷引起的，再根据标准对缺陷引起的磁痕进行评级。

6)退磁。如果工件上存在的剩磁影响工件的进一步加工和使用，此时应对工件进行退磁处理。方法为：把零件放于直流电磁场中，不断改变电流方向然后逐渐将电流降至0。大型零件可使用移动式电磁铁或电磁线圈分区退磁。

7)后处理。为防止工件生锈，在检测并退磁后，应把试件上所有的磁粉、磁悬液或反差增强剂清洗干净，且应该注意彻底清除孔和空腔内的所有堵塞物。

某采油树制造质量控制阶段荧光磁粉检测如图2－11所示。

图2－11　采油树法兰荧光磁粉检测

2.3.3　渗透检测

2.3.3.1　基本原理

渗透检测(Penetrant Testing，PT)是一种检查表面开口缺陷的无损检测方法。渗透检测基于毛细现象，通过在被检测工件上浸涂荧光材料、染色材料等具有渗透性的液体(渗透剂)，在毛细作用下，渗透剂会逐渐渗入表面开口的缺陷中。然后将表面的渗透液洗去，再涂上对比度较大的显示液(常为白色)。放置片刻后，由于缺陷很窄，毛细现象作用显著，原渗透到缺陷内的渗透液将上升到表面并扩散，在白色的衬底上显现出较粗的红线，从而显示出缺陷露于表面的形状，如图2－12所示。

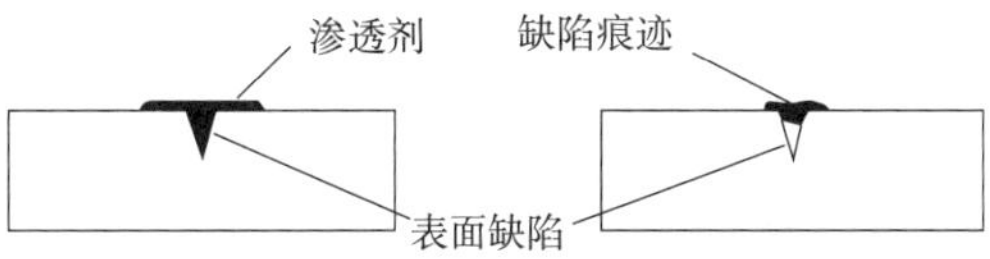

图 2 – 12　渗透检测原理

2.3.3.2　技术特点

(1)优势

1)适用范围广。渗透检测不受被检测工件的组织结构、化学成分、几何形状和大小等限制，也不受缺陷形状、尺寸和方向限制。不仅能检测金属材料零件，还能对非金属零件和材料进行检测。

2)渗透检测操作简单，且成本低廉。操作上不需要复杂的设备与工具，就能够全面完成工件的检测与认定。只需一次渗透检测，就可同时检查开口于表面的不同方向的所有缺陷。

3)渗透检测的缺陷显示直观，能大致确定缺陷的性质。

4)检测灵敏度较高，其灵敏度已达到可以检查出开口宽度仅有微米级的缺陷。

5)渗透检测是对磁粉探测的最佳补充。

(2)不足

1)渗透剂、清洗剂和显像剂等相关材料都属于化学药剂，有较大气味，并伴有一定毒性，对人体健康和环境有较大的影响。

2)渗透检测技术只适用于表面存在开口缺陷的检测，无法对工件内部存在的闭合型缺陷进行检测，且只能作缺陷的定量分析，难以正确判定缺陷性质和埋藏深度。对于缺陷较小的部位，难以进行检测。

另外，渗透检测对受检表面洁净度有要求，不适用于疏松的多孔性材料的制品和表面粗糙的工件。操作工艺程序要求严格，烦琐，检测速度慢，且工序较多。检测灵敏度易受人为因素影响。

2.3.3.3　检测工艺

(1)检测方法

渗透检测分为着色渗透检测和荧光渗透检测两大类。其原理相同，都是基于液体的某些物理特性，只是观察缺陷的形式不同。着色法是在可见光下观察缺陷，而荧光法是在紫外线灯的照射下观察缺陷。

1)着色渗透检测

着色渗透检测是在渗透液中掺入少量染料(一般为红色)，形成带有颜色的浸透剂，经显像后，最终在工件表面形成以白色显像剂为背衬、以缺陷的颜色条纹所组成的彩色图案，在自然光线(白色光线)下观察红色的缺陷显示痕迹。所以在观察时不必使用任何辅助光源，只要在明亮的光线照射下便可进行。着色渗透检测法较荧光渗透检测法使用方便，适用范围广，尤其适用于远离电源和水源的场合。着色渗透检测法的缺点是检测灵敏度较低于荧光渗透检测法。着色渗透检测法按使用的渗透液不同可分为水洗刷、后乳化和溶剂清洗型着色渗透检测法。若按显像方法的不同，每种方法又可分为干法显像和湿法显像。

2)荧光渗透检测

荧光渗透检测法使用的渗透检测液是用黄绿色荧光颜料配制而成的黄绿色液体。荧光渗透检测法的渗透、清洗和显像与着色渗透检测法相似，使用含有荧光物质的渗透液，通过紫外线的照射，工件上有缺陷的位置会发出黄绿色的荧光，显示出缺陷的位置及形状。荧光渗透检测法的检测灵敏度较高，容易分辨缺陷，常用于重要工业部门的零件表面质量检验。缺点是：在观察时要求工作场所光线暗淡；在紫外线照射下观察，检测人员的眼睛容易疲劳；人体皮肤长期照射紫外线会有一定的危害。荧光渗透检测法的分类与着色渗透检测法类似。对于缺陷，荧光渗透检测比着色渗透检测具有更高的色彩对比度，使得人的视觉对于缺陷的显示痕迹更为敏感，所以，一般认为荧光渗透检测法比着色渗透检测法对细微缺陷检测灵敏度高。

(2)检测流程

渗透检测方法可分为以下几个步骤：预清洗、渗透、去除表面多余的渗透液、清洗、干燥、显像及观察。

1)预清洗

与磁粉检测流程一样，渗透检测也要做好被检测面的清理工作，确保检测面整体的光洁度。为确保渗透液最大限度地渗入缺陷内，必须把覆盖在工件表面的污物(如油污、油漆及缺陷内部的油或水等)清除干净，以保证缺陷的检测效果。

2)渗透

将渗透液涂敷在试件上，可以喷洒、涂刷等，也可将整个工件浸入渗透液中。要保证检测面完全湿润，应使被检部位始终被渗透液覆盖并处于湿润状态。要根据渗透液的性能、检测温度、试件的材质和检测的缺陷种类设定恰当的渗透时间，一般要超过10min。

3)去除表面多余的渗透液

完成渗透过程后，需除去试件表面所剩下的渗透液，并要使已渗入缺陷的渗透液保存下来。为便于在渗透结束后进行清洗，应使工件表面过多的渗透液自由滴下。排液所需的时间应根据工件表面光洁程度、几何形状和尺寸决定。在排液过程中不能使工件表面渗透液干燥，否则会造成清洗困难。一般情况下，排液时间与渗透时间相同，但最长不得超过30min。

4)清洗

清洗是渗透检测中最重要的操作步骤。使用机械的方式(如打磨)或使用清洗剂以及酸洗、碱洗等方式将被检工件表面的氧化皮、油污等除掉。清洗的程度对检验结果影响很大。为了不把缺陷内的渗透液也清洗掉，千万不可清洗过度，以免降低缺陷检测灵敏度。但也不可以清洗不足，增加工件背景色泽，影响缺陷的辨认。除了用溶剂性清洗的渗透液外，所有渗透液都可以用水进行清洗。

5)干燥

清洗后的工件应适当进行干燥，有自然干燥法、擦抹干燥法和热风干燥法。热风干燥温度一般为70℃左右，如果温度过高，会使渗透液挥发后干在工件表面和变质，并会降低检测灵敏度。将工件烘干，使缺陷内的清洗剂残留物挥发干净，这是非常重要的检测前提。

6)显像

显像是用显像剂通过毛细作用将缺陷中的渗透液吸附到工件表面，形成缺陷显示的过程。工件干燥以后，对完成上一工序的试件表面马上涂敷一层薄而均匀的显像剂(或干粉显像材料)进行显像处理，显像的时间一般与渗透时间相同。显像的时间应严格控制，显像时间过长，会造成缺陷的显示被过度放大，使图像失真，降低分辨力；显像时间过短，缺陷内的渗透液还未被吸附出来形成缺陷显示，造成漏检。显像时间控制在15min左右为最佳。

7)观察

工件经显像后，如采用着色渗透检测，用目视方法即可。如采用荧光渗透检测，在暗室中用紫外线照射进行观察，同时人眼在45°的方向对工件仔细观察，注意应防止紫外线对人眼的伤害。工件在波长为365nm的紫外线照射下缺陷处将发出黄绿色荧光。

(3)检测试剂

现场检测常使用便携式灌装渗透检测剂，包括渗透剂、清洗剂和显像剂。

某采油树制造质量控制阶段渗透检测如图2－13所示。

图2－13　采油树渗透检测

2.3.4　超声波检测

2.3.4.1　基本原理

超声波在传播介质中遵循反射、折射及衍射等准则，超声波检测(Ultrasonic Testing，UT)就是利用超声波这些特性的一种常规无损检测技术。它利用超声波在材料中传播时，遇到界面(如裂纹、气孔缺陷、不同介质等)反射回来的声信号特征，或声能在不同介质中衰减特征不相同等特性，来检测被测物内部情况。

超声波在固体中的传输损失很小，探测深度大，且超声波在异质界面上会发生反射、折射等现象，尤其是不能通过气体/固体界面。如果金属中有气孔、裂纹、分层等缺陷(缺陷中有气体)，超声波传播到金属与缺陷的界面处时，就会全部或部分反射。反射回来的超声波被探头接收，通过仪器内部的电路处理，在仪器荧光屏上就会显示出不同高度和有一定间距的波形。根据波形的变化特征可以判断缺陷在工件中的深度、位置和形状。根据其工作原理，超声波检测主要用来检测构件缩孔、气泡、裂纹、夹渣、未熔合及未焊透等缺陷及测定厚度。

2.3.4.2 技术特点

(1)优势

1)超声波检测穿透能力强、灵敏度高、检测范围广。

2)超声波声束能集中在特定的方向上，在介质中沿直线传播，具有良好的指向性。

3)超声波检测设备携带方便、操作简单、检测速度快；使用条件和安全性好，成本低。

4)超声波检测可对缺陷进行定位和定量。

(2)不足

1)超声波在介质中传播会发生衰减和散射。

2)超声波检测仪器对缺陷的显示不直观，检测技术难度大，容易受主客观因素影响。

3)超声波检测对工件表面要求高，只有经验丰富的探伤人员才能辨别缺陷种类。

4)超声波检测更适合于大厚度的工件，具有一定局限性。

5)检测结果不便于保存。

2.3.4.3 检测工艺

脉冲反射式超声波探伤仪大多为A式扫描，即显示器的横坐标是超声波在被检测工件中的传播时间或者距离，纵坐标是超声反射波的幅值。例如，在一个工件中存在某个缺陷，由于缺陷的存在，造成缺陷和材料之间形成了一个不同介质之间的交界面，由于交界面之间的声阻抗不同，当发射的超声波遇到这个界面后就会发生反射，反射回来的能量又被探头接收，在显示器屏幕中横坐标的一定位置就会显示出一个反射波的波形，横坐标的位置就是缺陷波在被检测工件中的深度。反射波的高度和形状因不同的缺陷而不同，反映了缺陷的类型。

以油气钻采设备常用碳钢、合金钢材质的锻件超声波检测为例，介绍A型脉冲反射法的超声波检测工艺。

(1)检测设备

1)检测仪器

采用A型脉冲反射法超声波探伤仪，其工作频率为1～5MHz。

2)探头

直探头：单晶直探头一般选用频率为1～5MHz、晶片直径为10～24mm的纵波探头。

斜探头：一般选用频率为2.5MHz、折射角为45°的横波探头。

3)试块

单晶直探头采用 CS－2 标准试块。

4)耦合剂

采用机油、甘油、化学糨糊等不损伤工件表面且透声性好的耦合剂。

(2)检测程序

1)检测准备

a. 在设备的制造检验中，超声波检测时机及检测比例的选择等应符合相关法规、标准及有关技术文件的规定。

b. 所确定的检测面应保证工件被检部分能得到充分检测。

c. 焊缝的表面质量应经外观检查合格。检测面(探头经过的区域)上所有影响检测的油漆、锈蚀、飞溅和污物等均应予以清除，其表面粗糙度应符合检测要求。表面的不规则状态不应影响检测结果的有效性。

2)扫查覆盖

为确保检测时超声波声束能扫查到工件的整个被检区域，探头的每次扫查覆盖应大于探头直径或宽度的 15% 或优先满足本部分相应章节的检测覆盖要求。

3)探头的移动速度

探头的扫查速度一般不应超过 150mm/s。当采用自动报警装置扫查时，扫查速度应通过对比试验进行确定。

4)扫查灵敏度

扫查灵敏度的设置应符合相关规定。

5)灵敏度补偿

a. 耦合补偿：在检测和缺陷定量时，应对由对比试块与被检工件表面粗糙度不同引起的耦合损失进行补偿。

b. 衰减补偿：在检测和缺陷定量时，应对由对比试块与被检工件材质衰减不同引起的灵敏度下降和缺陷定量误差进行补偿。

c. 曲面补偿：在检测和缺陷定量时，对检测面是曲面的工件，应对由工件和对比试块曲率半径不同引起的耦合损失进行补偿。

6)仪器和探头系统的复核

发生以下情况时应对系统进行复核：

a. 探头、耦合剂和仪器调节发生改变时。

b. 怀疑扫描量程或扫查灵敏度有变化时。

c. 连续工作 4h 以上时。

d. 工作结束时。

7)检测时机

检测一般应安排在热处理后，孔、台等结构机加工前进行，检测面的表面粗糙度 $Ra \leqslant 6.3\mu m$。

(3)检测技术

1)单晶直探头检测技术

a. 单晶直探头基准灵敏度的确定：当被检部位的厚度大于或等于探头的3倍近场区长度，且探测面与底面平行时，可采用底波计算法确定基准灵敏度。在锻件无缺陷区域将第一次回波调至满屏的80%，这就是基准灵敏度。

b. 当检测部位由于几何形状所限，不能获得底波或壁厚小于探头的3倍近场区时，可直接采用CS－2标准试块确定基准灵敏度。将试块平底孔回波调至满屏的80%，这就是基准灵敏度。

2)横波斜射检测技术

a. 当锻件是环形或空心时，应增加外表面的横波斜射检测。

b. 轴向长度大于50mm，外内径比小于2：1的环形或空心锻件，检验应在圆周上进行周向扫查。

c. 可利用被检工件厚度或长度上的加工余量部分制作对比试块。在锻件的内表面，分别沿轴向和周向加工平行的V形槽作为标准沟槽，V形槽长度为25mm，深度为锻件厚度的1%，角度为60°。试块应与被检锻件具有相同的公称成分、热处理和厚度。对比试块的粗糙度应与被检工件表面相同。

d. 将探头对准内圆周面的标准沟槽，调节增益，使最大反射回波的高度为满屏的80%，这就是基准灵敏度。

(4)记录和报告

检验报告中至少应包括下列各项：

1)被检工件名称、编号、材质、规格；

2)检测标准和验收等级；

3)锻件的外形草图及缺陷分布示意图；

4)超声波探伤仪的型号(包括仪器编号)；

5)探头型号(包括角度、频率、尺寸)；

6)耦合剂的类型；

7)校正试块的类型；

8)表面状态；

9)检验人员、核对人员及批准人员资格；

10)检测日期。

(5)校准、核查

1)每年至少对超声波仪器和探头组合性能中的水平线性、垂直线性、组合频率、盲区(仅限直探头)、灵敏度余量、分辨力以及仪器的衰减器精度进行一次校准并记录。

2)每年至少对标准试块与对比试块的表面腐蚀与机械损伤进行一次核查。

3)对于数字超声波检测仪，每6个月至少对仪器和探头组合性能中的水平线性和垂直线性进行一次运行核查并记录。

图 2－14 井口装置超声波探伤

某井口装置制造质量控制阶段超声波探伤如图 2－14 所示。

2.4 几何量测量

为保证产品或机械零件的互换性和精度，经常需要对完工零件的几何量加以测量或检验，以判断这些几何量是否符合设计要求。常需要测量的几何量包括外圆、长度、内孔、表面粗糙度、角度、锥度、螺纹误差、齿轮误差等。

2.4.1 测量方法的分类

广义的测量方法，是指测量时所采用的测量原理、测量器具和测量条件的综合。但是在实际工作中，测量方法一般是指获得测量结果的具体方式，具体分类方式见表 2－3。

表 2－3 几何量测量方法分类

分类原则	测量方法	说明
按是否直接量出所需要的量值	直接测量	指被测几何量的量值直接由测量器具读出
	间接测量	欲测量的几何量的量值由几个实测几何量的量值按一定的函数关系式运算后获得
按示值是否为被测几何量的量值	绝对测量	指测量器具显示或指示的示值即是被测几何量的量值
	相对测量	指测量器具显示或指示出被测几何量相对于已知标准量的偏差，被测几何量的量值为已知标准量与该偏差值的代数和
按被测零件的表面与测量头是否接触	接触测量	测量时测量器具的测头与被测表面接触，并有机械作用的测量力
	非接触测量	测量时测量器具的测头不与被测表面接触
按零件被测参数的多少	综合测量	同时测量工件上几个相关几何量的综合效应或综合指标，以判断综合结果是否合格
	单项测量	分别对工件上的各被测几何量进行独立测量
按测量零件时测量器具与测量头相对运动的状态	静态测量	在测量过程中，测量器具的测量头与被测零件处于相对静止状态，被测量的量值是固定的
	动态测量	在测量过程中，测量器具的测量头与被测零件处于相对运动状态，被测量的量值是变化的

续表

分类原则	测量方法	说明
按测量时零件是否在线	在线测量	在加工过程中对工件进行测量的测量方法。测量结果直接用来控制工件的加工过程，以决定是否需要继续加工或调整机床。在线测量能及时防止废品的产生，主要应用在自动化生产线上
	离线测量	在加工后对工件进行测量的测量方法。测量结果仅限于发现并剔除废品
按对同一量进行多次测量时影响测量误差的各种因素是否改变	等精度测量	对于同一量进行多次重复测量时，对影响测量误差的各种因素：包括测量仪器、测量方法、测量环境条件、测量人员等都不改变的情况下所进行的一系列测量。等精度测量主要用来减小测量过程中随机误差的影响
	不等精度测量	在对同一量进行多次重复测量时，采用不同的测量仪器、测量方法，或改变环境条件所进行的一系列测量。不等精度测量一般是在科研实验中进行高精度测量对比实验

2.4.2 几何量测量器具

2.4.2.1 测量器具的分类

测量器具(计量器具)是测量仪器和测量工具的总称。表 2－4 为根据不同分类原则，测量器具的分类。

表 2－4 测量器具分类

分类原则	测量器具	说明	举例
按计量学观点	量具	把没有传动放大系统的测量器具称为量具	如游标卡尺、直角尺、量规等
	量仪	把具有传动放大系统的测量器具称为量仪	如机械比较仪、测长仪和投影仪等
按其本身的结构、用途和特点	标准量具	量具是指以固定形式复现量值的测量器具。可分为单值量具和多值量具	单值量具是指复现几何量的单个量值的量具，如量块、直角尺等。多值量具是指复现一定范围内的一系列不同量值的量具，如线纹尺等
	极限量规	没有刻度的专用测量器具，用以检验零件要素实际尺寸和几何误差的综合结果。使用量规检验的结果不能得到被检验要素的具体实际尺寸和几何误差值，而只能确定被检验要素是否合格	如使用光滑极限量规、螺纹量规、位置量规等进行的检验
	通用测量器具	能将被测量几何量的量值转换成可直接观测的指示值或等效信息的测量器具，即测量器具有刻度，能量出具体数值	如直尺、游标卡尺、外径千分尺等
	测量装置	为确定被测几何量的量值所必需的测量器具和辅助设备的总体。它能够测量较多的几何量和较复杂的零件，有助于实现检测自动化或半自动化	如连杆、滚动轴承的零件可用测量装置来测量

续表

分类原则	测量器具	说明	举例
按被测几何量在测量过程中变换原理的不同	机械式测量器具	是指用机械方法实现原始信号转换的量仪	如指示表、杠杆比较仪等
	光学式测量器具	用光学方法来实现被测量的变换和放大的测量器具	如光学比较仪、测长仪、工具显微镜、光学分度头、干涉仪等
	电动式测量器具	将被测几何量先变换为电量，然后通过对电量的测量来完成被测几何量测量的测量器具	如电感比较仪、电容比较仪、触针式轮廓仪、圆度仪等
	气动式测量器具	将被测几何量变换为气动系统的状态(流量或压力)的变化，检测此状态的变化来实现被测几何量测量的测量器具	如水柱式气动量仪、浮标式气动量仪等
	光电测量器具	用光学方法放大或瞄准，通过光电元件再转化为电量进行检测，以实现被测几何量测量的测量器具	如光栅式测量装置、光电显微镜、激光干涉仪等

2.4.2.2 测量器具的基本度量指标

测量器具的基本技术性能指标是合理选择和使用测量器具的重要依据。其中的主要指标见表 2－5。

表 2－5 测量器具指标

指标	说明
刻度间距	指测量器具标尺或分度盘上相邻两刻度线中心之间的距离或圆弧长度。刻度间距太小，会影响估读精度，刻度间距太大，则会加大读数装置的轮廓尺寸
分度值	也称刻度值，指每个刻度间距所代表的量值或指量仪显示的最末一位数字所代表的量值
分辨力	指测量器具所能显示的最末一位数字所代表的量值。由于在一些量仪中，其读数采用非标尺或非分度盘显示，因此就不能使用分度值这一概念，而将其称为分辨力
示值范围	指测量器具所能显示或指示的被测几何量起始值到终止值的范围
测量范围	指测量器具在允许的误差限内所能测出的被测几何量的量值下限值到上限值的范围。测量范围上限值与下限值之差称为量程
灵敏度	指测量器具对被测几何量变化的响应变化能力。一般来说，分度值越小，则测量器具的灵敏度就越高
示值误差	指测量器具显示的数值与被测几何量的真值之差。示值误差是代数值，有正、负之分。一般可用量块作为真值来检定出计量器具的示值误差。一般来说，示值误差越小，则测量器具的精度就越高
修正值	指为了消除或减少系统误差，用代数法加到未修正测量结果上的数值。其大小与示值误差的绝对值相等，而符号相反
测量重复性	也称示值变动性，指在相同的测量条件下，对同一被测几何量进行多次测量时，各测量结果之间的一致性。通常，以测量重复性误差的极限值(正、负偏差)来表示

续表

指标	说明
不确定度	指由于测量误差的存在而对被测几何量的量值不能确定的程度
回程误差	在相同情况下，测量器具正反行程在同一点示值上被测量值之差的绝对值。引起回程误差的主要原因是量仪传动元件之间存在间隙
测量力	指接触测量过程中测头与被测物体之间的接触压力。过大的测量力会引起测头和被测物体的变形，从而引起较大的测量误差，较好的测量器具一般均设置有测量力控制装置
示值稳定性	指在测量条件不变的情况下，对同一被测量的量进行多次重复测量值的最大差值

2.4.2.3 测量器具的选择

正确选择和使用测量器具不仅能获得准确的检验结果，还能提高工作效率，在延长测量器具寿命的同时降低成本。在制造业许多生产现场检验工作中，仍大量使用普通测量器具，对于测量器具的选择，应考虑以下情况：

(1)对于绝对测量，所选择测量器具的测量范围要大于被测量参数，但不宜相差过大，否则会造成经济浪费且精度难以保证。

(2)对于比较测量，所选择的测量器具示值范围一定要大于被测量的参数公差值。

(3)在测量形状误差时，测量器具的测头要做往复运动，需要考虑回程误差的影响以及仪器的灵敏度。

(4)对于粗糙的被测面，不得用精密的测量器具去测量，被测面的表面粗糙度值要小于测量器具测量面的表面粗糙度值。

(5)对于薄型、软质、易变形的被测实体，应该选用测量力小的测量器具。

(6)单件和小批量生产应该选用通用测量器具，大批量生产应该选用专用测量器具和自动测量器具等。

2.4.3 测量的基本原则

在几何量测量工程实践中，为降低测量的不确定性，应尽量遵守以下基本测量原则：

(1)阿贝原则。即要求在测量过程中被测长度与基准长度应安置在同一直线上的原则。若被测长度与基准长度并排放置，在测量比较过程中由于制造误差的存在、移动方向的偏移、两长度之间出现夹角而产生较大的误差。

(2)基准统一原则。测量基准要与加工基准和使用基准统一，即工序测量应以工艺基准作为测量基准，终检测量应以设计基准作为测量基准。

(3)最小变形原则。测量器具与被测实体都会因实际温度偏离标准温度和外力而发生变形，形成测量误差。基于最小变形原则常采取的措施有：控制测量温度及其变化；保证测量器具与被测零件有足够的等温时间；选用与被测零件线胀系数相近的测量器具；选用适当的测量力并保持其稳定；选择适当的支承点等。

(4)最短链原则。在间接测量中，与被测量具有函数关系的其他量与被测量形成测量链。形成测量链的环节越多，被测量的不确定度越大。因此应尽可能减少测量链的环节数以保证测量精度，即称为最短链原则。当然，按此原则最好不采用间接测量而采用直接测量，故只有在不能采用直接测量或直接测量时精度不能保证时才采用间接测量。

2.4.4 测量误差

2.4.4.1 基本概念

对于任何测量工作来说，由于测量器具和测量条件的限制，不可避免地会出现或大或小的测量误差。这将导致两种误判：一是把不合格品误收；二是把合格品误废。因此，每一个实际测得值都是在一定程度上近似于被测几何量的真实值，这种近似程度在数值上则表现为测量误差。

测量误差可用绝对误差或相对误差来表示。绝对误差是指被测几何量的量值与其真值之差。绝对误差可能是正值，也可能是负值。用绝对误差表示测量精度，适用于评定或比较大小相同的被测几何量的测量精度。对于大小不相同的被测几何量，则需要用相对误差来评定或比较它们的测量精度。相对误差是指绝对误差与真值之比。由于被测几何量的真值无法得到，因此在实际应用中常以被测几何量的测得值代替真值进行估算。显然，相对误差是一个量纲为 1 的数值，通常用百分比来表示。

2.4.4.2 测量误差的来源

由于测量误差的存在，测得值只能近似地反映被测几何量的真值。为了尽量减小测量误差，提高测量精度，我们必须仔细分析产生测量误差的原因，归结起来主要有以下几个方面。

(1)测量器具的误差

测量器具的误差是指量具本身所具有的误差，包括测量器具的设计、制造和使用过程中的各项误差。例如设计测量器具时，为了简化结构而采用近似设计的方法；测量器具零件的制造和装配误差；测量器具在使用过程中零件的变形、滑动表面的磨损等；相对测量时使用的标准量的制造误差等原因都会产生误差。这些误差的总和反映在示值误差和测量的重复性误差上。

(2)测量方法的误差

测量方法的误差是指测量方法的不完善引起的误差，包括计算公式不准确、测量方法选择不当、工件安装定位不准确等。如在接触测量中，由于测头测量力的影响使被测零件和测量装置发生变形而产生的测量误差。

(3)测量环境的误差

测量环境的误差是指测量时环境条件不符合标准的测量条件所引起的误差。例如环境温/湿度、气压、照明条件等不符合标准以及振动、电磁场等的影响都会产生测量误差，其中尤以温度的影响最为突出。因此测量时应根据测量精度的要求，合理控制环境温度，以减小温度对测量精度的影响。

(4)人员操作的误差

人员操作的误差是指测量人员人为的差错产生的测量误差。如测量人员使用测量器具不正确、测量瞄准不准确以及读数或估读错误等。

2.4.4.3 测量误差的分类

综上可知，测量误差的来源是多方面的。就其特点和性质而言，可分为系统误差、随机误差和粗大误差。

(1)系统误差

系统误差是指在相同的测量条件下，多次测取同一被测几何量的量值时，绝对值和符号均保持不变的测量误差，或绝对值和符号呈规律性变化的测量误差。前者称为定值系统误差，后者称为变值系统误差。例如，在比较仪上用相对法测量零件尺寸时，调整量仪所用量块的误差就会引起定值系统误差；量仪的分度盘与指针回转轴偏心所产生的示值误差会引起变值系统误差。根据系统误差的性质和变化规律，系统误差可以用计算或实验对比的方法确定，用修正值(校正值)从测量结果中予以消除。但在某些情况下，系统误差由于变化规律比较复杂不易确定，因而难以消除。

(2)随机误差

随机误差是指在相同的测量条件下，多次测取同一被测几何量的量值时，绝对值和符号以不可预定的方式变化着的测量误差。随机误差主要由测量过程中一些偶然性因素或不确定因素引起。例如，量仪传动机构的间隙、摩擦、测量力的不稳定以及温度波动等引起的测量误差，都属于随机误差。就某一次具体测量而言，随机误差的绝对值和符号无法预先知道。但对于连续多次重复测量来说，随机误差符合一定的概率统计规律。因此，可以应用概率论和数理统计的方法来对它进行处理。

(3)粗大误差

粗大误差是指超出在规定测量条件下预计的测量误差，即对测量结果产生明显偏差的测量误差。含有粗大误差的测得值称为异常值，它与正常测得值相比较，则显得它的数值相对较大或相对较小。粗大误差的产生有主观和客观两方面的原因，主观原因如测量人员疏忽造成的读数误差，客观原因如外界突然振动引起的测量误差。由于粗大误差明显偏离测量结果，因此在处理测量数据时，应根据判断粗大误差的准则设法将其剔除。

2.5 本章小结

针对海洋油气钻采设备多为金属材料的特点，本章介绍了设备质量检验相关方法，主要包括理化检验、无损检测及几何量测量三种方式。在设备制造过程中，通常原材料需要进行理化检验确认其是否满足规定要求；材料热处理或焊接后通过无损检测方式来验证其结构完好性；在机加工完成或组装后，采用几何量测量的方式测定其尺寸符合度。此外，还可以结合其他多种设备质量检验方法，更加全面地把控设备加工制造过程中的质量问题。

3 设备质量控制方法

3.1 常用统计方法

3.1.1 调查表

3.1.1.1 概念

调查表又称为检查表或核对表，是为了调查事物的客观情况而按照可能出现的情况及其分类预先设计的表格，可以用来收集关于某些具体事件出现的频率数据来进行数据整理和粗略原因分析。其适用情况为：重复观察和收集数据；收集频数或特征的数据；收集生产过程的数据。

3.1.1.2 分类

调查表的类型很多，可以根据调查的目的不同使用不同的调查表。常用的调查表主要有以下几种：

(1)工序分布调查表。适用于计量值数据的调查，如零件尺寸、重量等质量特性的工序分布情况。

(2)缺陷类别调查表。用于调查各种缺陷项目的比率大小，以便在技术和管理上采取改进措施并加以控制，减少生产中出现的各种缺陷情况。

(3)缺陷位置调查表。用于调查产品各部位的缺陷情况，可将其发生缺陷的位置标记在产品示意图或展开图上，不同缺陷采用不同的符号或颜色标出。

(4)缺陷原因调查表。要弄清楚各种缺陷产生的原因，就需要按设备、操作者、时间等标志进行分层调查，查明缺陷原因，采取改进措施。

(5)特性检查表。用于检查质量特性是否合乎要求，以对工序质量和产品质量进行检查和测验，可避免错误和重复检验。

(6)操作检查表。能使操作人员严格遵守操作规程，保证重要工序的质量。

在实际运用过程中，只需在对应的栏目中填上数字或符号，对这些数字或符号进行整理和分析后就可一目了然地发现问题。

3.1.1.3 应用步骤

(1)确定观察对象及收集数据的目的。

(2)识别解决问题所需要的数据，确定收集数据的初始时间以及时间长度。

(3)确定分析数据的人员和方法。

（4）编制记录数据的表格，并提供如下信息：数据收集者，收集数据的地点、时间和方式。要使数据能够使用“√”或“×”等类似符号简单地记录下来，在分析数据时不必重新复制。

（5）试用、评审并修订表格。

3.1.2 分层法

3.1.2.1 概念

分层法又称为分类法，是质量管理中用来分析影响质量因素的重要方法。分层法，是把收集到的数据进行合理分类，根据一定的使用目的和要求，按其性质、来源、影响因素等归纳为一组，以便分析质量问题及其影响因素的一种方法。

分层法包括按生产线、材料、班组或工人、时间、作业方法分层等。分层法通常与其他质量管理工具（如排列图、直方图、散布图等）结合使用。

3.1.2.2 分层原则

分层的目的是将杂乱无章的数据和错综复杂的因素系统化、条理化，以便进行比较分析，找出主要的质量原因，进而采取相应的技术措施。分层的依据和方法是根据问题的需要自由选择确定的，但应掌握其基本要领。使用分层法的过程中要注意：

（1）要分析分层标志之间的关系。不能随意地进行分层，而是要根据分层的目的，按照一定的标志加以区分，把性质相同、在同一条件下收集的数据归在一起。

（2）尽量采用复合分层。应使同一层内的数据在性质上差异尽可能小，而层与层间的差别尽可能大，这是做好分层的关键所在。

3.1.2.3 分层法的应用

单位缺陷数（Defects Per Unit，DPU）常常用来反映产品质量，DPU 的值等于缺陷数量除以产品总数，DPU 越小代表产品质量越好。例如，为了选择优质的海洋石油采油树供货商，从生产厂方和采油树等级进行复合分层，见表 3－1。

表 3－1　同时按生产厂和采油树类型分层

生产厂方	采油树					
	3000psi			5000psi		
	产品数	缺陷数	DPU	产品数	缺陷数	DPU
A	10	19	1.90	15	4	0.27
B	15	25	1.67	20	5	0.25
C	15	1	0.07	25	26	1.04
合计	40	45	3.64	60	35	1.56

通过表 3－1 可以判定，对于 3000psi 等级的采油树建议采用 C 厂方供货，而对于 5000psi 等级的采油树建议采用 B 厂方供货。

3.1.3 排列图

3.1.3.1 概念

排列图也称帕累托图，是按照各种原因发生频率大小顺序绘制的直方图，表示有多少结果是由已确认的原因导致的。帕累托图与帕累托法则一脉相承，即绝大多数的结果或缺陷是由较少的原因造成的。它是将质量改进项目从最重要到最次要顺序排列的一种图表，有利于找出主要原因，确定质量改进的关键因素，按重要顺序排列改进的机会，还可用于鉴定改进效果。

按排列图的作用可以分为两种：

(1)分析现象用排列图，用于分析不良结果，发现主要问题；

(2)分析原因用排列图，用于从过程因素探求原因，发现主要问题。

使用排列图法，不仅可以使所分析的问题主次因素分明、系统、形象，而且能逐步培养用数据说话的科学分析的习惯。排列图可根据不同的目的灵活运用，通常应用时主要有分析主要缺陷形式、分析造成不合格品的主要工序原因、分析产生不合格品的关键工序、分析不合格品的主次地位、分析经济损失的主次、用于对比采取措施前后的效果等几种形式。

3.1.3.2 应用步骤

利用排列图进行分析时一般要经过以下几个步骤：

(1)确定分析对象及其数据类型。选择要分析的对象，一般指缺陷、耗费的工时、废品件数等，确定分析对象的数据类型用于分析的度量单位。

(2)确定数据收集时间，收集并整理数据。选择用于数据分析的时间范围，时间的长短可以根据所解决问题的性质选择，列表汇总每个项目发生的数量，即频数f_i，按从大到小的顺序进行排列。

(3)统计频数，计算频数f_i、频率P_i及累积频率F_i。

(4)绘制排列图，排列图中有两个纵坐标，一个横坐标。左侧的纵坐标表示频数f_i，右侧的纵坐标表示频率P_i，横坐标表示要分析的质量对象，按照频数大小由左向右排列。另外，图中还有一条累积频率折线，表示对应质量对象的累积频率F_i。

由排列图可以确定每一项变量因素对质量问题产生的影响。按照影响的大小可以将影响质量的因素分为A类因素、B类因素和C类因素。

(1)A类因素(也称为主要因素)是累积频率F_i在0～80%的若干因素，是对问题产生重大影响的关键因素，一般为排列图的前2～3项。将精力持续地集中于这些关键因素可以较少的改进获得较大的收益。

(2)B类因素(也称为次要因素)是累积频率F_i在80%～90%的若干因素，这类因素对质量的影响较小。

(3)C类因素(也称为一般因素)是累积概率F_i在90%～100%的若干因素，通常它们的数量较多，但对质量的影响较小。

3.1.3.3 注意事项

(1)做好因素的分类。分类方法不同得到的排列图也不同。不同的观察角度，要用不同的分类方法，确定各自情况下的“关键的少数原因”。在作排列图时，不仅是为了找出某项特定产品的质量问题，而且要在合理分类的基础上，分别找出各类的主要矛盾及其相关关系。

(2)主要因素不能过多。一般找出主要因素以两项为宜，最多不超过三项。突出“关键的少数，次要的多数”原则。

(3)数据要充足。为了找到影响产品质量因素的规律，必须收集充足的数据，应在50个以上，以便从大量数据中找出统计规律。当件数不多时，最好进行全面分析，必要时也可采用随机抽样分析法。

(4)适当合并一般因素。不太重要的因素可以列出很多项，为简化作图，常将这些因素合并为其他项，放在横坐标末端。如果“其他栏”占的比例很大，则说明分类不当，应把许多应该区别分类的项目归为一类。

(5)合理选择计量单位。对于同一项质量问题，由于计量单位不同，主次因素的排列顺序有所不同，选择的计量单位要求能很好地反映质量问题的实质。

按照上述数据绘制出用户反馈的某产品质量问题排列如图 3－1 所示。可以看出，资质问题、生产问题和报告问题是用户反馈有关产品质量的关键问题，应集中力量优先解决这三个方面的瑕疵，提高用户认可度。

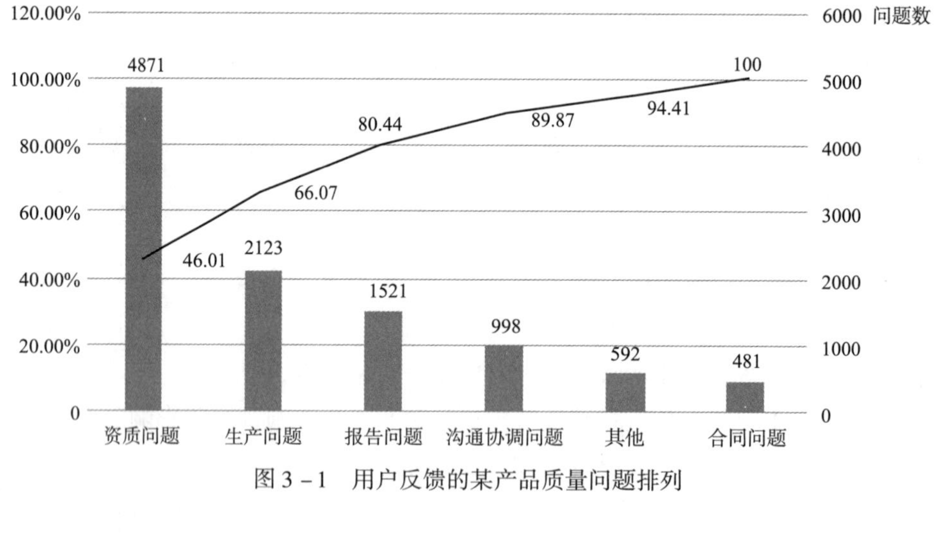

图 3－1 用户反馈的某产品质量问题排列

3.1.4 因果图

3.1.4.1 概念

因果图(也称石川馨图或鱼骨图)是用于展示质量问题产生的原因，分析原因与结果之间关系的一种工具。它是以质量问题的结果作为特性，以产生原因作为因素，在它们之间分层次地用箭线联系起来，表示结果与原因的关系，由特性(结果)、因素(原因)和枝干三部分组成，如图 3－2 所示。

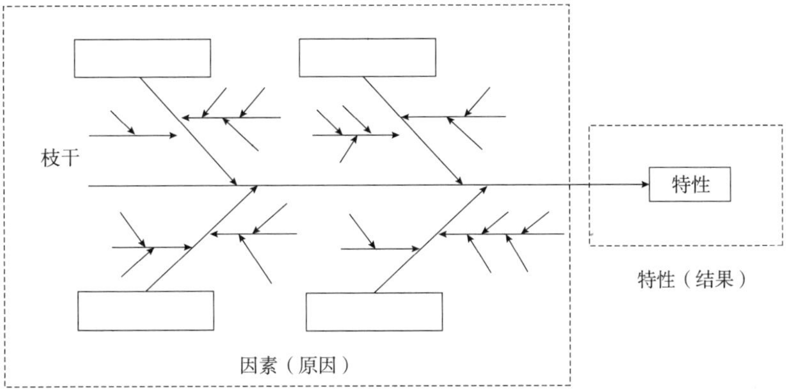

图 3－2 因果箭线示意

作为查找质量问题产生原因的一种简明有效方法，因果图形象地表示了探讨问题的思维过程，借助因果图可以将影响质量的各种因素集中反映在一张树状图中，按照各因素的类别进行归类，由主到次分别找出主要原因和次要原因等。这样有条理地逐层分析，可以清晰地找出原因与结果、手段与目标的关系，使质量问题的脉络完全显示出来，以便采取针对性的质量控制举措。

3.1.4.2 应用步骤

利用因果图进行分析一般要经过以下几个步骤：

(1)确定分析对象，明确需要解决的质量问题；

(2)确定产生结果的主要原因类别，如人员、设备、材料、方法、环境等；

(3)寻找原因类别的下一层次原因，把它们画在相应的主骨上，再寻找相应的下一层次原因，一直发展下去，形成完整的因果图，一个完整的因果图至少应有两层；

(4)识别最高层中少量的(3～5 个)可能对结果产生最大影响的原因，针对它们进一步开展工作。

3.1.4.3 注意事项

为了尽可能全面地找出问题的原因，在绘制因果图时应注意以下几点：

(1)所有分析的质量特性问题，应尽量具体、明确、有针对性；

(2)因果图一般由小组集体绘制，以召开质量分析会形式，共同分析、整理出因果分析图；

(3)原因分析足够详细，达到能采取具体措施的程度；

(4)对关键因素采取措施后，可用排列图等方法来检查其效果。

3.1.5 矩阵图和矩阵数据分析法

3.1.5.1 矩阵图概念

矩阵图又称矩阵或矩阵表，可以表示几组信息间的关系，同时提供更多相关性的信息。矩阵图法是一种借助矩阵的形式，研究一类因素与另一类因素或多类因素之间关系的方法。通过矩阵行列相交的点确定对应元素间的关系，一般用符号来表达，主要适用于理解或表达不同数据间的关系。

3.1.5.2 矩阵图的类型

根据形状的不同，矩阵图可分为 6 种：L 型、T 型、Y 型、C 型、X 型和屋顶型。各种矩阵适用的不同场合如表 3－2 所示。

表 3－2 各种矩阵适用场合

矩阵	组数	关系
L 型	2	A↔B(或 A↔A)
T 型	3	B↔A↔C，但不能 B↔C
Y 型	3	A↔B↔C↔A
C 型	3	3 个同时相关(三维)
X 型	4	A↔B↔C↔D↔A，但不能 A↔C 或 B↔D
屋顶型	1	A↔A 或 A↔B

(1)L 型：是一种最基本的矩阵图，它将一组对应数据用行和列排列成二元表格的形式，用于两组信息间的比较或与自身的比较，即 A↔B(或 A↔A)。使用时，应结合各组数据及它们之间的可能关系和其他矩阵形式，考虑其他形式的矩阵是否能更清楚地表现数据的含义。

(2)T 型：由 A 和 B 因素、B 和 C 因素的两个 L 型矩阵组合而成，用于三组信息间的比较。A 组可以分别和 B 组、C 组进行比较，但 B 组与 C 组之间不能相互比较，即可以 B↔A↔C，但不能 B↔C。可以通过从不同的角度研究矩阵来获得不同的信息。

(3)Y 型：由 A 和 B 因素、B 和 C 因素、C 和 A 因素的三个 L 型矩阵组合而成，用于三组信息间的比较，即 A↔B↔C↔A。

(4)C 型：把 A、B、C 三者之间的关系用立方体表示，用于在三维空间中同时比较三组信息。

(5)X 型：由 A 和 B 因素、B 和 C 因素、C 和 D 因素、D 和 A 因素的 4 个 L 型矩阵组合而成，用于 4 组信息间的比较，四组信息是循环比较，即 A↔B↔C↔D↔A，但不能 A↔C 或 B↔D。矩阵的每一个轴和相邻的两轴相联系，但与对面的轴没有联系。

(6)屋顶型：用于自身比较，通常与 L 型或 T 型矩阵一起运用，即 A↔A 或 A↔B。屋顶型矩阵常用于质量屋，组成“屋”的“顶”。

3.1.5.3 矩阵数据分析法

矩阵数据分析法是一种利用数据分析问题的方法，但是其结果仍然以图形表示。矩阵数据分析法在矩阵图的基础上，把各个因素分别放在行和列，然后在行和列的交叉点中用数量来描述这些因素之间的对比结果，再进行数量计算、定量分析，确定哪些因素相对比较重要。

矩阵数据分析法实际上是数学中主成分分析法的具体应用。当我们进行顾客调查、产品设计或方案选择时，通常需要考虑多种因素，权衡它们的重要性，得出加权系数，这时就需要借助矩阵数据分析法来确定要素的重要性。

以某公司提高监理水平为例，分析影响顾客需求的技术特性。某公司为提高监理产品的质量，通过市场调查和网络评论数据确定了6项顾客需求（a运行稳定、b安装顺利、c防腐性、d备件互换、e过程文件、f进度正常）和9个相应的技术特性（A材料机械性能、B油漆工艺、C尺寸控制、D功能试验、E文件管理、F生产计划、G包装运输、H焊接堆焊、I检验检测）。结合专家意见用李克特量表来衡量它们之间的相关性，以5表示强相关，3表示中相关，1表示弱相关，0表示不相关，构建关系矩阵见表3-3。

表3-3 顾客需求与技术特性关系矩阵

缺陷类型	技术特性								
	A	B	C	D	E	F	G	H	I
a运行稳定	5	3	3	5	3	0	1	3	5
b安装顺利	0	1	5	0	1	1	3	1	1
c防腐性	0	5	0	0	0	0	0	5	0
d备件互换	0	0	5	1	3	0	0	0	3
e过程文件	3	1	1	3	5	1	1	1	3
f进度正常	1	3	1	3	1	5	5	1	1

3.2 统计过程控制

3.2.1 概述

3.2.1.1 发展背景

工业革命以后，随着生产力的进一步发展，大规模生产的形成，生产量的大幅提高使缺陷产品数量也逐渐增多，这使人们意识到单纯依靠检验并不能提高产品质量，还需要运用一些更有效的方法对过程加以控制。20世纪20年代，美国贝尔电话实验室的沃尔特·休哈特指出，变异存在于生产过程中的各个方面，这是不可避免的，但通过对变异的大量观测并使用统计方法加以分析能够得知变异的来源并对其加以控制，研究这些变异是质量改进的主要手段。单纯依靠事后检验的质量控制方法已不能适应当时经济发展的要求，如何控制大批量产品质量成为一个突出问题。因此必须改进质量管理方式，用统计方法代替事后检验的质量控制方法逐渐成为行业趋势。

3.2.1.2 统计过程控制定义

统计过程控制（Statistical Process Control，SPC）是指应用统计分析技术对生产过程各个阶段进行评估和监控，区分生产过程中产品质量的偶然因素与异常因素，从而对生产过程中的异常趋势提出预警，以便生产质量管理人员及时采取措施、消除异常、恢复过程的稳定，达到提高质量过程控制的目的。

3.2.1.3 统计过程控制特点

统计过程控制非常适用于重复性的生产过程，它能够帮助组织对过程作出可靠的评估，确定过程的统计控制界限，判断过程是否失控和过程是否有能力，为过程提供一个早期报警系统，及时监控过程的情况，以防止废品的产生，减少对常规检验的依赖性，定时以观察及系统的测量方法替代大量检测和验证工作。统计过程控制与常规产品检验在作用对象、目的、性质等方面具有本质区别，具体区别如表 3－4 所示。

表 3－4 统计过程控制与常规产品检验的区别

区别点	名称	
	SPC	产品检验
作用对象	生产过程	产品
目的	预防控制，防患于未然	剔除不合格品
性质	事前预防	事后把关
工具	控制图	测量仪器和检测设备
判定者	判定规则	质检人员
结果	过程是否处于受控状态	产品是否合格
经济性	预防成本高、故障成本低	预防成本低、故障成本高

3.2.2 控制图

3.2.2.1 控制图的定义

控制图又称为管理图、休哈特图，是对过程质量加以测定、记录并进行控制管理的一种用统计方法设计的图。它是判断和预报生产过程中质量状况是否发生异常波动的有效方法。控制图的基本形式如图 3－3 所示，图中有中心线 CL、控制上限 UCL 和控制下限 LCL，并有按时间顺序抽取的样本统计量数值的描点序列。UCL、CL 与 LCL 统称为控制限。

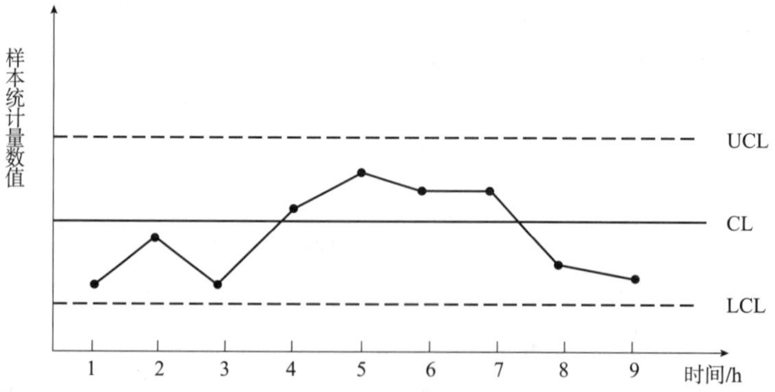

图 3－3 控制图的基本形式

控制图上的控制界限是用来判断工序是否发生异常变化的尺度，若控制图中的描点落在 UCL 与 LCL 之外，或描点在 UCL 与 LCL 之间的排列不随机，则表示出现异常。在实际工作中，无论在什么情况下，按一定标准制造的大量的同类产品的质量总是存在波动的。在生产过程中，质量控制的任务就是要查明和消除这类异常的因素，使工序始终被控制在正常波动中。利用控制图对生产过程进行控制，就是把被控制的质量特性值变为点绘制在图上，如果点全部落在上、下控制限之内，而且点的排列又没有什么缺陷(如链、倾向、周期等)，就判定生产过程是处于受控状态，否则就认为生产过程中存在异常因素，需要查明其原因予以消除。

3.2.2.2 控制图的理论基础

产品质量的统计观点认为，过程的质量在各种影响因素的制约下呈现波动性(变异性)，但过程质量的波动在一定范围内呈现统计规律性。导致质量特性波动的因素根据来源的不同可分为人、机、料、法、环、测六个方面，简称 5M1E。依据对质量影响的大小，质量因素又可分为偶然原因和可查明原因两大类。偶然原因简称偶因，又称为一般原因；可查明原因又称特殊原因，俗称异常原因(简称异因)。

偶然原因引起质量的偶然波动简称偶波，异常原因引起质量的异常波动简称异波。偶波是不可避免的，但对质量的影响微小，可忽略不计。异波则不然，它对质量的影响大，且采取措施后不难消除。故在过程中异波及造成异波的原因是关注的对象，一旦发生，就应该尽快找出，采取措施加以消除，并保证它不再出现。

控制图是用来区分正常波动与异常波动的一种工具，控制图上的控制界限是区分正常波动与异常波动的科学界限。只有偶然原因而没有异常原因的状态称为统计控制状态，简称稳态，是控制阶段实施过程控制所追求的目标。

常用的质量特性有“计量”和“计数”两种，根据数据分布假设，计量型数据分布服从正态分布，计数型数据分布是间断的，服从二项式分布，其图形可看作正态分布。根据 6σ 准则，只要质量特性的统计量数据符合正态分布，不论 μ 和 σ 取何值，产品的质量特性值有 99.73% 的概率落在 $[\mu-3\sigma, \mu+3\sigma]$ 范围内，只有 0.27% 的概率落在 $[\mu-3\sigma, \mu+3\sigma]$ 范围之外，如图 3-4 所示。

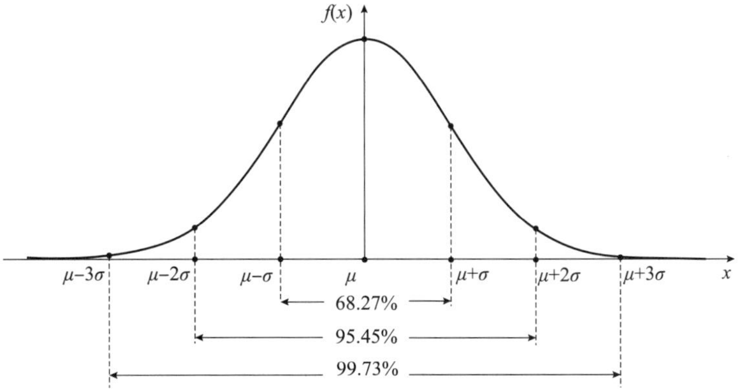

图 3-4 正态分布曲线

由于0.27%数值较小，认为是一个小概率，根据小概率不发生原则，可认为0.27%的概率不会出现。如果小概率一旦出现，根据统计反证推断，可认为此时一定出现了异常原因，过程失控，应采取措施及时纠正。此外，如果质量特性数据分布不符合正态分布规律，根据统计反证推断，此时也存在异常原因，过程处于非控制状态。

3.2.2.3 常规控制图的分类

控制图按照用途进行分类，可分为分析用控制图和控制用控制图，两者一般结合应用，主要区别如表3－5所示。

表3－5 分析用控制图与控制用控制图的主要区别

区别点	名称	
	分析用控制图	控制用控制图
过程以前的状态	未知	已知
作图需要的子组数	每次20～25组	每次1组
控制图的界限	需计算	延长前控制限
适用目的	了解过程	控制过程
适用人员	工艺及质量管理人员	现场操作和管理人员

(1)分析用控制图。一个过程开始建立控制图时，一般不会恰巧处于受控状态，即总存在异常波动。如果就以这种失控状态下的参数来建立控制图，上、下控制限一定较宽，这会导致判断失误。因此，前期使用控制图需要将失控状态调整到理想的受控状态，这就是“分析用控制图”阶段。分析用控制图主要用来使过程受控并且使过程能力满足要求。如果同时满足，就可将分析用控制图的控制限延长作为控制用控制图。这就进入了“控制用控制图”阶段。

(2)控制用控制图。控制用控制图由分析用控制图转化而来。控制用控制图用于使过程保持稳态，预防不合格品的产生。控制用控制图的应用规则：按规定的取样方法获得数据，通过观察，控制异常原因的出现。当点分布出现异常时，说明过程质量不稳定，此时应及时找出原因，消除异常因素，使过程恢复到正常的控制状态。控制用控制图的控制限来自分析用控制图，不必随时计算。当影响过程质量波动的因素发生变化或质量水平已有明显提高时，应及时再使用分析用控制图计算出新的控制限。

根据数据性质一般将数据分为计量型(也称连续型)和计数型(也称离散型)，因此可将控制图分为计量型控制图和计数型控制图。

(1)计量型控制图。计量型控制图用于连续型的数据，其质量特性的统计量常用数据的位置(均值)和数据分布宽度(极值或标准差)来表示。质量控制中常用的计量值控制图有以下四种。

1)均值－极差控制图($\overline{X}-R$图)。计量值控制图中应用最广泛的一种，联合使用均值($\overline{X}$)控制图与极差(R)控制图，用$\overline{X}$图控制均值的变化，用R图控制标准偏差的变化，通

过监测 $\overline{X}$ 与 R 是否出现异常变化来实现对过程的控制。$\overline{X}-R$ 图能提供较完整的信息，精度尚可，使用方便，适用于大批量、加工过程稳定的情况。

2）均值－标准差控制图（$\overline{X}-S$ 图）。$\overline{X}-S$ 图与 $\overline{X}-R$ 图非常相似，不同之处在于用样本的标准差 s 来估计子组的标准差。$\overline{X}-S$ 图能提供较完整的信息，精度高，运算量大，对于不稳定的生产过程具有较强的检出力。

3）中位数－极差控制图（$Me-R$ 图）。用中位数代替均值进行绘图，计算量小，简单方便，但其检出力相较于均值－标准差控制图较弱。

4）单值－移动极差控制图（$X-Rs$ 图）。用于研究服从正态分布但不适合用 $\overline{X}-R$ 图的计量值数据，适用于小批量、长时间单件加工、不方便抽取多个样本、不需一次测量多个数据的情况。

（2）计数型控制图。计数型控制图常用在以设备为主或以操作者为主的过程中，质量控制中将计数值数据分为两类：第一类，产品是完全好或完全不好的，采用不合格品数或不合格品率来衡量，其中不合格品是指有一个或多个缺陷的产品，该类数据应用不合格率控制图（p 图）或者不合格数控制图（np 图）；第二类，描述产品总的缺陷或瑕疵数，缺陷是指单个的、不符合某种规格要求的现象，采用缺陷率或缺陷数来衡量，该类数据应用缺陷数控制图（c 图）或者单位缺陷数（缺陷率）控制图（u 图）。具体地，常用的计数型控制图有以下 4 种。

1）不合格率控制图（p 图）。p 是指不合格的数量与样本容量为 n 的样本的比值。p 图的灵敏度不如计量型控制图（如 $\overline{X}-R$ 图），也不能准确地判断变异产生的原因，但它对于降低平均不合格品率具有显著效果。在 p 图中，每个样本代表一组产品，每组产品的数量可能不同。实际应用时，如果每组产品的数量相同，可以采用 np 图进行控制。

2）不合格数控制图（np 图）。np 图用于衡量检验中不合格的数量，不同类型的不合格信息被总结绘制到图中以帮助判断过程变异的原因。np 图与 p 图本质相同，两者区别在于，np 图体现的是不合格品的实际数量而不是与样本的比值的大小。对于 np 图来说，每个样本代表一组产品，每组产品的数量必须相同。

3）单位缺陷数（缺陷率）控制图（u 图）。u 图是用于研究单位缺陷数的计数型控制图，适用于不同样本发生缺陷数的机会不同时的情况，用单位缺陷数可以客观地反映每单位发生缺陷的频率。当一个单位产品上有可能同时出现多处独立的缺陷（如复合装配）时，u 图较为适用。

4）缺陷数控制图（c 图）。c 图是用于研究缺陷数的计数型控制图，与 u 图在本质上是一致的，但 c 图直接将缺陷个数标在图上。实际应用时，如果所有的样本组大小 n 都相等，c 图可以替代 u 图，适用于每单位可能含有较大的缺陷数而每种缺陷出现机会的百分率比较小的场景。

综上所述，控制图类型的选择如图 3－5 所示。

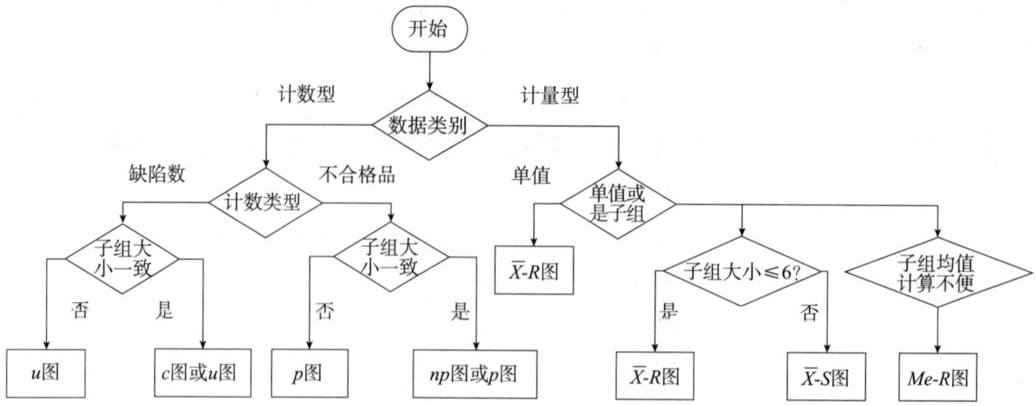

图 3－5　控制图类型的选择

3.2.2.4　控制图的应用程序

(1)选定控制对象

选定控制对象应是影响产品质量的关键特性(质量特性、质量指标、工艺参数)。这些特性能够计量(或计数)，并且在技术上可以控制。

(2)选定控制图种类

按照图 3－5 来选择。

(3)收集预备数据

预备数据是用来作“分析用控制图”的数据，目的是用来诊断欲控制的过程是否处于稳定受控状态。理论上讲，预备数据的组数 $k \geq 20$ 组，在实际应用中最好取 25 组，当个别组数据属于可查明原因的异常时，如经剔除后所余数据依然大于 20 组，仍可利用这些数据作分析用控制图。收集数据时，应收集近期的、与目前工序状态一致的数据。收集的样本数与样本大小见表 3－6。

表 3－6　控制图的样本数与样本大小

控制图名称	分布特点	允许用控制图抽样组数(子组数量 k)	样本大小(子组容量 n)
均值－极差控制图 中位数－极差控制图	正态分布	一般 $k = 20 \sim 25$	$4 \sim 6$
均值－标准差控制图		一般 $k = 20 \sim 25$	$n \geq 9$
单值－移动极差控制图		$k = 20 \sim 30$	1
不合格率控制图 不合格数控制图	二项分布	$k = 20 \sim 25$	$\frac{1}{\bar{p}} < n < \frac{5}{\bar{p}}$
单位缺陷数(缺陷率)控制图 缺陷数控制图	泊松分布		尽可能使样本中不合格数 $c = 1 \sim 5$

抽样时，应保证组内样品在基本相同的条件下生产，即组内差异只由普通因素造成，

而组间差异主要由特殊因素造成(如果有异常波动的话)。抽样时间间隔(子组间隔)是根据过程的稳定性和生产量来确定的，没有统一规定。抽样间隔一般在达到控制状态前较短而在达到控制状态后可加长。最少应在1个班次内抽取1个样本，否则判断误差过大。以下可供参考：若每小时生产10个以下产品，子组间隔可定为8h；若每小时产量在10~19个，子组间隔可定为4h；若每小时产量在20~49个，子组间隔可定为2h；若每小时产量在50个以上，子组间隔可定为1h。

(4)计算有关参数和控制图中心线和上、下控制限

各控制图有关参数和控制限的计算步骤及公式可参考GB/T 4091—2001《常规控制图》。

(5)绘制控制图

在坐标上作出纵、横坐标轴，纵坐标为控制对象，横坐标为子组序号(时间)。根据计算值画出上控制限UCL、下控制限LCL(一般用虚线)和中心线CL(用实线)。

(6)判断过程是否处于稳定受控状态

参考GB/T 4091—2001《常规控制图》使用的控制图判断准则(过程异常的8种模式)，对分析用控制图中点的分布状况进行判断。

若分析用控制图中点的分布没有任何异常情况，就可判断取样过程处于稳定受控状态。若发现过程不处于统计控制状态，有异常波动时，则采取下列措施：分析原因，找到原因后去掉异常子组，然后重新计算中心线和控制限，再判断过程是否处于稳定受控状态。当去掉的异常子组过多，造成$k<20$时，就应该改进过程，再次收集数据，计算中心线和控制限。

(7)转化为控制用控制图

对分析用控制图进行判断，过程受控且过程能力满足要求时，将分析用控制图的控制限延长，转化为控制用控制图，进行日常的质量管理。控制用控制图的日常管理工作一般包括下列内容：

1)按规定的抽样间隔和子组容量抽取样本；

2)对控制对象进行测量；

3)计算统计量数值；

4)在控制图上描点；

5)按控制用控制图的判定准则判断过程是否异常。

(8)修改控制图

当影响过程质量波动的因素发生变化或质量水平已有明显提高时，应及时再用分析用控制图计算出新的中心线与控制限。在出现下述情况时，一般应重新计算中心线与控制限：

1)大修或停产；

2)工况发生较大变化；

3)质量发生明显改进，原控制界限显得太宽，已失去控制作用。

3.2.3 过程能力分析

3.2.3.1 过程能力的概念

过程能力也称为工序能力，根据 GB/T 3358.2—2009《统计学词汇及符号 第 2 部分：应用统计》，过程能力是指对已被证明处于统计受控状态过程特性输出的统计度量，描述了过程特性满足要求的能力。过程能力是反映过程的加工水平满足技术标准的能力，它是衡量过程加工内在一致性的标准。过程能力与生产能力不同，生产能力是加工数量方面的能力，过程能力取决于人、机、料、法、环而与公差无关。故通常用统计控制状态下的 6 倍标准差(6σ)表示过程能力。

设备制造的过程能力是指过程处于受控状态或稳定状态下在加工精度方面的实际能力，过程能力体现了过程稳定地实现加工质量的范围。但任何过程客观上都会存在变异，过程的变异类型和程度是衡量过程质量特征值一致性的指标。

通常情况下，受控过程仅受随机性因素的影响，因此过程质量特征值服从正态分布。由概率理论可知，一个正态分布曲线可用两个参数表征，即均值 μ 和标准差 σ。均值 μ 是位置参数，它反映了正态分布曲线所处的位置；标准差 σ 是形状参数，它反映了正态分布曲线的“高矮”和“胖瘦”，标准差 σ 对正态分布曲线的影响如图 3－6 所示。标准差 σ 越小，则正态分布曲线就越“高”越“瘦”，表明过程质量波动的范围就越小，过程能力就越强；反之，标准差 σ 越大，则正态分布曲线就越“矮”越“胖”，过程质量波动的范围就越大，过程能力就越弱。

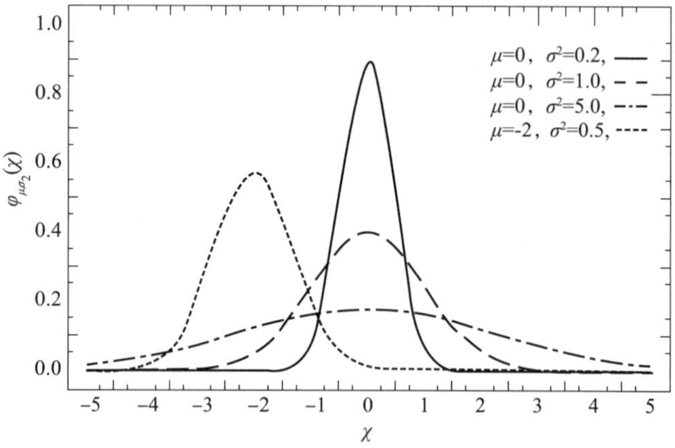

图 3－6 标准差 σ 对正态分布曲线的影响

3.2.3.2 过程能力指数

过程能力指数是表示过程能力满足容差范围(产品规格、公差)要求程度的量值，是容差范围和过程能力的比值。实践中一般采用过程能力指数 C_p 和 C_{pk} 来衡量质量特征值为计量值的过程能力。

过程能力指数越大，说明过程能力越满足技术要求，产品质量越有保证。过程均值与规范中心重合，即无偏移时用 C_p 衡量，有偏移时用 C_{pk} 衡量。C_p 反映能达到的过程能力的最高水平，不受过程位置的影响，只是针对双边公差而计算的；C_{pk}反映实际的过程能力，通过减少偏移，采取剔除一些异常因素的局部措施可提高 C_{pk}的值。在过程能力分析中，C_{pk}和 C_p应一起进行评价和分析，如果 C_p值远大于对应的 C_{pk}值，表明过程分布中心 μ 与公差中心 M 不重合，通过采取措施加以纠正，减少工序过程偏移，使过程分布中心和公差中心重合趋中，降低波动来改进整个过程。

根据过程能力指数的大小可以对质量水平进行评价和判定，可将过程能力分为五级，如表 3－7 所示。

表 3－7 过程能力分级

等级	过程能力指数 C_{pk}	过程能力分析	改进措施
特级	$C_{pk}>1.67$	过程能力过于充分	简化质量管理以节约成本
Ⅰ级	$1.33<C_{pk}\leqslant 1.67$	过程能力充分	已达到理想的状态，维持管理
Ⅱ级	$1<C_{pk}\leqslant 1.33$	过程能力合格	勉强符合要求，应设法提高为Ⅰ级，C_{pk}接近于 1.0 时可能出现不合格，根据需要采取相应措施
Ⅲ级	$0.67<C_{pk}\leqslant 1$	过程能力不足	需要做 100% 全检等改善措施
Ⅳ级	$C_{pk}\leqslant 0.67$	过程能力严重不足	及时查找原因，制定紧急对策并重新进行过程能力分析

3.2.3.3 过程绩效指数

当难以确保过程处于统计控制状态时，可采用过程绩效指数 P_p和 P_{pk}，从过程总波动的角度考察过程特性值满足要求的能力。过程绩效是从过程总波动的角度反映过程的实际加工能力，此时不需要考虑过程是否受控，也不要求过程输出的质量特性一定要服从某个正态分布。过程能力反映过程的固有属性，而过程绩效反映过程的实际属性。过程绩效是过程总变差（包括组内变差与组间变差）σ_p的 6 倍。σ_p通常用所有测量值计算出来的标准差 s 来估计。

如果过程一时难以达到稳定或不知是否稳定，则可以结合直方图进行分析和改进，或者用实际的总波动 s 替代稳态下的固有波动进行计算，初步判断过程的稳定情况。如需进一步判定过程的稳定情况，则需运用控制图。

一般情况下 $P_{pk}\leqslant C_{pk}$，但如果 P_{pk}远远小于 C_{pk}时，说明实际的过程能力低于过程固有的能力，过程没有达到稳态，过程中存在异常坏的特殊因素，应该马上寻找原因，加以消除，把过程绩效指数提高到过程能力指数水平。当 P_{pk}远远大于 C_{pk}时，说明实际的过程能力高于过程的固有能力，过程中有异常好的特殊因素存在，应该将这种异常好的特殊因素找到，并将它纳入作业指导书，以大幅度提高过程能力指数，达到一种新的更高水平的状态。

3.3 失效模式与影响分析

3.3.1 基本概念

失效模式与影响分析（Failure Mode and Effects Analysis，FMEA）是一种系统化的可靠

性分析方法，它自下而上地通过对系统各组成部分潜在的各种故障模式及其对系统功能的影响进行分析，提出可能采取的预防、改进措施，以提高产品的可靠性，在保证产品可靠性方面起到重要的作用。

FMEA 按照一定的格式有步骤地分析每一个部件、单元可能产生的失效模式，每一种失效模式对设备的影响及失效的严重程度，是一种分析失效因果关系的方法。它使用 FMEA 表格和评分准则作为工具，以此来查找潜在缺陷并分析后果。

FMEA 的常用概念如下：

(1)缺陷的名称，即潜在的过程失效模式，是指过程中可能发生的不满足过程要求和设计意图的形式。这一步要求根据零件的工艺特性，对特定的工序列出每一个潜在失效模式，前提是这种失效可能发生，但并非一定发生。确定这些缺陷时，应查看一下同类产品或工艺已有的 FMEA 表格，以及生产加工过程中或用户使用过程中经常出现的质量问题。

(2)潜在失效后果，是指过程故障模式对顾客的影响。顾客可以是下一道工序、代理商或最终顾客。例如，站在下一道工序的操作者的立场上看，失效的后果有无法安装、不配合、损坏设备等；站在顾客的立场上看，失效的情况有噪声、外观锈蚀、工作不正常等。

(3)严重度(S)，严重度是潜在失效模式对顾客的影响后果严重程度的评价指标。严重度仅适用于评估失效的后果，一般严重度评估分为 1 ~ 10 级。

(4)缺陷产生的原因，即过程的故障原因/故障机理，是指失效是怎么发生的，并依据可以纠正或控制的原则来描述。针对每一个潜在失效模式，在尽可能广的范围内，列出所有可以想到的失效原因。不论缺陷是何种类，只有找到原因，才能找出解决的措施。失效的许多起因并不是相互独立或唯一的，要纠正或控制一个起因，需要考虑诸如试验设计方法等方面，以便针对那些相关的因素采取纠正措施。

(5)失效发生频度(O)，是指具体的失效起因发生的频度。频度的等级数着重于其含义而不是数值。

(6)缺陷检测水平(D)，即检测难度，指在现行的过程控制中，零部件离开制造工序或装配工位之前，缺陷有可能被发现并阻止失效发生的可能性。这些控制方法可以是像防错夹具之类的过程控制方法，或者统计过程控制。

(7)风险优先序数(RPN)，风险优先序数(RPN) = 严重度(S) × 失效发生频度(O) × 缺陷检测水平(D)。风险优先序数是 FMEA 中的一个重要参数，RPN 越大，说明所产生缺陷的影响越大。

FMEA 有多种分类方法，其中最常见的是将 FMEA 分为分系统失效模式与影响分析(SFMEA)、设计失效模式与影响分析(DFMEA)、过程失效模式与影响分析(PFMEA)以及服务失效模式与影响分析(SFMEA)四类。根据设备质量控制工作范围，FMEA 主要应用于被监理产品的设计和生产制造阶段，因此本节重点讨论 DFMEA 和 PFMEA。

3.3.2 DFMEA

DFMEA 是在设计初期采用的一种分析技术，保证充分考虑并指明潜在的失效模式及相关的原因及机理，评价最终产品与其相关的其他部件子系统及系统相互关系。DFMEA主要应用在以下几个方面：

(1)有助于对设计要求的客观评价，为评价产品设计的可靠性及优化设计方案提供依据。

(2)考虑制造与装配的工艺要求，识别需采取预防措施的设计缺陷，并进行最初工艺设计。

(3)为制订产品试验计划、确定产品的质量控制方案提供信息，提高设计开发过程中设计质量和可靠性。

(4)为制订或修改特性清单提供依据，为制订全面的设计开发计划提供信息。

(5)为故障诊断、制订维修方案提供信息，根据失效严重程度制定一套设计改进和开发试验优先控制系统。

(6)为维修性分析、安全性及危险源分析、故障源分析等提供依据。

(7)为分析现场情况，评价设计更改及开发先进设计提供参考。

DFMEA的对象主要有四类：新设计的产品、部件、系统；环境有变化的沿用零件；发生了变化的材料和零件；有重大设计更改的部件、系统。DFMEA应考虑制造和装配中有关工艺问题，如焊接、材料性能等方面的要求，在设计意图最终形成之时开始，并贯穿在产品开发设计的各阶段中，随着设计变化或其他信息及时地进行修改，直到设计任务完成。

3.3.3 PFMEA

PFMEA是在产品的制造和装配过程中常用的一种FMEA技术，用以保证已充分地考虑和指明制造和装配过程中各种潜在的失效模式及相关的起因，并就此采取必要的预防措施。PFMEA总结了工艺设计时的设计思想，是一种系统化的设计方法，可用于以下方面：

(1)确定与产品相关的过程失效模式。

(2)评价失效模式对顾客的潜在影响。

(3)确定引起故障的潜在的制造或装配过程原因，并确定减少失效发生或找出失效条件的过程控制变量。

(4)根据失效模式的级别，建立考虑纠正措施的体系。

PFMEA是在假定所设计的产品会满足设计要求的基础上进行的，设计缺陷造成的影响及其避免措施由DFMEA来解决。最早应在可行性论证前或可行性论证时进行PFMEA，先于对产品的加工，按照从单独的部件到装配件的顺序，考虑从单个零件到总成的所有制造工序。在制造计划阶段，新过程或修改过程的早期检查和分析可以帮助预测、解决和监控潜在的过程关键问题。在产品整个研制过程中，应适时对PFMEA进行更新完善，定期对PFMEA进行评审。

3.3.4 分析程序

(1)收集分析产品的技术规范，明确产品的任务阶段及工作方式，产品的结构及功能描述，产品的工作环境及任务时间等。

(2)根据需要建立产品的功能框图。在产品研制初期采用功能法开展 FMEA，当分析的产品较复杂时，建立产品的功能框图以表示产品及各功能单元的工作情况和相互关系，以及产品和每个指定层次的逻辑顺序。

(3)建立产品的框图或过程的流程图。进行 DFMEA 前，应把产品分割成具有独立功能的部件，按照完成任务和满足顾客需求的程度，建立用于 DFMEA 的框图。根据需要，DFMEA 框图包括原材料、机器设备、环境条件、人员、计算机等和产品失效模式与后果分析有关的要素，这是 DFMEA 框图与可靠性框图的不同之处。由于大量过程一般都是成熟的过程，为了突出重点，在进行 PFMEA 前，应建立过程流程/风险评估图，列出所有的工序，进行风险评估，选择高风险的工序进行 PFMEA。

(4)填写 FMEA 表格。DFMEA 是以设计工程师为主的团队分析产品每个潜在的失效模式，并确定其发生原因和机理的一种分析技术，通过填写 DFMEA 表格来完成；而 FMEA 则是以制造主管工程师为主的团队分析过程每个潜在的失效模式，并确定其发生原因和机理的一种分析技术，通过填写 PFMEA 表格来完成。在分析产品的某一失效模式时，一般只考虑该模式对产品的影响，但如果几个失效模式同时发生的概率不能忽略不计，还应考虑这几个失效模式同时发生的情况，作为一个新的失效模式来处理。

(5)计算风险优先序数(RPN)。RPN 是事件发生频率、严重度和检测等级三者的乘积，其数值越大，潜在问题越严重。其用来衡量可能的工艺缺陷，以便采取预防措施减少关键的工艺变化，使工艺更加可靠。

(6)建议纠正措施。如果发现严重度 $S \geqslant 8$ 的失效模式，必须采取更改设计和工艺的措施，以消除这些失效模式或降低其发生的概率。对于 RPN，应规定某一临界值 C，C 的取值应根据组织的具体要求来定，当某一失效模式的失效原因的 $RPN \geqslant C$ 时，应采取纠正或补偿措施。

(7)FMEA 优化升级。随着产品研制的进展，DFMEA 和 PFMEA 应不断修订和迭代，FMEA 报告应与产品相符，不断改进产品质量。

3.4 测量系统分析

3.4.1 基本概念

3.4.1.1 测量系统分析的定义

产品质量的内在特性是通过加工过程实现的，其影响因素包含人、机、料、法、环多个方面。在产品加工质量形成后，需要经过“测量”获得质量特性值，通过对质量特性值的分析确定产品是否符合质量标准以及过程中存在的质量问题。测量也是影响产品质量特征值变异的基本质量因素之一，与其他 5 种基本质量因素不同的是，测量因素对过程质量特征值的影响，独立于其他 5 种基本质量因素综合作用的工序加工过程之外，这就使得单独对测量系统的分析成为可能。

测量系统分析(Measurement System Analysis，MSA)是指通过研究测量系统产生的变异，计算这些变异对测量结果影响的程度，进而得出测量系统是否有能力满足测量要求的结论。其目的在于分析测量过程对产品质量特征值变异的影响大小及规律，因此也属于过程质量变异分析的范畴。它使用数理统计和图表的方法对测量系统的误差进行分析，以评估测量系统对于被测量的参数来说是否合适，并确定测量系统误差的主要成分。

3.4.1.2 测量系统的构成要素

在JJF1001—2011《通用计量术语及定义》中将测量系统定义为“一套组装的并适用于特定量在规定区间内给出测得值信息的一台或多台测量仪器”，这里的测量仪器是指进行测量的任何工具，通常是指工厂的测量工具。但在实际中测量系统有更广泛的内涵，可完整地叙述为：对被测产品特性赋值的人员、仪器设备(包括量具)、软件、操作程序、测量环境的集合，用来获得测量结果的整个过程称为测量过程或测量系统。测量系统的组成包括测量者、参照标准、测量方法以及测量仪器等基本要素，如图3－7所示。

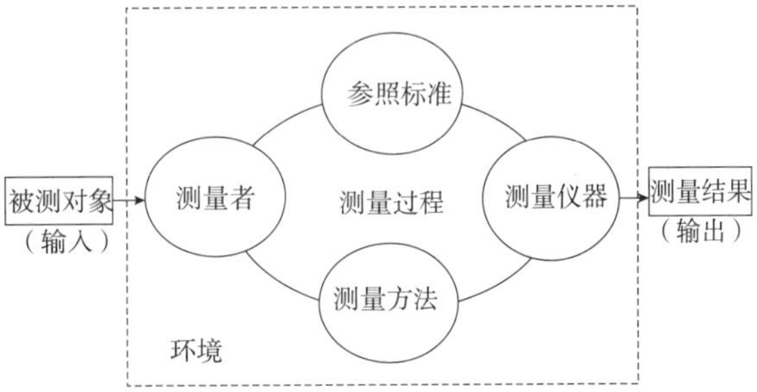

图3－7 测量系统的基本要素

测量过程是指测量者依照测量方法使用测量仪器对被测对象进行测量，并参照标准输出测量结果的活动。在测量过程中，测量者的知识和技术水平、测量方式与方法、测量系统的参照标准、测量仪器等因素都将影响测量结果。测量系统提供的数据是决策的依据，数据的质量直接影响决策的质量，如果数据失真或误差很大，就有可能导致分析失效、决策失误。因此，如何保证数据的质量就显得非常重要。而要保证数据的质量，就必须对获得数据的测量系统进行有效的分析，更准确地把握测量系统性能的真实度量水平，从而保证对产品和过程的质量控制。

3.4.1.3 测量系统的基本要求

(1)测量仪器要有足够的分辨力

测量仪器的分辨力是指仪器能有效辨别的示值间的最小差值，也称为最小可读单位，可以用最小刻度来衡量测量仪器的分辨力。测量系统的分辨力与测量仪器的分辨力是不相同的，一般而言，测量系统的分辨力小于测量仪器的分辨力。如果测量仪器没有足够的分辨力，就不能定量地表示被测零件的特性值，也不能识别制造过程中所发生的波动。值得注意的是，使用分辨力过高的测量仪器也是一种浪费，因此测量仪器分辨力满足测量所需即可。

(2)测量系统必须是稳定的

测量系统必须处于统计受控状态，其产生的变异只能是偶然原因而非特殊原因造成的。

(3)测量系统变差较小

对于过程控制，测量系统变差必须小于制造过程变差；而对于产品控制，测量系统变差必须小于公差带。测量系统的统计特性可能随被测量物体的改变而变化，在此情况下，需保证测量系统最大的变差小于过程变差和公差带两者中的较小者。

3.4.2 测量系统变异的类型

3.4.2.1 偏倚

偏倚也称为准确度，反映同一测量对象测量结果的观测平均值与基准值的差值，它直接影响测量系统的准确度。偏倚是系统误差而不是随机误差，可能是多个系统误差造成的，通常可通过校准来消除偏倚。偏倚越大表示测量的准确度越低，反之则越高。

偏倚基准值有时也称为可接受的测量基准值或标准值。由于在实践中存在测量误差，尽管被测对象客观存在着一个实际的真值，但这个值却是不可知的。此时，可以采用可接受的测量基准值作为真值的替代值，作为测量值的比较基准。基准值可通过采用更高级别的测量设备进行多次测量后取平均值来确定。一般情况下，测量者用同一测量仪器对同一测量对象进行重复测量时，所得的测量值服从正态分布，测量系统的偏倚如图3－8所示。

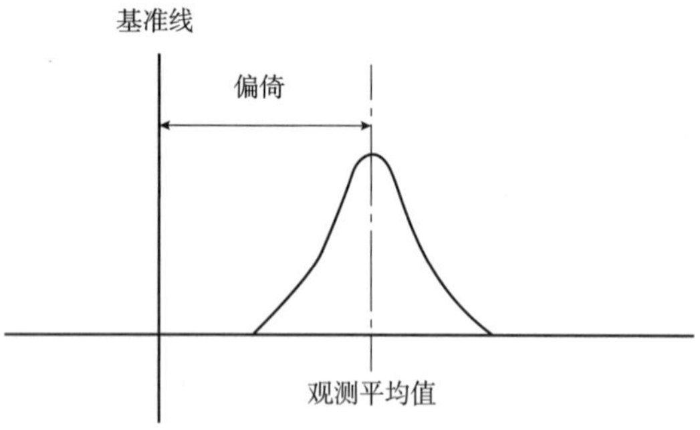

图3－8　测量系统的偏倚

测量系统过分偏倚的可能原因如下：

(1)测量仪器没有校准；

(2)测量仪器或相关夹具磨损；

(3)标准零件或抽样零件损坏，基准出现误差；

(4)使用错误的测量仪器或仪器精度不够。

3.4.2.2 稳定性

稳定性又称为漂移，指随着时间的变化，用相同的测量系统对同一产品进行测量所得到的偏倚的变化。稳定性是采用同一测量系统，由同一测量者在不同时间点测量同一被测对象的同一质量特征值时所发生的测量值变异。变异越小，则测量系统的稳定性越好。稳定性的表征是测量系统响应的一种缓慢变化，在一段时间内，测量结果的分布无论是均值还是标准偏差都保持不变和可预测的，可以用时间走势图来进行分析，如图3－9所示。

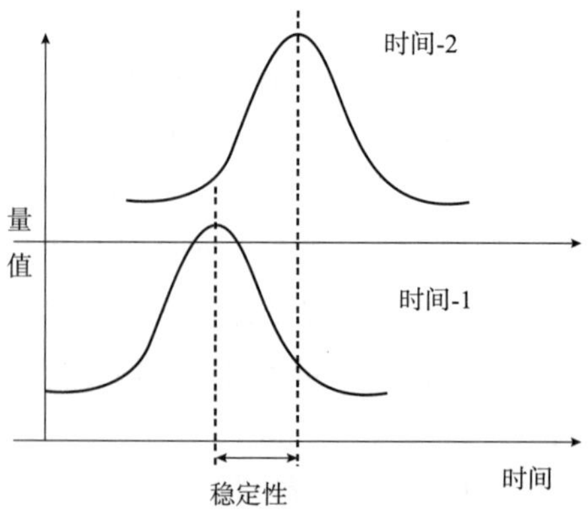

图3－9　测量系统的稳定性

进行测量系统分析的前提是测量系统必须表现出统计稳定性，即测量系统引入的测量误差的分布规律不随时间发生变化。在统计过程控制中应用控制图来判断过程的稳定性，在测量系统分析中也可以通过使用各类控制图进行分析，通常利用$\overline{X}-R$图或$\overline{X}-S$图实现，因为测量系统也可以被看作一个制造(数据的)过程。其差别在于不是从生产线上随时抽取样品作控制图，而是选定标准件或标准样品，在一定时间内经常用同一量具反复地测量此标准件或标准样品，用测量值作控制图，考察其稳定性。

3.4.2.3 线性

线性是指在测量系统预期的量程范围内，在不同量程内测得的偏倚值的差异，其反映的是准确度和精密度是否因所在范围的变化而变化的一种测量性能。

线性可以被认为是关于偏倚大小的变化，在测量系统的量程范围内，在不同的量程段对标准件进行反复测量，获得各量程段的偏倚值，再分析这些偏倚值来获得测量系统的线性特性，如图3-10所示。

如果测量系统在各量程下所测得的平均值与其基准值所对应的交点的连线为45°，说明没有线性误差的存在；否则，说明测量系统存在线性误差。如果它们的连线大于45°，则说明随着量程的增大，偏倚增大；反之，偏倚减小。

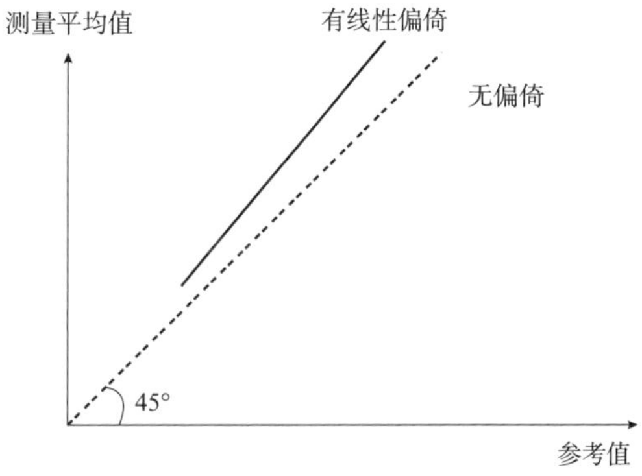

图3-10 测量系统的线性

3.4.2.4 重复性

重复性又称为设备变异性，指在可重复条件下测量的精度。可重复条件有以下五点：

(1)由同一测量人完成测量；

(2)使用相同的测量工具，并且所有的测量仪设置相同；

(3)使用相同的测量过程；

(4)在相同的外部环境下进行测量；

(5)在短时间内重复测量。

重复性也可表示为在相同的测量条件下，对同一被测量对象进行连续多次测量结果之间的一致性。重复性是仪器设备产生的变差，仪器设备自身结构以及测量对象在仪器设备中位置变化是测量值变异的两个原因，也可以说是重复性误差的两个原因。由于一组重复测量值的极差代表重复性的大小，因此可以利用极差控制图来显示测量过程的一致性。如果极差控制图失控，说明测量系统的一致性有问题，在进行测量系统分析前，就需要查找原因。一般地，同一测量者使用同一测量仪器重复测量同一被测对象时，所得的测量值服从正态分布。

3.4.2.5 再现性

再现性指在可再现条件下测量的精度。可再现条件一般有两点：不同测量者使用相同的测量仪器；每位测量者进行多次独立的测量。可再现情况下测量的值通常被认为是可靠的值。在再现性的定义中，测量仪器和被测量对象等其他因素是相同的，只是测量者不同，主要反映测量者在测量技术上的变差，也就是人的因素，如图3－11所示。

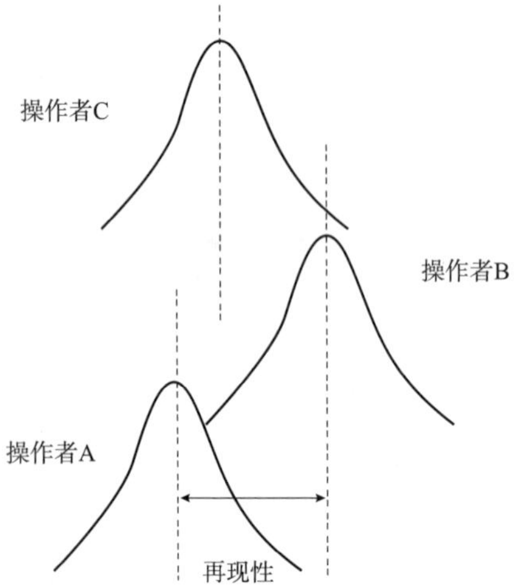

图3－11 测量系统的再现性

传统再现性的定义建立在由人工操作测量仪器之上的条件，而对自动测量系统不适用。因此，再现性又可以定义为：在改变了测量条件的情况下，同一被测量对象的测量结果之间的一致性。改变条件包括观测者、测量仪器、测量原理、测量方法、测量标准、测量时间和地点等。

3.4.3 测量系统分析程序

3.4.3.1 测量系统分析的准备

在进行测量系统分析之前，应先进行充分的策划和准备。

(1)确定需分析的测量系统及用于分析的待测质量特性

首先仔细分析测量过程并确定该系统是否适合此次测量，其目的在于：确定该测量系统是否具有所需要的统计特性；分析测量过程所处的外部环境是否对测量系统有显著影响，测量环境应尽可能与测量系统实际使用的环境条件相一致。

(2)确定分析的内容与方法

在进行测量系统分析时，并不总是同时研究测量系统的所有变差，而应该根据测量系统的使用目的确定需研究哪些变差。例如，对于普通的测量仪器，通过周期的检定/校准可保证偏倚和线性的要求，使用过程中主要考核操作者重复测量的一致性和自检、互检之间的一致性，所以只需对测量系统的重复性和再现性进行评定分析；对于自动测量设备来说，设备的稳定性和重复性要好，所以主要分析其测量系统的稳定性和重复性等。

(3)确定测量人员以及MSA人员

测量人员应从经常使用该量具的操作者中挑选，以确保测试方法和测试结果与日后的正式生产或过程更改的实际情况相符。在MSA时，测量操作人员和分析人员不能是同一个人，测量操作人员实施测量并读数，分析人员做记录并完成随后的分析工作。测试操作人员、分析人员都应经过培训，熟悉测试方法和分析方法。

(4)确定样品数量和测量次数

样品的选择取决于MSA的设计及测量系统的目的，要有足够的代表性，要考虑被测特性的重要性以及零件的结构。关键特性需要更多的样品或试验，大型重要零件可考虑较少的样品和较多测量，以使结论的置信度更高。

对于产品控制情况，测量结果用于确定相对特性规范合格与否，选择的样本或标准不需要覆盖整个过程范围。对于过程控制情况，测量结果用于确定过程稳定性、方向和实际过程变异的符合性，样本应覆盖生产过程范围。

(5)给样品标号并标上测量位置

给每个样品编号并加上标签，但要避免测量人员事先知道编号以确保按随机顺序测量。测量人员不应看到此编号，而记录人应知道，每测一次换一个零件。为了防止样品内变差，可以在样品测量部位做出标记。多次测量同一位置，其结果不一样才可认为是测量系统的变异。否则，零件的变异将影响测量结果，计算时应剔除。

(6)确定合适的测量仪器

应针对具体特点选择质量控制计划指定的测量仪器，同时要确保进行 MSA 的测量仪器是经校准合格的。此外，应合理地确定测量仪器的最小刻度，对于统计过程控制的测量仪器，其分辨率应不超过产品公差变异的 1/10。

3.4.3.2 测量系统的判定

(1)位置误差

位置误差可通过分析偏倚和线性来确定。一般来说，一个测量系统的偏倚或线性较明显，或是超出量具校准程序确定的最大允许误差，那么它是不可接受的。在这种情况下，应对测量系统重新进行校准或实施偏差校正，以尽可能减少误差。

(2)宽度误差

测量系统变异性是否令人满意，取决于被测量系统变异所掩盖的生产制造过程变异的百分比或零件公差的百分比。对于特定的测量系统，最终的接受准则取决于测量系统的环境和目的，而且应该获得顾客的同意。

3.5 本章小结

本章探讨了设备质量控制的多种统计方法，包括调查表、分层法、排列图、因果图、矩阵图以及统计过程控制等，为设备质量的系统分析与控制提供了科学的技术手段。通过详细阐述各类统计过程控制方法的应用步骤、注意事项，强调了统计工具在识别质量问题、分析原因、实施改进措施中的关键作用。此外，结合设备质量控制工作范围，介绍了 DFMEA 和 PFMEA 两种常用的失效模式及影响分析方法。最后，对测量系统分析进行了简要介绍，指出了进一步确保质量数据准确性和可靠性的方式。本章内容为设备质量控制提供了一套完整的理论框架，有助于指导海洋油气钻采设备质量控制工作开展。

4　钻修机提升系统制造质量控制

4.1　设备简介

海洋钻修机(模块钻机与修井机)提升系统是海上用于钻完修井作业的关键模块，其主要作用是依靠各部分设备之间的联动来实现起下钻具及对钻压的控制等。

图 4 - 1　海洋钻修机提升系统

根据 GB/T 23505—2017《石油天然气工业 钻机和修井机》中定义，钻修机提升系统主要包括井架、绞车、天车、游车、大钩、游车大钩、钢丝绳、提升用齿轮齿条或提升用液压缸及起下钻必需的吊环、吊卡、卡瓦、吊钳或者动力大钳等设备和工具。典型提升系统详见图 4 - 1。

4.1.1　井架

井架是钻修机提升系统最主要的设备，用于安放天车、悬挂游车大钩和吊环、吊钳等提升设备与工具，还承担起下和存放钻杆、油管或套管等作用。海洋石油钻修机井架常见结构主要分为以下类型：

(1)塔式井架。四侧构件的横截面为正方形或矩形结构的塔架。井架主体由四扇平面梯形桁架组成，每扇又分为若干桁格，同一高度的四面桁格在空间构成井架的一层，故整个井架也可视为由多层空间桁架组成。塔式井架的突出特点是整体稳定性高、承载能力强，多用于海洋自升式及半潜式钻井平台钻机。

(2)前开口 K 形井架。一种为自举式套装井架。整个井架主体由 3 ~ 5 段焊接结构组成，段间采用锥销定位和螺栓连接。为了方便游系设备上下运行和立根排放，井架主体做成前扇敞开，横截面为开口矩形(Π 形)的不封闭空间结构。整体刚度大但稳定性较塔式井架差，有的井架最上段做成四边封闭结构以提高其稳定性。该型井架结构常用于海洋模块钻机。另一种为伸缩式井架，一般分为井架上段、井架下段和井架基段三部分。伸缩式井架的特点是：占地小，起升方便，维护简便，安装其他设备易起易放。该型井架常见于海洋修井机，特别适合井口小平台使用。

三种常见结构型式的海洋钻修机井架如图 4 - 2 所示。

(a)塔式井架

(b)自举式套装井架

(c)伸缩式井架

图 4－2　海洋钻修机井架常见结构类型

4.1.2 天车

天车是钻修机的重要配套部件，其安装在井架顶端，用以和游车、绞车、大钩等一起完成起下钻和下套管作业。天车实质上是一套定滑轮组，一般由天车架、天车滑轮、天车轴、支座与轴承等零部件组成。天车与游车用钢丝绳联系组成一套滑轮系统，它承受钩载和快绳、死绳的拉力，并把这些荷载传递到井底和底座上。在最大钩载一定的情况下，游动系统绳数越多，快绳的拉力越小，从而可减轻钻修机绞车在钻修井作业中的负荷，并减少发动机组的配备功率。天车平台上设有护栏，便于检修。此外，为防护游车碰天车，天车底部常设有防碰橡胶垫。典型天车结构见图 4－3。

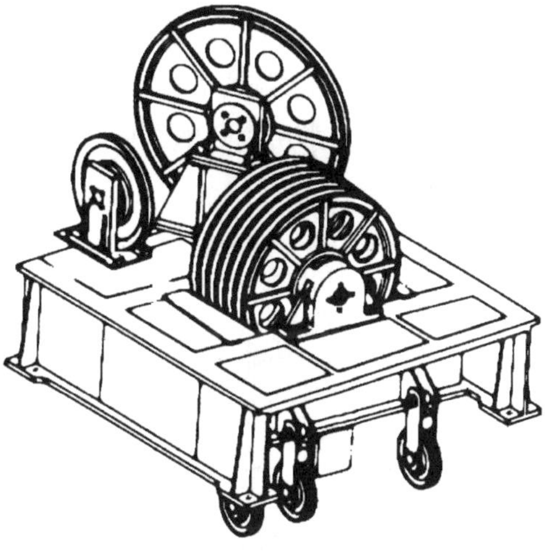

图 4－3　天车结构

4.1.3 游车大钩

现工程常用的游车大钩[图 4－4(a)]是由游动滑车[图 4－4(b)]和大钩[图 4－4(c)]组成一体的设备，它与天车、水龙头、吊环等配套使用。其特点是缩短了游动滑车和大钩的组合长度，整体尺寸小，结构紧凑，便于充分利用井架的高度。游动滑车简称游车，主要由顶盖、滑轮、左右侧板、滑轮轴、双列圆锥滚子轴承、销轴等组成。大钩部分主要由中心轴、内外弹簧、中间体、锁紧装置，双列推力圆柱滚子轴承、连接销轴、钩体、制动环、锁定板、锁紧臂，定位块，孔用挡圈、衬套、油封座，吊环锁臂、锁紧臂销轴，弹簧压盘、卡瓦、弹簧托盘等组成。

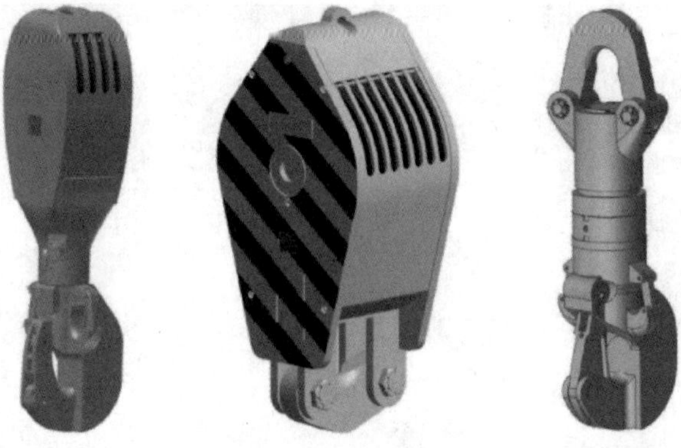

(a)游车大钩　　(b)游动滑车　　(c)大钩

图 4－4　游车大钩结构

4.1.4　钻修井大绳

钻修机提升系统所用的钢丝绳称为钻修井钢丝绳，也称钻修井大绳。它起着悬持游车大钩、井中全部钻具及传递绞车动力的作用，是钻修机游动系统的重要组成部分。

钻修井大绳的一端缠绕和固定在滚筒上，另一端交替绕过天车和游车滑轮，最后固定在死绳固定器上。典型游动系统穿绳方法如图 4－5 所示。

钻修机游动系统绳数指钻修机天车和游车的滑轮数目、提升系统有效工作绳数。例如，ZJ70D 钻机游动系统为 6×7，即天车 7 轮、游车 6 轮，除快绳、死绳以外的有效工作绳数为 2×6＝12。常用钢丝绳结构组成如图 4－6 所示。

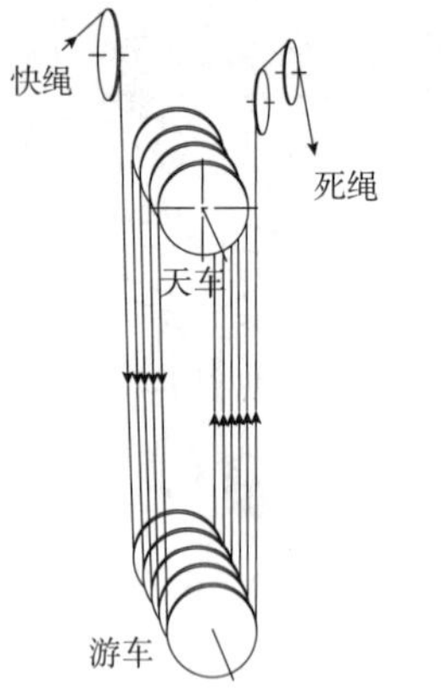

图 4－5　5×6 游动系统穿绳

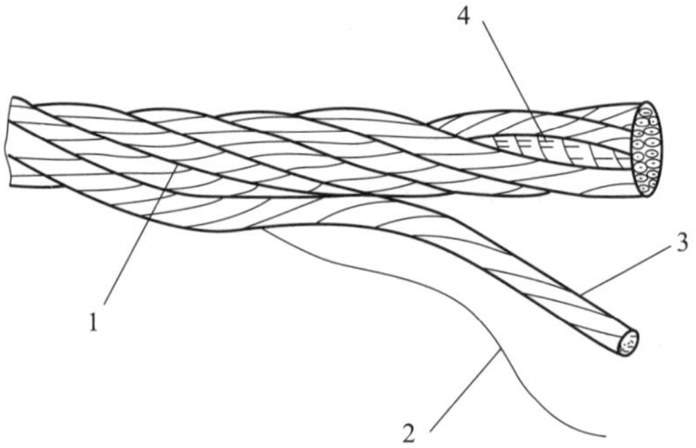

图 4－6　钢丝绳结构组成

1—钢丝绳；2—钢丝；3—股；4—芯

股：钢丝绳组件之一。通常由一定形状和尺寸的钢丝绕一中心沿相同方向捻制一层或多层的螺旋状结构。

芯：圆钢丝绳的中心组件、多股钢丝绳的股或缆式钢丝绳的单元钢丝绳围绕中心组件螺旋捻制。

4.1.5　绞车

绞车是钻修机提升系统的核心设备，其主要由角传动箱、主滚筒、绞车架及护罩、盘式刹车、推盘离合器、辅助刹车装置、链条及护罩、天车防碰装置等组成，各部分分工协作，共同完成绞车的提升、旋转、下放等钻修井作业动作。整个绞车总成设置有多种安全保护及辅助操作装置，保证作业的灵巧方便和安全可靠。通过辅助刹车，使游车大钩能缓慢下行。另外，设置有天车防碰装置和天车安全装置系统，能避免游车大钩上冲下砸事故的发生。常用绞车如图 4 –7 所示。

绞车主滚筒(图 4 –8)是用来缠绕卷扬游动系统的钢丝绳，驱动游车大钩运动。主滚筒主要由滚筒体、盘式刹车、离合器、轮辐、链轮、护罩连接盘、刹车盘和轴系等零部件组成。主滚筒总成通过两侧轴承盒上的螺栓连接至绞车架上，液压盘刹的刹车执行机构通过底部螺栓连接至绞车架上。

图 4 –7　绞车

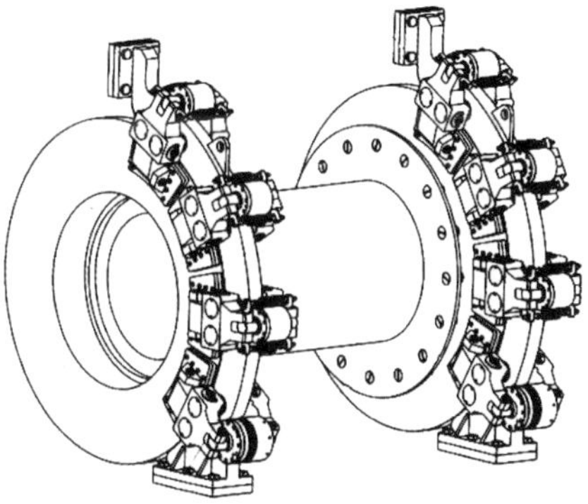

图 4 –8　钻井绞车主滚筒

4.2　质量控制大纲

合规的监理依据是保证监理效果的前提。基于驻厂监造的钻修机提升系统质量控制主要依据以下文件。

(1)客户要求。一般以客户采购技术规格书、设备采购合同为准。需要注意的是，监造产品时既要满足设计及规格书要求，又要符合现场使用习惯。

(2)相关标准。目前石油行业中驻厂监造普遍参照 API 标准、石油相关国家标准或行业标准。但以生产厂方自主设计制造为主的产品，标准中仅涉及设计概念、检验范围及方法，其内容比较宽泛。在中国设备监理协会发布了 T/CAPEC 29—2020《石油和化学工业　石油钻机和修井机制造监理技术要求》标准后，给钻修机提升系统的监造实施提供了更加具体、更具有可操作性的方法。

(3)生产厂文件。结合过程管理及现场实施实际情况，监理依据还应包括经批准的厂方设计、厂方质量手册及程序文件等生产厂自有文件。

4.2.1 井架监理大纲

4.2.1.1 质量控制点设置

井架制造质量控制点设置见表 4－1。

表 4－1 井架制造质量控制点

序号	控制项目	控制内容	监理方式
1	被监理单位体系文件审核	被监理单位资质	R
		质量管理体系	R
		工艺程序文件	R
		设备仪器有效性	R
		关键岗位人员资质	R
2	原材料检查	原始进货凭证	R
		外形尺寸	W
		表面质量	W
		理化性能试验	W
		原材料复验报告	R
3	外购件检查	设计要求	R
		合格证明文件	R
		附件和备件清单	R
		标志铭牌参数	W
		试验报告	R
		外观尺寸	W
		表面质量	W
		性能检验	W
4	结构件制造质量检查	下料质量	W
		机加工质量	W
		焊接人员资质	W
		焊接材料	W
		焊接前准备工作	W
		焊接过程质量	W
		焊缝外观质量	W
		焊后热处理	W
		焊缝无损检测	W
		整体热处理	W
		焊缝密封性能	W

续表

序号	控制项目	控制内容	监理方式
5	井架及其附件几何尺寸检查	井架单个构件几何尺寸	W
		井架部件拼装	W
		二层平台部件拼装	W
6	喷砂、油漆质量检查	喷砂质量	W
		油漆牌号及颜色	W
		喷漆外观质量	W
		漆膜厚度	W
7	井架及相关附件总装质量检查	总装调试大纲	R
		总装场地	W
		安装顺序	W
		各构件外观质量	W
		井架安装后整体尺寸	H
8	井架试验	井架应力试验	H
9	清洗、补漆、包装及发运	清洗、补漆	W
		铭牌标识	W
		包装及装车	H

4.2.1.2 质控内容及方式

(1)审核文件证书和检验报告

1)生产厂资质证书审核

对生产厂的API资质证书、质量管理体系文件等资质进行审核，确保其符合API或ISO 9001相关要求。

2)关键岗位人员资质

对特殊岗位人员资质进行核查，包括但不限于焊接人员、无损检测人员、理化检测人员等，对其资质的有效性、证书等级进行审核。在工作现场对其证书与人员的一致性进行核查，并留存复印件以备查。

3)检测设备及仪器

对生产厂所参与井架生产制造的所有检测设备及仪器的合格证及校验证书有效性进行审核，必要时可在工作现场对其证书与量具的一致性进行审查，并留存复印件以备查。

4)合格证书、试验及检验报告

对原材料的质证书进行审核，如有必要可对原材料进行复审，并检验其理化性能。对外购零部件的试验或检验报告进行审核，并留存复印件以备查。

(2)原材料及下料质量检查

1)原材料质量控制

a. 审核原材料的原始进货凭证，包括合格证书、质量证明书、化学成分、机械性能报告等。

b. 按设计图纸核实原材料的牌号、规格、成分、性能。

c. 外形尺寸控制，分别按照图纸所列尺寸标准检查外形。

d. 表面质量控制，表面质量用肉眼观察，必要时可用钢丝刷清理被检对象表面。钢材表面不得有气泡、结疤、拉裂、裂纹、折叠、夹杂和压入的氧化皮，不得有分层。

e. 经技术文件、外形尺寸、外观质量检验合格的原材料，根据材质跟踪要求进行化学成分、机械性能及金相分析有关项目的检验。

2) 钢材预处理检查

此工序可能会在不同生产厂有不同的要求，因此不做严格要求。如生产厂生产工艺有关于钢材预处理这一项工序时，可参照此条进行检查。

a. 钢材的矫形质量检查：钢材经矫形后，检查板材或型钢的平面度和直线度，对于型钢，还可用直角尺检查型钢的截面形状误差。

b. 钢材的预处理控制：钢材预处理常用抛丸、喷丸、酸洗和手工处理。钢材经预处理后，对钢材的清除质量按技术文件要求的标准进行检查；也可按 GB 8923—1988《涂装前钢材表面锈蚀等级和除锈等级》中的喷射或抛射除锈校准色卡，对喷射或抛射除锈的钢材进行对比检查。

3) 切割原件表面质量及尺寸检查

a. 下料件表面应无夹渣、夹灰等缺陷。发现板材表面有起皱、脱皮现象，切割边有裂纹时应用超声波确定其范围，然后决定修补或报废。检查所有切割件的切割边缘，除了毛刺、熔渣外，是否按照工艺要求对棱角进行了倒圆角处理，根据技术要求判定是否要进行母材无损检测。

b. 切割件尺寸检查：对主要结构件的下料尺寸要进行尺寸检查，特别是箱形构件的横隔板，要检查其对角线尺寸、长宽尺寸、减轻孔、纵向加筋和焊缝穿越孔的形状位置尺寸及平整度尺寸等。

c. 划钻孔的质量检查、孔的划线检查：孔的中心位置偏差应符合设计图纸的要求；孔径偏差按图纸要求检查。

d. 刨边质量检查：钢板在刨边前，先用拉线法检查平面度，否则要先矫正；用拉线法检查刨边直线度；检查刨边的宽度偏差；按标准检查刨坡口的尺寸精度；检查刨边、刨坡口的表面粗糙度，有缺陷要进行修磨并去毛刺；对于筒体板料的刨边，应检查刨边缘同基准线的平行度。

(3) 结构件焊接质量检查

1) 前期准备工作

a. 生产厂应提供经委托方认可的钻机设计图纸、生产工艺和技术标准，供现场监造人员使用或查阅。

b. 核查制造方质量保证体系文件。

c. 审查焊工资格证书，生产厂应提供复印件备查。

d. 审查无损探伤人员资格状况，生产厂应提供名单备查。

e. 检查计量(测量)设备的精度及其有效期。

f. 检查与焊接工序有关设备的有效性。

g. 检查材料管理及控制制度。

h. 焊接程序认可。

2)拼装焊接质量检查

拼装焊接的质量应根据图纸、工艺和标准的有关要求，重点控制重要零件的拼装尺寸与重要焊接部位的焊接质量。

a. 跟踪检查材料，检查板材和型材等下料质量，特别是坡口尺寸、坡口方向、平整度、拼装间隙和坡口尺寸精度。

b. 检查部件的定位线尺寸，特别是定位线的基准十字线。部件拼装中，应核对部件的中心线与基准中心线的关系，部件边缘与定位线重合，并应与相关部件垂直，垂直度按标准执行。

c. 检查定位焊质量：定位焊的预热温度与焊接时的预热温度相同；双面焊、反面清根的焊缝，应尽可能将定位焊放在反面；形状对称的结构，定位焊尽可能对称排列。构件焊缝交叉处不应有定位焊。按标准规定，检查定位焊的焊接尺寸，焊缝尺寸起重要作用的部位，可适当增加定位焊的数量。

3)焊接前的质量检查

a. 检查焊条、焊丝、焊剂和钢材的牌号、规格，是否符合图纸及工艺规定。

b. 检查拼装间隙和拼装错位情况。

c. 坡口形式与坡口尺寸应符合图纸、工艺和标准的要求，对反面清根的焊缝，检查碳刨清根情况，碳刨表面应打磨掉增碳层。

d. 检查焊缝两侧的清洁情况，在此范围内不应有铁锈、氧化皮、油、漆、水等表面污物。

e. 检查对接焊缝两端的引弧、熄弧板，引弧、熄弧板的材质及坡口形式与焊接件完全相同，厚度相当。

f. 检查焊前预热，根据图纸和工艺的要求，用测温仪检查加热温度。除特殊要求外，对不同的钢材，可以按美国焊接学会标准 AWS D1. 1《钢结构焊接规范》表中的预热温度进行检查。

4)焊接过程中的质量检查

a. 要求上岗焊工必须持有相应的焊接等级证书。

b. 焊接生产车间应设二级焊材库，对焊工所使用的焊条、焊剂烘干情况等进行检查，焊接时，焊条应贮存在保温筒内(注意保温筒温度)。

c. 禁止在钢板上任意引弧。

d. 检查焊接过程中的电流、电压等参数应符合焊接工艺或标准要求，避免因电流、电压不当造成夹渣、未焊透等缺陷并降低焊缝性能。

e. 当焊缝金属开始冷却时，可采用对其轻轻锤击来减少焊接变形和焊接应力，禁止对多层焊的第一层和最后一层焊缝采用此方法。

f. 为减少焊接变形和焊接应力，操作者应严格按焊接工艺规范、焊接工艺程序施焊。

g. 检查焊接的层间温度：对要求预热的焊缝，在焊接过程中，用测温仪检查焊接的层间温度，层间温度应在预热温度的下限以上。如果在下限以下，再次预热，方可继续进行焊接。

h. 焊接较厚的母材或角焊缝较大时，应尽量采用多层多道焊焊接。

5）焊接后的质量检查

a. 焊缝的表面质量检查。焊缝检查之前，操作者应清除该焊缝的焊渣与飞溅，否则不予检验；用肉眼或通过放大镜检查焊缝的咬边、弧坑、焊瘤、气孔、裂纹、未熔合等表面缺陷，焊缝的表面成形和包角应完整；根据焊缝的等级要求，按 AWS D1. 1/D1. 1M：2015《钢结构焊接规范》来评定其关键焊缝或重要焊缝是否合格；当怀疑有表面裂纹、未熔合等危险性缺陷时可通过表面探伤检查或超声波检查来进行核实。对焊缝外观成形较差的焊缝，应按该标准和工艺进行补焊、打磨修正；按照国家标准，用焊缝量规对焊缝的全长进行外观尺寸等检查。对接焊缝主要检查焊缝的余高、焊缝的宽度及其不均匀性。角焊缝主要检查两个方向的焊脚高度、焊缝的凹凸情况。

b. 焊缝的无损探伤检查。无损检测包括磁粉检测、超声波检测及射线检测。

磁粉检测：无损检验前，表面上应当没有可影响灵敏度的氧化皮、油脂、焊接飞溅、机加痕迹、污垢、厚重或松脱的涂层以及其他杂质。当对焊缝进行测试时，焊缝表面以及相邻的 20mm 范围以内的区域应当按照上面所述要求处理。检查磁粉探伤操作人员的资质证书；检查设备的检定证书是否在有效期内；见证检测过程；审核磁粉检测报告。

超声波检测：用于超声波检测的接触表面应清洁、光滑。检查超声波探伤操作人员的资质证书；检查设备的检定证书是否在有效期内；见证检测过程；审核超声波检测报告。

射线检测：被检测的焊缝其内外表面不应存有可能阻挡或影响质量评定的不规则物体。检查探伤操作人员的资质证书；检查设备的检定证书是否在有效期内；检查射线底片的质量；审核射线检测报告。

c. 焊后热处理质量检查。对有焊后热处理要求的构件，检查在热处理过程中的加热温度、保温时间、加热速度和冷却速度，应符合相应的工艺规范。

d. 焊缝的密性试验。有密封要求的焊缝要进行密性试验，常用的密性试验方法有气压试验和水压试验，按有关规定进行检查。

（4）井架及附件尺寸检查

1）井架尺寸检查

a. 对井架各单个构件尺寸进行检查，主要检查其各结构件组合后整体长、宽、对角线以及平面度，其上述各尺寸误差应在图纸或设计要求的公差范围之内。

b. 井架各单个构件拼装尺寸检查，对其整体拼装尺寸如长度、宽度、直线度以及组合后的平面度进行重点检查，上述各尺寸误差应在图纸或设计要求的公差范围之内。长度与宽度及对角线可用卷尺直接进行测量；直线度可用拉线法并配合使用钢板尺测量两侧边缘与细绳之间的距离从而判断是否合格。

2)二层台尺寸检查

a. 检查二层台整体组装后的长、宽、高以及底面对角线尺寸，其整体误差应符合图纸或设计要求的公差范围，上述测量可直接使用卷尺进行测量。

b. 可使用经纬仪检查平台面整体平面度，其不平度应在图纸或设计要求的公差范围之内。

c. 检查二层台与井架连接处耳板连接尺寸符合图纸或设计要求。

(5)井架及相关附件总装质量检查

1)安装前需对井架各构件进行检查，对受损的构件应按生产厂有关要求修复合格或更换后才能安装。

2)除非另有规定，结构件直线度偏差不得超过其横向支点之间轴向长度的1‰。

3)井架体上所有穿销轴的孔内应涂润滑脂，以利于销轴的打入和防止销轴锈蚀。

4)井架主体安装应遵循先下后上、先主体后附件的顺序，按图纸及工艺要求依次安装。

5)井架所有螺栓连接处，螺栓应配有相应的防松动的垫片或其他装置。

6)对井架安装完毕后的整体尺寸进行检查，主要检查其总高度、底部尺寸长、宽等。

7)使用经纬仪检查井架垂直度，检查其井架顶部中心与底座预设井眼偏差尺寸，其偏差尺寸不允许超过图纸及工艺规定的要求。

8)对井架各附件，如二层台、逃生装置、套管扶正台等设备或部件的安装质量及尺寸进行检查，确保其符合图纸及总装工艺规定的要求。

(6)井架应力试验检查

1)进行井架承载能力(钩载)试验时，其场地必须配有相应的地锚，以模拟钻井时的钻柱重量，其地锚的承拉能力应大于井架额定承载力(钩载)的50%。

2)其试验中所使用的天车、钢丝绳、绞车、大钩、游车以及指重表等设备应与该钻机所配套的设备参数相匹配。

3)测试应在无雨、无雪天气进行；测试时环境温度及风速满足标准要求。

4)试验方式及注意事项可参见SY/T 6326—2019《石油钻机和修井机井架承载能力检测评定方法及分级规范》和生产厂试验大纲。

5)检查工厂测点布置图及记录测试结果；数据分析结果；检测原始记录或复印件。

6)填写试验报告及相应的见证记录。

(7)喷砂、喷漆质量检查

1)表面处理检查

a. 对于结构件的下列缺陷：飞溅、焊道气孔、焊道粗糙、钢材表面尖锐的凹凸、翘皮、焊道裂纹、超过0.5mm的咬口、超过0.3mm的气割边、自由边倒角等应打磨光滑，直到获得一个无棱角及无尖锐凸起的表面。

b. 喷砂后的工件表面清洁度应达到 Sa2.5 级，钢材表面无可见的油脂、污垢、氧化皮、铁锈和油漆层等附着物，任何残留的痕迹应是点状或条纹状的轻微色斑。

c. 喷砂完工后，应除去喷砂残渣，使用无油无水分的压缩空气吹去表面灰尘，喷砂处理后的表面应尽可能不要用手去触摸并尽快涂装底漆。喷砂完毕后与涂装之间的时间间隔不宜超过 4h，若由于特殊原因停留时间过长致使表面污染或反锈，应重新处理达到要求的表面清洁度等级后再进行涂装。

2）涂装质量检查

a. 应审核生产厂制订的涂装工艺，包括油漆牌号、涂层数量、漆膜厚度、涂层颜色等应与合同技术规格书相符。

b. 应重点检查喷漆前工作表面的油污、灰尘、锈迹、水渍等，应彻底清理干净，油漆的涂装应按各油漆牌号的工艺要求进行。

c. 涂装的环境对油漆的质量有较大的影响，注意气候变化，如有环境条件不允许进行涂装作业时，应通知工厂采取必要措施或停止相应工作。

d. 喷漆后应对漆膜外观进行检查，不得有漏涂或漏喷，湿膜不得有缩边、起泡、喷丝、发白失光、浮色流挂、渗色、咬底、皱皮等现象。干膜不得有白化针孔、细纹龟裂、回粘、片落、脱皮等缺陷。

e. 面漆表面应平整光滑、色泽一致，在光线充足的地方，肉眼看不到明显的机械杂质和污浊物，无明显的修补痕迹及伤痕。

f. 应对漆膜厚度进行抽查，检验时应注意厂方油漆检验人员所使用的漆膜测厚仪的现场校验。

g. 对漆膜的附着力进行抽查，检验时应注意厂方油漆检验人员所使用的粘胶布的黏性。

（8）检查标识和包装

1）铭牌或标识

铭牌内容应包括但不限于产品型号与名称、最大载荷、钢丝绳直径、提升能力、外形尺寸、质量、出厂日期及生产厂名称和商标等，具体以技术协议为准。

2）包装检查

a. 分体包装前，在井架各分体部分的明显部位做出牢靠的相同标记。

b. 外露的油、气、水管线接头应采取可靠的保护措施。

c. 捆扎在井架上的零部件应固定可靠。

d. 随机文件宜装箱，可同井架装箱件一同装箱，并应有防潮、防污染包装。

e. 随机文件应包括但不限于：产品合格证、产品使用说明书、随机发送图样、发送清单及装箱清单等。

4.2.2 天车监理大纲

4.2.2.1 质量控制点设置

天车制造质量控制点设置见表 4－2。

表 4 –2 天车制造质量控制点

序号	控制项目	控制内容	监理方式
1	文件证书和检验报告	工厂资质证书	R
		焊接、NDT 等特殊岗位人员的资质	R
		量具及检测仪器	R
		材料质证书、复检、热处理报告	R
		图纸、工艺文件	R
2	天车架	焊接质量	W
		无损检测	W&R
		天车架热处理	W&R
3	主轴及滑轮	主轴尺寸、表面粗糙度、硬度	W&R
		滑轮焊接及无损检测	W
		天车滑轮热处理曲线及温度	W&R
		主轴无损检测	W&R
		滑轮直径	W
		滑轮绳槽硬度	W&R
		滑轮绳槽尺寸	W
		滑轮表面质量	W
		滑轮静平衡试验	W
4	天车装配及载荷试验	滑轮与主轴装配	W
		滑轮间距及灵活性	W
		其他附件安装	W
		载荷试验报告	R
5	整体外观、标志	整体外观(表面、涂装)	W
		天车铭牌(API 标识)	W

4.2.2.2 质控内容及方式

(1)审核文件证书和检验报告

1)生产厂资质证书审核

对生产厂的 API 资质证书、质量管理体系文件等资质进行审核，确保其符合 API 或 ISO 9001 相关要求。

2)关键岗位人员资质

对特殊岗位人员资质进行核查，包括但不限于焊接人员、无损检测人员、理化检测人员等，对其资质的有效性、证书等级进行审核。在工作现场对其证书与人员的一致性进行核查，并留存复印件以备查。

3)检测设备及仪器

对生产厂所参与井架生产制造的所有检测设备及仪器的合格证及校验证书有效性进行

审核，必要时可在工作现场对其证书与量具的一致性进行审查，并留存复印件以备查。

4)合格证书、试验及检验报告

对原材料的质证书进行审核，如有必要可对原材料进行复审，并检验其理化性能。对外购零部件的试验或检验报告进行审核，并留存复印件以备查。

(2)检查天车架制造质量

1)检查天车架焊接质量。焊前：检查原材料的牌号、规格与图纸工艺标准要求的一致性；检查焊接接头的坡口形式、组合间隙、错边值和焊道清洁度与图纸工艺标准要求的一致性。焊中：巡检焊接电流、电压、气体流量和焊接速度与工艺要求的一致性。焊后：检查天车架焊接变形、焊缝外观质量和关键焊缝尺寸与图纸工艺标准要求的一致性。

2)巡检关键部件及关键焊缝的无损检测过程，审核无损检测报告。

(3)检查主轴及滑轮

1)检查主轴的尺寸、表面粗糙度、硬度与图纸、工艺及标准的符合性。

2)审核主轴及滑轮无损检测报告。

3)检查滑轮直径尺寸与图纸、工艺及标准的符合性。

4)检查滑轮绳槽硬度与图纸、工艺及标准的符合性。

5)检查绳槽尺寸(底部半径和绳槽深度)与图纸、工艺及标准的符合性。

6)检查表面质量与标准要求的符合性，表面应无划痕、砂眼等缺陷。

7)审核滑轮静平衡试验报告。

(4)检查热处理

1)焊后热处理。如焊接工艺有要求的，焊接完毕后结构件进行性能热处理。

2)最终热处理前检查。

a. 所有的焊接件和预焊件应完成焊接。

b. 对结构件表面外观检查，工装焊接件应清除干净。

c. 产品最终热处理前的各项检验应已完成。

3)设备最终热处理。热处理工艺用热电偶的数量及布置、热处理温度及时间等应按采购技术协议及热处理工艺的规定执行。

(5)检查天车装配质量

1)检查滑轮与主轴装配方式、装配间隙和装配位置与图纸、工艺和标准要求的符合性。

2)检查滑轮间距及灵活性与图纸、工艺和标准要求的符合性。

3)天车其他部件的装配检查，如防护栏、挡绳器、天车防碰垫木、二层台吊绳支板、绷绳支板等部件。

4)审核天车载荷试验报告。

(6)检测天车表面处理及油漆质量

1)审核天车表面处理和涂装工艺。

2)检查生产厂所购买油漆牌号、厂方、颜色与技术协议的一致性。

3)检查油漆质量证明书及保质期。
4)检查各喷砂设备及喷砂用材料材质、颗粒大小是否与技术协议规定的要求相符合。
5)检查喷砂环境、喷砂后表面粗糙度及清洁度是否达到技术协议及标准规定的要求。
6)检查生产厂是否在喷砂完4h之内进行底漆喷涂。
7)检查喷漆质量，应无流挂、针孔、裂纹、气泡、麻点、收缩等缺陷。
8)检查干漆膜厚度是否达到技术协议规定要求。
9)检查附着力是否达到技术协议规定要求。
10)检查补漆工序。
(7)检查标识和包装
1)天车应有制造厂方商标及产品型号标识。
2)铭牌应按图样位置固定，信息内容应满足协议要求。
3)外露表面应涂防锈油脂。
4)固定应牢靠，防止运输碰撞。

4.2.3 游车监理大纲

4.2.3.1 质量控制点设置

游车制造质量控制点设置见表4-3。

表4-3 游车制造质量控制点

序号	控制项目	控制内容	监理方式
1	文件证书和检验报告	工厂资质证书	R
		焊接、NDT等特殊岗位人员的资质	R
		量具及检测仪器	R
		材料质证书、复检、热处理报告	R
		图纸、工艺文件	R
2	侧板组及提环	侧板与焊接质量	W
		无损检测	W&R
3	主轴及滑轮	主轴尺寸、表面粗糙度、硬度	W&R
		滑轮焊接及无损检测	W
		游车滑轮热处理曲线及温度	W&R
		主轴无损检测	W&R
		滑轮直径	W
		滑轮绳槽硬度	W&R
		滑轮绳槽尺寸	W
		滑轮表面质量	W
		滑轮静平衡试验	W

续表

序号	控制项目	控制内容	监理方式
4	游动滑车装配及载荷试验	滑轮与主轴装配	W
		滑轮间距及灵活性	W
		上提环、护板、滑轮组与侧板组装配	W
		下提环与侧板组装配	W
		载荷试验报告	R
5	整体外观、标志	整体外观(表面、涂装)	W
		游动滑车铭牌(API 标识)	W

4.2.3.2 质控内容及方式

(1)审核文件证书和检验报告

1)生产厂资质证书审核

对生产厂的 API 资质证书、质量管理体系文件等资质进行审核，确保其符合 API 或 ISO 9001 相关要求。

2)关键岗位人员资质

对特殊岗位人员资质进行核查，包括但不限于焊接人员、无损检测人员、理化检测人员等，对其资质的有效性、证书等级进行审核。在工作现场对其证书与人员的一致性进行核查，并留存复印件以备查。

3)检测设备及仪器

对生产厂所参与游车生产制造的所有检测设备及仪器的合格证及校验证书有效性进行审核，必要时可在工作现场对其证书与量具的一致性进行审查，并留存复印件以备查。

4)合格证书、试验及检验报告

对原材料的质证书进行审核，如有必要可对原材料进行复审，并检验其理化性能。对外购零部件的试验或检验报告进行审核，并留存复印件以备查。

(2)检查侧板组及提环

1)检查侧板组焊接质量。

a. 焊前：检查原材料的牌号、规格与图纸工艺标准要求的一致性；检查焊接接头的坡口形式、组合间隙、错边值和焊道清洁度与图纸工艺标准要求的一致性。

b. 焊中：巡检焊接电流、电压、气体流量和焊接速度与工艺要求的一致性。

c. 焊后：检查侧板组焊接变形、焊缝外观质量和关键焊缝尺寸与图纸工艺标准要求的一致性。

2)检查上下提环尺寸、外观质量及下提环接触面半径与图纸、工艺及标准的符合性。

3)巡检关键部件及关键焊缝的无损检测过程，审核无损检测报告。

(3)检查主轴及滑轮

1)检查主轴的尺寸、表面粗糙度、硬度与图纸、工艺及标准的符合性。

2)审核主轴及滑轮无损检测报告。

3)检查滑轮直径尺寸与图纸、工艺及标准的符合性。

4)检查滑轮绳槽硬度与图纸、工艺及标准的符合性。

5)检查绳槽尺寸(底部半径和绳槽深度)与图纸、工艺及标准的符合性。

6)检查表面质量与标准要求的符合性，表面应无划痕、砂眼等缺陷。

7)审核滑轮静平衡试验报告。

(4)检查游动滑车装配质量

1)检查滑轮与主轴装配方式、装配间隙和装配位置与图纸、工艺和标准要求的符合性。

2)检查滑轮间距及灵活性与图纸、工艺和标准要求的符合性。

3)检查上提环、护板、滑轮组与侧板组装配的紧固情况与 HSE 要求的符合性。

4)检查下提环与侧板组耳板连接紧固情况和挂合情况与工艺和标准要求的符合性。

5)审核游动滑车载荷试验报告。

(5)检测游车表面处理及油漆质量

1)审核游车表面处理和涂装工艺。

2)检查生产厂所购买油漆牌号、厂方、颜色与技术协议的一致性。

3)检查油漆质量证明书及保质期。

4)检查各喷砂设备及喷砂用材料材质、颗粒大小是否与技术协议规定的要求相符合。

5)检查喷砂环境、喷砂后表面粗糙度及清洁度是否达到技术协议及标准规定的要求。

6)检查生产厂是否在喷砂完 4h 之内进行底漆喷涂。

7)检查喷漆质量，应无流挂、针孔、裂纹、气泡、麻点、收缩等缺陷。

8)检查干漆膜厚度是否达到技术协议规定要求。

9)检查附着力是否达到技术协议规定要求。

10)检查补漆工序。

(6)检查标识和包装

1)游车应有制造厂方商标及产品型号标识。

2)铭牌应按图样位置固定，信息内容满足协议要求。

3)外露表面应涂防锈油脂。

4)固定应牢靠，防止运输碰撞。

4.2.4 大钩监理大纲

4.2.4.1 质量控制点设置

大钩制造质量控制点设置见表 4-4。

表4-4　大钩制造质量控制点

序号	控制项目	控制内容	监理方式
1	文件证书和检验报告	工厂资质证书	R
		特殊岗位人员的资质	R
		量具及检测仪器	R
2	提环及提环座	理化性能试验报告	R
		热处理报告	R
		关键部位无损检测	R
		尺寸检查	W&R
3	钩杆及钩身	理化性能试验报告	R
		热处理报告	R
		关键部位无损检测	R
		尺寸检查	W&R
4	筒体	理化性能试验报告	R
		热处理报告	R
		关键部位无损检测	R
		尺寸检查	W&R
5	弹簧及提环销	理化性能试验报告	R
		热处理报告	R
		关键部位无损检测	R
		尺寸检查	W&R
6	大钩装配	设计安全因数校核报告	R
		功能测试	W
7	性能试验	功能测试	H
		密封检验	W
		静载荷检验	W
8	整体外观、标志	整体外观(表面、涂装)	W
		大钩铭牌(API标识)	W

4.2.4.2　质控内容及方式

(1)审核文件证书和检验报告

1)生产厂资质证书审核

对生产厂的API资质证书、质量管理体系文件等资质进行审核，确保其符合API或ISO 9001相关要求。

2)关键岗位人员资质

对特殊岗位人员资质进行核查，包括但不限于焊接人员、无损检测人员、理化检测人员等，对其资质的有效性、证书等级进行审核。在工作现场对其证书与人员的一致性进行核查，并留存复印件以备查。

3）检测设备及仪器

对生产厂所参与大钩生产制造的所有检测设备及仪器的合格证及校验证书有效性进行审核，必要时可在工作现场对其证书与量具的一致性进行审查，并留存复印件以备查。

4）合格证书、试验及检验报告

对原材料的质证书进行审核，如有必要可对原材料进行复审，并检验其理化性能。对外购零部件的试验或检验报告进行审核，并留存复印件以备查。

（2）检查大钩零部件质量

1）审核大钩提环、提环座、钩杆、筒体、提环销、弹簧和钩身等零部件材料理化性能试验报告，抽查原材料储存、外观及追溯性，并留存证书、报告复印件备查。

2）审核大钩提环、提环座、钩杆、筒体、提环销、弹簧和钩身等零部件的材料热处理报告。

3）审核大钩提环、提环座、钩杆、筒体、提环销、弹簧和钩身等零部件无损检测报告。

4）检查大钩提环、提环座、钩杆、筒体、提环销、弹簧和钩身等零部件的尺寸与图纸、工艺及标准的符合性。

（3）检查大钩装配质量

1）检查大钩装配前各零部件、轴承质量及外观清理（洗）干净程度。

2）审核大钩设计安全系数校核报告。

3）检查大钩所有连接件、紧固件防松措施的可靠性。

4）检查大钩应有缓冲减振功能与工艺和标准要求的符合性。

5）检查大钩的主、辅钩口保险防松机构的可靠性。

（4）检查大钩性能试验

1）检查大钩弹簧负荷性能试验、弹簧行程与图纸、工艺及标准要求的符合性。

2）审核钩身定位性能试验报告。

3）检查钩身转动灵活度。

4）检查大钩筒体密封情况。

5）审核大钩静载荷试验报告。

（5）检查大钩外观质量和标志

1）检查大钩整体表面质量、涂装质量与标准要求的符合性。

2）检查大钩的铭牌固定情况及铭牌信息与技术协议和标准的符合性。

（6）检查标识和包装

1）大钩应有制造厂方商标及产品型号标识。

2）铭牌应按图样位置固定，信息内容满足协议要求。

3）外露表面应涂防锈油脂。

4）固定应牢靠，防止运输碰撞。

4.2.5 钻修井大绳(钢丝绳)监理大纲

4.2.5.1 质量控制点设置

钻修井大绳(钢丝绳)制造质量控制点设置见表4－5。

表4－5 钻修井钢丝绳制造质量控制点

序号	控制项目	控制内容	监理方式
1	文件审核	质量管理体系	R
		技术文件	R
		所用原材料质证书	R
		钢丝绳所用油脂质证书	R
		钢丝绳无损检测报告	R
		钢丝绳合格证书或质证书	R
2	外观尺寸检查	钢丝绳直径	W
		钢丝绳不圆度	W
		钢丝绳长度	W&R
		拆股钢丝镀锌层	W&R
		钢丝绳股数及旋转方向	W&R
		钢丝绳涂油	W
3	包装检查	工字轮的外观及尺寸	W
		工字轮中心孔直径	W
		防潮保护	W

4.2.5.2 质控内容及方式

(1)审核文件证书和检验报告

1)生产厂资质证书审核

对生产厂的API资质证书、质量管理体系文件等资质进行审核，确保其符合API或ISO 9001相关要求。

2)关键岗位人员资质

对特殊岗位人员资质进行核查，包括但不限于焊接人员、无损检测人员、理化检测人员等，对其资质的有效性、证书等级进行审核。在工作现场对其证书与人员的一致性进行核查，并留存复印件以备查。

3)检测设备及仪器

对生产厂所参与钢丝绳生产制造的所有检测设备及仪器的合格证及校验证书有效性进行审核，必要时可在工作现场对其证书与量具的一致性进行审查，并留存复印件以备查。

4)合格证书、试验及检验报告

对原材料的质证书进行审核，如有必要可对原材料进行复审，并检验其理化性能。对外购零部件的试验或检验报告进行审核，并留存复印件以备查。

（2）检查钢丝绳的外观质量及几何尺寸

1）钢丝绳几何尺寸检查

a. 钢丝绳直径检查。钢丝绳直径应用带有宽钳口的游标卡尺测量，测量应在无张力的情况下，于钢丝绳端头 15m 外的直线部位上进行，在相距至少 1m 的两截面上，并在同一截面互相垂直测取两个数值。

b. 钢丝绳不圆度检查。对钢丝绳的不圆度进行检查，钢丝绳的不圆度应不大于钢丝绳公称直径的 4%（GB 8918—2006《重要用途钢丝绳》）。

2）钢丝绳重量检查

钢丝绳的总重量包括钢丝绳、卷轴和包装材料的重量，应用衡器测量，用 kg 表示。计算钢丝绳的单位重量时，应用钢丝绳的净重量除以钢丝绳实测长度。钢丝绳的实测单位重量用 kg/100m 表示。

（3）检查拆股钢丝镀锌层

检查拆股钢丝绳镀锌层的质量，具体检查方法及判定依据 GB 8918—2006《重要用途钢丝绳》和 GB/T 2973—2004《镀锌钢丝锌层质量试验方法》中的相关规定进行检查、判定。

（4）检查钢丝绳股数及旋转方向

对钢丝绳的股数及旋转方向依据技术协议进行检查，观察其是否与协议要求规定的相一致。

（5）检查钢丝绳涂油

钢丝绳一般应均匀地连续涂敷防锈润滑油脂，如有特殊要求，则按照技术协议要求进行。如要求钢丝绳有增摩性能时，钢丝绳应涂增摩油脂，并对涂抹完毕后的均匀性及覆盖程度进行检查。

（6）检查标识和包装

1）工字轮的外观及尺寸检查

a. 对工字轮所选用的材料进行检查，一般是为了减少运输过程中对钢丝绳的损伤，采用外支撑结构为钢材，内衬一般为木质结构，这样既保证了有足够的强度，又可以保证在运输中不受损坏。

b. 对工字轮的轮芯直径进行检查，其直径大小应与所配套钻机倒绳机的轴径相吻合，工字轮边缘与缠绕钢丝绳最顶层应最小高出 30mm。

2）防潮、防锈保护检查

为了防止钢丝绳长时间存放时出现锈蚀现象，因此除了涂抹相应的防锈油或润滑油外，还应在缠绕前提前进行防潮处理。如工字轮轮芯、内轮壁加铺防潮纸或其他中性防潮材料，在缠绕完毕后，在外层钢丝绳表面紧密地包裹中性防潮材料，随后捆扎牢固。主要检查其是否按照要求进行包装，包装是否密实，有无钢丝绳裸露现象。

4.2.6 绞车监理大纲

4.2.6.1 质量控制点设置

绞车制造质量控制点设置见表 4－6。

表 4-6 绞车制造质量控制点

序号	控制项目	控制内容	监理方式
1	文件审核	文件证书和性能试验报告	R
		生产厂资质证书	R
		焊接、NDT 人员的资质	R
		测量器具	R
		合格证书、试验及检验报告	R
2	滚筒轴检查	滚筒轴材料	W&R
		滚筒轴关键配合尺寸	W
		滚筒轴总成组装	W
3	滚筒体检查	滚筒体焊缝质量	W
		滚筒体对接焊缝内部和表面无损探伤	H&R
		静平衡试验	H&R
		滚筒体绳槽尺寸	W
4	绞车架制造检查	焊缝表面质量	W
		主墙板垂直度	W
		主墙板与底座焊缝表面 NDT	H&R
		绞车底座几何尺寸及平面度	H
5	喷砂、喷漆质量检查	喷砂	W
		涂漆质量、漆膜厚度	H
6	绞车整体装配检查	绞车组装	W
		气控系统安装	W
		机油润滑系统安装	W
		黄油润滑系统安装	W
		水路管线安装	W
		液压盘式刹车安装	W
		动力机组总成的安装	W
7	绞车空运转试验	润滑、水冷系统密封性	H
		润滑系统	H
		报警装置	H
		气控系统	H
		换挡装置	H
		温升	H
		噪声	H
		润滑、水冷系统密封性	H
8	标识、包装	标识、包装	W

4.2.6.2 质控内容及方式

(1)审核文件证书和检验报告

1)生产厂资质证书审核

对生产厂的API资质证书、质量管理体系文件等资质进行审核，确保其符合API或ISO 9001相关要求。

2)关键岗位人员资质

对特殊岗位人员资质进行核查，包括但不限于焊接人员、无损检测人员、理化检测人员等，对其资质的有效性、证书等级进行审核。在工作现场对其证书与人员的一致性进行核查，并留存复印件以备查。

3)检测设备及仪器

对生产厂所参与绞车生产制造的所有检测设备及仪器的合格证及校验证书有效性进行审核，必要时可在工作现场对其证书与量具的一致性进行审查，并留存复印件以备查。

4)合格证书、试验及检验报告

对原材料的质证书进行审核，如有必要可对原材料进行复审，并检验其理化性能。对外购零部件的试验或检验报告进行审核，并留存复印件以备查。

(2)检查滚筒轴

1)滚筒轴材料及其机械性能符合性检查

对滚筒轴的原材料进行取样复检并审核其原材料质证书或试验检验报告，对其机械性能试验的过程及结果进行现场见证，主要包括拉伸、冲击、弯曲等试验项目。

2)滚筒轴总成组装

对滚筒轴总成进行装配，主要检查其装配过程顺序以及装配后的装配质量及配合尺寸。

(3)检查滚筒体

1)滚筒体焊缝焊接过程见证及焊缝质量检查。

2)滚筒体对接焊缝内部和表面无损探伤检查。

3)滚筒静平衡试验。

绞车滚筒应在装配前和轴及冷却水管线一起做静平衡试验，一般要求在平衡机上进行，具体试验方法及判定可参照JB/T 5000.10—2007《重型机械通用技术条件　第10部分：装配》相关规定进行。

4)滚筒体绳槽尺寸检查。

一般对开槽滚筒绳槽尺寸使用样板进行检验，绳槽曲率半径应等于钢丝绳最大极限尺寸的1/2。绳槽深应为钢丝绳直径的30%，绳槽间的脊峰应修整为圆形，脊深从脊峰算起。对于多层缠绕的滚筒，绳槽中心线之间的距离应等于钢丝绳直径加上1/2的规定正偏差。

(4)检查喷砂、喷漆质量

1)表面处理检查。

2)涂装质量检查。

(5)检查绞车架及底座制造

1)焊缝表面质量检查。

2)主墙板与底座焊缝表面 NDT。

3)主墙板垂直度检查。

在焊接组对以及焊接完毕后都应对主墙板的垂直度进行控制、检查，其误差不允许超过图纸要求。

(6)检查绞车装配质量

1)轴承与轴之间为过盈配合，轴承装配时加热温度不应超过200℃。

2)滚筒轴、传动轴及动力输送轴，在一人手动作用下，应灵活平稳，不得与护罩、壳体发生干涉、摩碰现象。

3)气胎离合器与连接的摩擦鼓同轴度应小于 ϕ0.5mm，常开状态下，摩擦片与摩擦鼓的间隙应小于3mm。

4)电动机与动力输入轴安装同轴度允差为 ϕ0.15mm。

5)安装盘刹装置时，刹车钳架内圆弧面应与刹车盘外圆弧同轴，两圆弧间隙应为(5 ± 1)mm，刹车块与盘面间隙应控制在0.3 ~0.5mm 范围内。

6)润滑油路管线排列整齐，固定牢靠，做喷淋试验，系统压力为0.4MPa。

7)独立的辅助制动装置与滚筒轴在同一轴线上时，以其中一个部件为基准，在另一个部件轴端的4个象限点上，用量具测量同轴度。

(7)绞车空运转试验

1)润滑、冷却系统的密封性检验

在工作压力下，观察各系统管道是否存在渗漏、滴漏乃至泄漏等现象。

2)润滑系统检验

a. 观察润滑系统是否润滑正常。

b. 检查润滑系统是否存在泄漏或阻塞现象。

3)报警装置检验

应分别模拟润滑系统的温度和压力，冷却系统的温度、水位和流量，润滑系统和冷却系统断流及电动机风机未启动等非正常工作，检验在上述情况的任何一项出现时报警装置的准确性和灵敏度。

4)气控系统检查

a. 检查绞车气动控制元件是否操作灵活、准确。

b. 操作调压阀时，相应的调压继动阀是否随调节压力连续、稳定地升高或降低。

c. 观察气动离合器摩擦片的抱合、脱开时间，并做相应的记录。

5)换挡装置检查

a. 各齿形或牙嵌离合器摘挂测试，检查换挡机构是否摘挂灵活、动作准确。

b. 换挡用气胎离合器进气时间应小于5s，放气时间应小于4s。

6)温升检查

在绞车空运转试车换挡时及各挡空运转完成后，各轴承座外壳处测得的温升应小于45℃或最高不应超过85℃。

7)噪声检查

在绞车空运转试车及各挡空运转时，采用分贝测试仪在主轴延长线传动箱一侧距绞车表面垂直距离1m处、高度1.6m和滚筒正面与滚筒轴在同一平面且距离滚筒外表面1m处测量传动系统的噪声，噪声检验时应去除背景噪声。链传动噪声应小于95dB，齿轮传动噪声应小于85dB。

(8)检查标识和包装

1)铭牌或标识

铭牌内容应包括产品型号与名称、额定输入功率、输入转速、最大快绳拉力、钢丝绳直径、提升能力、外形尺寸、质量、出厂日期及生产厂名称和商标，同时还应有绞车润滑点，示意图牌贴牢在绞车设计图规定位置。

2)包装检查

a. 绞车包装应符合JB/T 5000.13—2007《重型机械通用技术条件　第13部分：包装》的规定，一般为裸装。

b. 分体绞车包装前，应在绞车各分体部分的明显部位做出牢固的相同标记。

c. 绞车在包装前应将油箱、水箱、油管线、水管线中的液体清理干净，防止锈蚀、变质及冻裂。

d. 绞车连接法兰应涂防锈油，并用盲板封住。

e. 外露的链轮和油、气、水管线接头应采取可靠的保护措施。

f. 捆扎在绞车上的零部件应固定可靠。

g. 随机文件宜装箱，可同绞车装箱件一同装箱，并应有防潮、防污染包装。

h. 随机文件应包括但不限于：产品合格证、产品使用说明书、随机发送图样、发送清单及装箱单等。

4.3 质量问题及处理

根据在油气钻采设备监理实践中总结的问题清单，梳理出现场监理过程中发现的质量问题分为以下几类：

(1)生产厂及人员资质类问题；

(2)生产厂工艺设计文件类问题(包括设计、生产、检测等程序文件)；

(3)合同执行类问题；

(4)生产厂程序文件执行类问题；

(5)外购件问题；

(6)生产厂设备类问题(包括生产加工设备、检测设备等)；

(7)生产厂报告类问题(检测报告等);

(8)生产厂管理类问题;

(9)生产制造问题(机加工、热处理、焊接、涂漆组装等);

(10)生产厂试验类问题(包括试验条件、试验发现的问题等)。

将现场监理过程中发现的问题按照以上几大类进行分类讨论。

4.3.1 生产厂工艺设计文件类问题

(1)安全设施缺少规范性设计

由于生产厂对实际使用规范不熟悉，导致井架爬梯平台各段防坠器未设计倒 L 形防坠挂点。设备监理工程师要求增加相应防坠挂点，避免在护栏或梯子上悬挂。整改前后相关图片见图 4-9。

(a)整改前

(b)整改后

图 4-9 防坠挂点整改图

(2)设计不合理导致干涉问题

1)生产厂设计时未考虑安装实操、井架增加重量以及放空管线布局问题，导致井架起升时出现严重干涉，无法起升。

2)生产厂设计时未考虑现场实际情况，二层台走道电话支架严重干涉人员通行，需要更改，将支架贴在挡风墙上(图 4-10)。

图 4-10 二层台走道电话支架严重干涉

(3)安全防护设施细节设计不合理

由于设计原因，操作台面防护设施固定不牢靠，存在间隙过大等安全隐患，如图 4 – 11 所示。

(a) 防护设施固定不牢靠　　(b) 间隙过大

图 4 – 11　安全防护设施细节设计不合理

(4)设计不合理导致后期维保不便

生产厂原始设计时，将二层台挡风墙设计为外侧连接[图 4 – 12(a)]，这种方式更适合陆地钻机频繁拆卸的情况。对于海洋钻机，应改为挡风墙内侧连接[图 4 – 12(b)]，更符合海油生产维保的特殊需求。

(a) 挡风墙外侧连接　　(b) 挡风墙内侧连接

图 4 – 12　挡风墙连接方式更改

(5)施工图设计错误导致井架主受力件违规拼接

生产厂车间生产一线自行对井架底段前腿板材拼接，拼接情况见图 4 – 13(a)。经查该问题原因是施工图设计有误，与设计蓝图尺寸出现较大偏差，导致下料尺寸偏小，导致后续工序均按照错误的图纸施工。

由于该部件为井架受力关键部位，拼接可导致该部位焊缝应力集中，对于整个前腿来说属于薄弱部位，因此需要厂方出具充分的拼接说明并得到业主认可，否则需重新加工制作。通过与业主及厂方多方沟通确认，拼接工艺不符合 API 及设计要求，故监理方认为需做报废拒收处理。后续厂方将井架底段前腿按照正确的图纸重新加工制作，如图 4 - 13(b)所示。

(a) 井架底段前腿板材拼接

(b) 井架底段前腿重新加工

图 4 - 13　井架主受力件违规拼接及处理

(6)设计未考虑流水孔

设备监理工程师检查井架基段外观时，发现设计图有一处横梁上加强筋板安装完成后缺少流水孔；井架整体卧装时发现左侧中上段和左侧中下段有一处横梁上缺少流水孔。两处均会导致基段整体立装后该位置积水。经沟通后，现场加工时增加了流水孔。

(7)设计时井架基段导向轮尺寸偏差

生产厂对井架基段导向轮与井架下段起升导向轨道运行测试检验，发现基段导向轮与井架下段起升导向轨道腹板间隙太小，无法正常通过。后导向轮经重新调整尺寸后可以满足正常使用要求。

4.3.2　合同执行类问题

(1)生产厂未按照修改后设计进行生产

由于图纸更新，生产厂设计部门未及时通知生产部门，故生产时未按照业主更新后的设计进行生产，导致主绞车快绳与井架底段横梁干涉，如图 4 - 14 所示。

图 4 - 14　主绞车快绳与井架底段横梁干涉

(2)未按照合同要求进行油漆附着力试验

合同要求对井架的防腐底漆进行附着力试验，但生产厂计划使用此前进行过的试验报告代替附着力试验。与业主确认后，需重新进行附着力试验。

4.3.3 生产厂程序文件执行类问题

(1)焊接工序错误

设备监理工程师在见证井架、天车等零部件焊接过程时，发现双耳座铆焊工序出错等问题。经与现场焊接操作沟通，将筋板打掉对漏焊处补焊，现场已整改并符合工艺要求。

(2)钢号牌错误

设备监理工程师检查井架右中下段井架连接耳板组装尺寸时，发现钢号牌上项目号错误，需要更换图纸号。后对钢号牌项目名称进行更换。

4.3.4 外购件问题

外购件订货信息不明确。某钻机设计计划配备2套液压猫头，分别为左、右对称。实际采购的液压猫头并非对称，造成液压接口不对称。

4.3.5 生产制造问题

(1)铸造质量问题

绞车滚筒加工完毕后，对其绳槽表面质量进行检测，发现滚筒绳槽表面出现铸造缺陷[图4－15(a)]。该缺陷属于铸件缩松所致，在铸造及粗加工阶段几乎无法发现。

经确认缺陷深度、数量、面积均未超过标准要求，允许采用铸工胶修补或者补焊后抛光处理。绳槽表面经补焊后使用磨光机和砂纸抛光，表面质量符合图纸要求[图4－15(b)]。

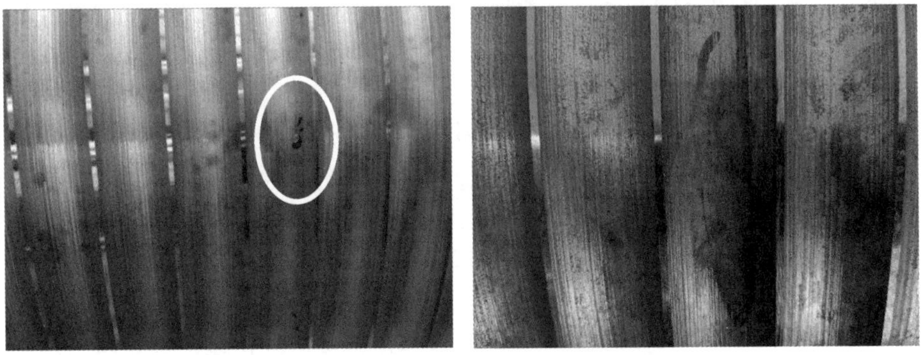

(a) 绞车滚筒铸造缺陷　　(b) 绳槽表面经补焊后使用砂纸抛光

图4－15　绞车滚筒铸造缺陷及处理

(2)焊接质量问题

1)焊缝应力释放裂纹

设备监理工程师在对井架顶段上端耳板焊缝MT探伤时发现，双耳板与相邻的横梁翼板之间的母材出现通透性裂纹，裂纹数量一共4处，长度为10~100mm。裂纹现场图片见图4-16(a)。

因为裂纹存在于焊缝周围，并且未向其他部位扩展，故分析此现象起因是焊缝应力释放，井架斜撑耳板与横撑腹板之间的焊缝焊接应力过大导致应力无法释放而撕裂母材。

对于该问题，厂方的处理措施是对该位置重新补焊，并对焊接完毕后的位置进行MT及UT探伤[图4-16(b)]。经检测，焊缝周围200mm范围内均未出现裂纹等缺陷。

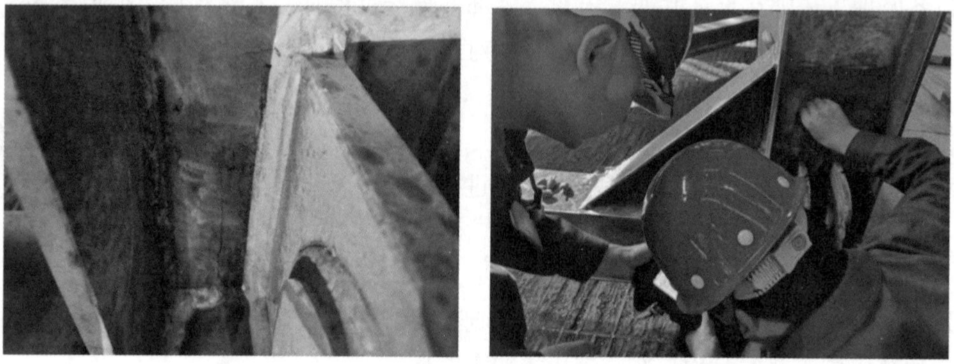

(a) 井架关键受力处裂纹　　(b) 裂纹补焊后探伤

图4-16　井架关键受力处裂纹及处理

2)焊接不满足图纸要求

设备监理工程师在见证井架、天车等零部件焊接过程时，发现存在焊缝间隙过大、角焊缝焊脚不足等问题。后在该位置耳板加强筋板焊脚已做加大处理。

3)焊缝不圆滑

设备监理工程师在检查顶驱导轨外观时，发现导轨端头贴板位置机加工导致上下焊缝尖锐不圆滑，容易出现应力集中现象，不符合AWS D1.1外观检验要求，后进行打磨过渡处理。

4)焊缝表面有气孔

设备监理工程师在见证井架左中段部件磁粉探伤过程时，发现焊缝表面有气孔。现场操作工及时打磨焊缝表面气孔，磁粉探伤人员再次对修磨后的焊缝进行磁粉探伤，无气孔等焊接缺陷，结果符合磁粉探伤工艺要求。

5)焊疤、焊渣未清理

设备监理工程师在见证井架、天车等零部件焊接过程时，发现部分焊缝焊接完成后，表面有焊渣飞溅、焊疤未清理等问题。经与现场焊接操作人员沟通，针对焊疤等问题，生产厂对焊接后井架焊缝打磨处理，现场整改并符合图纸及AWS D1.1的要求。

(3)安装质量问题

二层台猴台翻转处间隙过大，约为10mm，生产厂后续在该处加设了翻板。问题及整改情况见图4-17。

(a) 二层台猴台翻转处间隙过大

(b) 间隙过大处加设翻板

图 4－17　尺寸偏差及处理

(4)涂装质量问题

井架各段喷涂面漆后部分位置存在油漆流挂、焊疤未清理彻底等缺陷。经协商后生产厂按照监理组的要求返工处理并重新油漆。问题及整改情况见图 4－18。

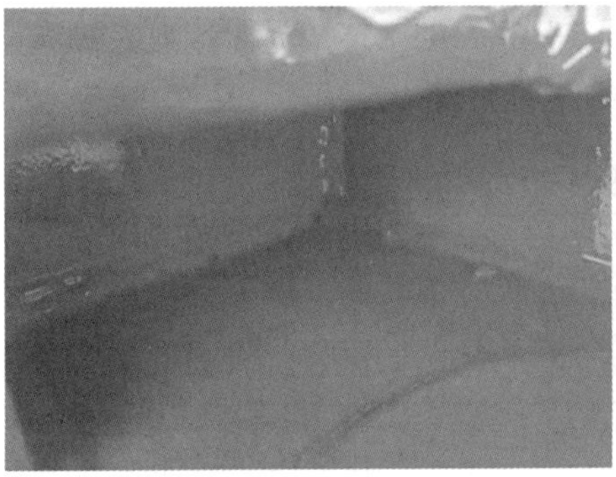

(a) 漆面表观缺陷

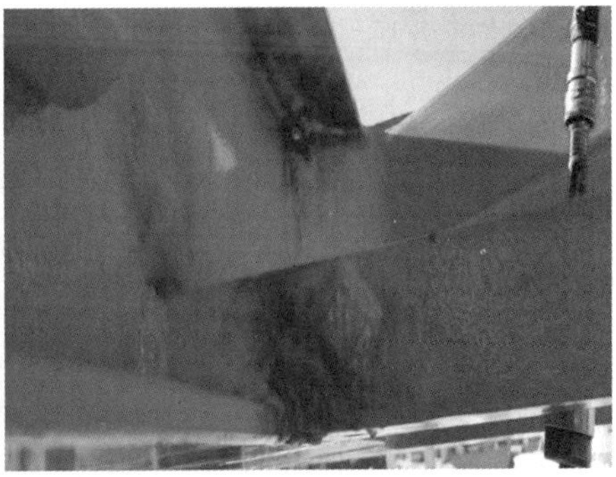

(b) 重新刷漆处理

图 4－18　涂装表观质量差

4.3.6　生产厂试验类问题

设备监理工程师在见证顶驱零部件的磁粉探伤时，发现生产厂采用湿荧光磁粉法进行探伤，磁粉探伤过程在室外日光环境下进行，紫光强度和白光强度不满足标准要求。

经与生产厂技术人员沟通，将磁粉探伤在移动暗室进行，设备监理工程师见证了顶驱零部件的磁粉探伤过程，紫光强度和白光强度等满足标准要求。

4.4　质量问题统计分析

针对海洋钻修机提升系统制造监理过程中发现的问题进行分类，可对占比较高的问题通过必要的手段进行控制。

某 HZJ50/3150 级海洋模块钻机提升系统主要技术参数如表 4－7 所示。在本次监造过程中，监造项目包括井架、二层台、天车、游车、钻井绞车、倒绳机、液压猫头及附属设备等设备，监造的内容包含材料、焊接、机加工、动静设备、装备联合调试等，涉及供应链管理、配置、功能、性能、现场安装的预检验等工作。

表4-7　模块钻机主要技术参数

名义钻深范围	井架结构型式	最大钩载/kN	井架高度/m	最大抗风能力/(m/s)	绞车额定功率/kW	钢丝绳绳数	钢丝绳直径/in
2800~4500m（127mm钻杆） 3500~5000m（114mm钻杆）	前开口K形井架	3150	≥46	预期工况：47.8 非预期工况：36 作业工况：26	1100	12	$1\frac{3}{8}$

在对该模块钻机提升系统进行为期近5个月的驻厂监造中，发现关键问题24项，并在项目结束时全部进行了整改关闭。为了分析问题分布的特点，按照分布的位置及产生的原因对问题分别进行了统计梳理。由表4-8可见，井架主体产生的问题占比最大，占据所有问题的50%。从问题类型分析来看(表4-9)，尺寸/位置偏差占比较大。这些问题分布情况可提示监造方后续在该厂的监造中要重点关注井架主体的质量问题及结构、尺寸偏差问题。

表4-8　按问题分布位置统计

部件	问题数量	问题占比/%
井架	12	50
二层台	3	12.5
天车	3	12.5
钻井绞车	3	12.5
其他	3	12.5
合计	24	100

表4-9　按问题原因统计

问题原因	原因数量	原因占比/%
尺寸/位置偏差	7	29.17
设计不合理	5	20.83
涂装不合格	4	16.67
其他	4	16.67
原材料不匹配	2	8.3
焊接质量差	2	8.3
合计	24	100

对于以上监理过程中发现的问题，监理方协调生产厂方针对性地提出解决方案并实施整改：对于设计文件差异，提前与设计方及业主方进行技术交底；对于施工工艺导致质量

缺陷，督促厂方加强施工工艺的执行情况；对于抽检导致缺陷遗漏，需要更加合理地制定抽检位置、数量；针对焊接、涂装、热处理等特殊工序，应结合产品与工厂特点，预判质量风险点并进行控制，发现可能出现的质量隐患时及时预警。

后续，可通过积累大量的模块钻机提升系统的驻厂监造中发现的典型问题，梳理总结其在加工制造阶段产生质量问题的规律，可为类似监理项目提供参考。此外，业主或第三方机构也可对监理的设备在实际使用过程中进行长期监控，建立被监理设备的运行状态大数据库，根据设备实际运行状况，分析其故障或失效特征，根据失效特征再制定针对性的监理方案。

4.5 本章小结

在本章节中，首先介绍了海洋钻修机提升系统的构成；其次根据设备构成分类设计了质量控制大纲；再次结合质量控制大纲在驻厂监造工作中进行了应用，详细分析了钻修机提升系统在制造过程中的典型质量问题及处理方法；最后通过对某钻机监理项目的问题统计分析，梳理了质量问题分布特点，为后续类似项目优化质量控制点提供参考。

5　水面井口装置和采油树制造质量控制

5.1　设备简介

采油树是指井口装置总闸门以上的主体部分，是海洋油气开采过程中的核心设备之一。其作用是控制生产，并为井口钢丝作业、生产测压作业及井口取样等提供条件。在本章节讲到的采油树为广泛意义的采油树概念，既包括油井采油树，也包括气井采气树及注水井用采油树。

由于海洋油气开采特殊的作业环境和工况，井口装置和采油树根据其所处的水上或水下空间，可划分为两大类：水面以上即水面井口装置和采油树，水面以下即水下井口装置和采油树。在本章节介绍水面井口装置和采油树质量控制，水下井口装置和采油树相关内容将在下章节论述。

5.1.1　总体结构

一般情况下，水面井口装置和采油树会按照一定组合，安装坐落于井口，常见的井口装置和采油树组合型式如图 5－1 所示。

(a) 单筒单井井口装置和采油树　　(b) 单筒三井井口装置和采油树

图 5－1　井口装置和采油树结构

5.1.2　井口装置

井口装置是井口表层套管最上部和油管四通异径接头之间的全部永久性装置，主要包括套管四通和油管四通。其主要作用是支撑采油树，悬挂井下油管柱、套管柱，密封油管、套管和两层套管之间的环形空间以控制油气井生产。

5.1.2.1 套管四通

套管四通也称套管头四通或套管头。其连接套管柱上端，由套管悬挂器及其锥座组成，用于支承下一层较小的套管柱并密封上下端两层套管间的环形空间。海上油气井一般有多层套管及环形空间，因此有多个套管四通。最下部套管四通安装在隔水套管顶端，其上法兰与中间套管四通的下法兰相连接，其下端是螺纹或焊接滑套，常见结构型式如图 5－2 所示。中间套管四通的上下法兰分别与上下套管四通连接(图 5－3)。最上部套管四通的上下法兰分别与油管四通的下法兰和下面一级的套管四通的上法兰连接。

(a) 焊接式套管四通　　(b) 螺纹式套管四通　　(c) 卡瓦式套管四通

图 5－2　最下部套管四通

图 5－3　中间套管四通

(1)套管四通的作用

1)通过悬挂器悬挂除表层套管之外的各层套管的部分或全部重量。

2)连接防喷器等井口装置。

3)在内外层套管柱之间形成压力密封。

4)为释放可能积聚在两层套管柱之间的压力提供出口。

5)在紧急情况下，可由套管头侧孔向井内泵入流体，如压井液或灭火剂。

6)特殊作业：a. 固井质量不好可从侧孔补注水泥；b. 酸化压裂时，可从侧孔注入压力平衡液。

(2)套管四通的分类

1)按悬挂套管层数

按悬挂套管层数，套管四通可分为单级套管四通、双级套管四通和三级套管四通。其中单级套管四通一般用于低压浅层地层生产井中；双级套管四通适用于大多数地层压力较为明确的区域，使用量较多；三级套管四通一般用于高压深井或勘探井中。

2)按套管悬挂器的结构型式

按套管悬挂器的结构型式，套管四通可分为：卡瓦式套管四通、芯轴式(螺纹式)套管四通和整体式(焊接式)套管四通。

3)按本体间连接方式

按本体间连接方式，套管四通可分为：法兰式套管四通、卡箍式套管四通、独立螺纹式(悬挂套管柱上端和油管头本体下端用螺纹连接)套管四通。

4)按本体的结构型式

按本体的结构型式，套管四通可分为：单体式套管四通(一个本体内装一个悬挂器)、组合式套管四通(一个本体内装多个悬挂器)。

(3)套管四通的结构

套管四通由四通本体、套管悬挂器、顶丝总成、法兰式平行闸阀、连接件、压力显示机构等组成。套管四通结构示意见图5－4。

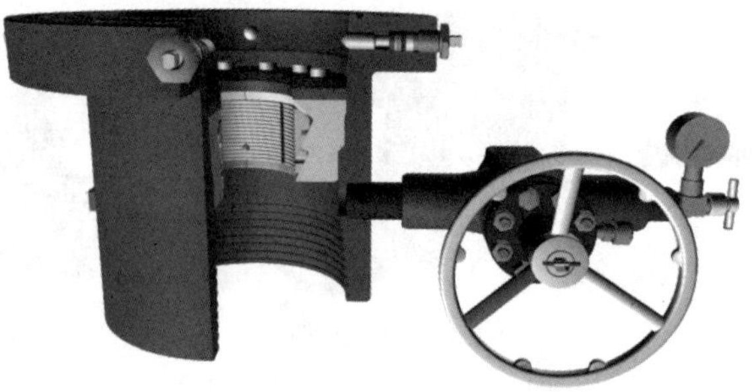

图5－4　套管四通结构

其中，套管悬挂器(也称为套管挂)是坐在最下部套管头或中间套管头的锥座中，用于牢固地悬挂下一级较小的套管柱，并在所悬挂的套管和套管头锥座之间提供密封。套管悬挂器承受所悬挂的套管柱重量。套管悬挂器分为以下几种。

1)芯轴悬挂器

芯轴(螺纹式)悬挂器相当于一个套管接箍，无须切割套管(W及WE型均需要)，甚至不打开防喷器就可以悬挂套管，解决井口悬挂密封问题。但是需要计算下入套管深度，避免触底。一般用在较为稳定的生产井上。一般芯轴式悬挂器配合螺纹式套管四通使用，也可更换相应的卡瓦式悬挂器。套管四通金属、橡胶密封的芯轴悬挂器的密封原理与油管四通金属、橡胶密封的芯轴悬挂器相同。

2)卡瓦悬挂器

卡瓦悬挂器主要由卡瓦牙、卡瓦座、橡胶密封、支承座等组成。将两半组合的卡瓦悬挂器抱住套管，整体投入套管四通孔中，使卡瓦牙紧紧卡住套管，在套管自重和卡瓦牙锥度的作用下，卡瓦牙越楔越紧，使卡瓦牙对套管越卡越紧。而橡胶密封件在自重的作用下产生变形，形成对套管和套管四通本体的密封。

a. WE型卡瓦悬挂器。一般来说，WE型卡瓦悬挂器用于表层，其特点是：大尺寸、密封环空压力不太高(对比W型)。

b. W型套管悬挂器(图5－5)。与WE型相比，它依靠钻柱悬重激发密封，其特点是：悬挂吨位最大、密封较好、更稳妥，一般用于技术套管的悬挂。

c. WD 型套管悬挂器。仅用于表层套管头，下部连接表层套管。

5.1.2.2 油管四通

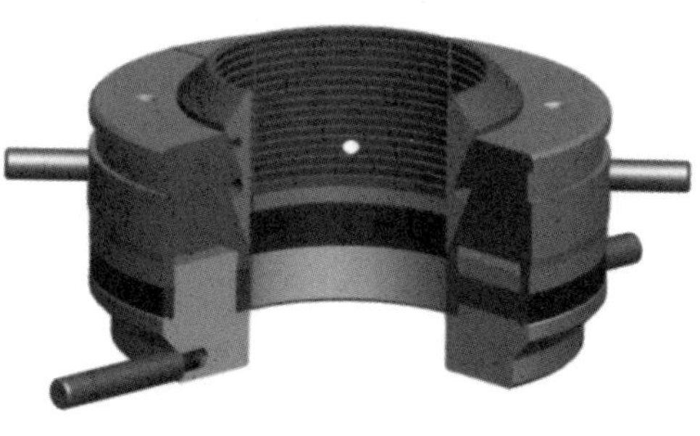

图 5－5 W 型套管悬挂器

油管四通(也称油管头)是一个两端带法兰的装置或短节。它安装在最上部套管四通顶端，用于悬挂支承油管柱重力，密封油管和油层套管之间环空。其还通过侧面出口为套管、油管环形空间提供一个入口。海上油田所采用的油管四通多数为上下都带法兰的油管四通(图 5－6)。

图 5－6 油管四通典型结构型式

(1)油管四通的作用

1)悬挂井内油管柱。

2)密封油管与套管之间的环形空间。

3)为套管四通和采油树提供过渡连接。

4)油管四通上的两个侧口可以进行注水和洗井作业。

(2)油管四通的结构

油管四通由油管四通本体、油管悬挂器、密封装置、顶丝、闸阀、压力表和法兰等组成，如图 5－7 所示。油管四通顶部通过异形法兰与采油树连接，连接的型式有法兰式和卡箍式。

图 5－7 油管四通的结构

其中，油管悬挂器(也称为油管挂)是坐在油管四通的锥座中，用于悬挂油管柱，并在所悬挂的油管和油管四通锥座之间提供密封的一种装置，一般有锥形油管挂、带电缆穿越的偏心油管挂、自密封油管挂和双油管挂，典型结构如图 5－8 所示。海上油气完井一般都下有井下安全阀，因此油管悬挂器必须有连接液控管线的通道；电潜泵井还须有井下放气阀通道和电缆穿越并密封。

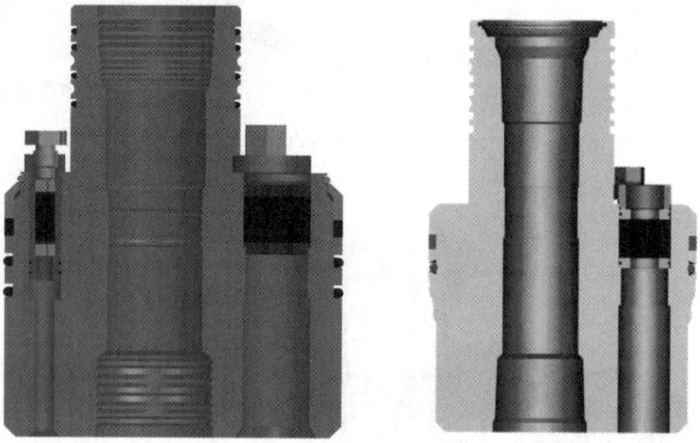

图 5－8　典型油管悬挂器

5.1.3　采油树

5.1.3.1　采油树分类

海上水面井口装置和采油树按照结构分类，一般分为整体式和分体式(装配式)。整体式采油树中最主要的部件是组合阀，其是将生产翼阀、清蜡阀及四通多个部件整合为一体，具有整体性好、空间尺寸小及结构紧凑的特点，特别适用于海上平台的油气井。常见的采油树结构型式如图 5－9 所示。

(a) 单油管整体式　　(b) 双油管整体式　　(c) 分体式

图 5－9　常见井口装置和采油树结构型式

按生产井类别和完井生产方式，可分为自喷井、电潜泵井、气举井、螺杆泵井和注水井、气井的采油树等。

5.1.3.2 采油树组成

采油树主要由阀门、法兰、异径接头、钢圈、螺栓、螺母以及一些附件组成。阀门主要有节流阀(油嘴)、生产翼阀、清蜡阀、主阀及地面安全阀等。单油管整体式采油树的主要部件如图5-10所示。

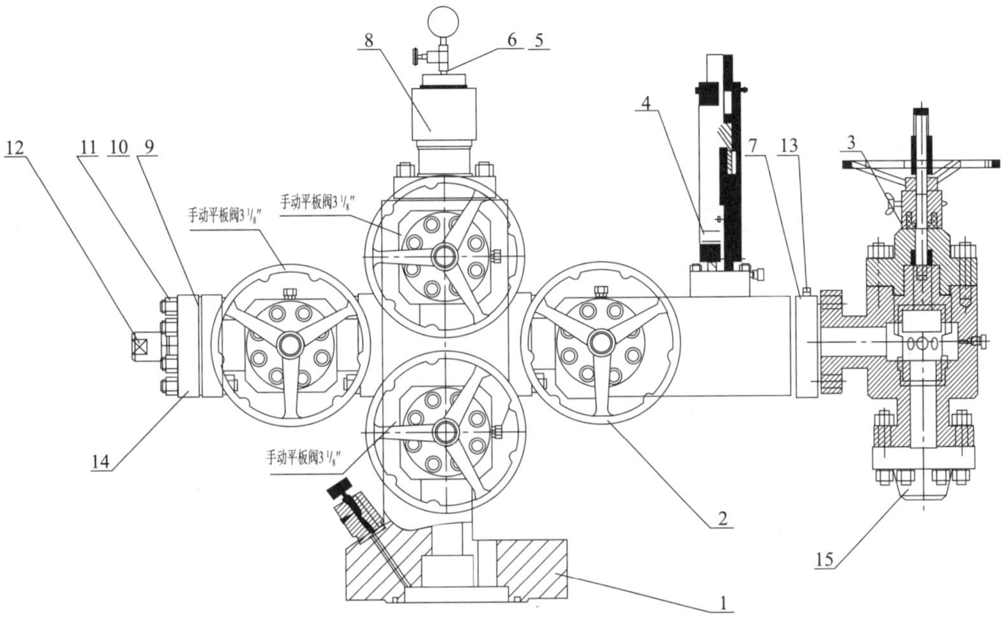

图5-10 单油管整体式采油树总装

1—组合阀总成；2—手动平板阀；3—手动节流阀；4—液动安全阀；5—½″ NPT；
6—截止阀；7—仪表法兰；8—顶端连接；9—垫环；10—螺母；
11—双螺母双头螺栓；12—丝堵；13—螺钉；14—螺纹法兰；15—焊接法兰

下面主要介绍采油树中最常见的闸板阀、节流阀及地面安全阀。

(1)闸板阀

闸板阀也称闸阀、平板阀，是指闸板沿垂直于介质流动通道方向运动的一种阀门，起流体流动控制的作用。闸板阀只能截断和导通输送介质，不能用于调节流量大小。其工作原理是利用调节手轮，通过阀杆带动阀板上下运动，使阀板和阀座通孔间的相对位置发生变化，达到切断和导通介质通道的目的。阀座与阀板一般为金属密封，对于气井、高温高压井，阀座与阀体的密封应采用金属或非橡胶材料，阀杆密封应采用非橡胶材料。闸板阀结构见图5-11。

图5-11 闸板阀

通常采油树上的闸板阀包括主阀、清蜡阀和翼阀。主阀是安装在采油树变径法兰和四通之间的阀门，是控制油气进入采油树的主要通道，能够阻断输送介质，并能配合以上各阀门的检修、更换与其他作业。在日常作业生产时，主阀都处于开启状态，只有在需要长期关井或其他特殊情况下才将其关闭。清蜡阀是安装于采油树顶部的一个闸阀，其上面可连接防喷管及清蜡装置等。清蜡时将其打开进行作业，清完蜡后再关闭清蜡阀。翼阀位于采油树侧翼通道上，油嘴端翼阀起到关断和开启油气生产的作用，另一侧翼阀通常处于关闭状态，主要用于压井及挤入特殊流体作业。

(2)节流阀

节流阀又称油嘴，其位于翼阀与出油管线之间，是采油树上用于调节油气井流量和压力大小的主要部件，也可用来控制气举井的注气量和注水井的注水量。常见的节流阀结构见图5－12。油嘴有固定式和可调式两种，固定式油嘴采用可更换的固定通径的阀芯。可调式油嘴由外部控制可变面积的流动通道及与之对应的刻度指示机构组成，分为针式(锥形)油嘴和笼套式油嘴。目前海上常规采油树广泛采用锥形节流阀，属于可调式节流阀，其工作原理是利用调节手轮，通过阀杆带动阀针做上下运动，进而改变阀针与阀座的节流截面大小以控制介质流量和压力大小。

当前，随着智能化油田建设的加快，部分海上无人平台已经试点应用电动采油树。其主要特征是采用压力变送器代替传统的压力表，用电动油嘴代替传统的手动油嘴，以实现远程控制。此外，电动节流阀普遍采用笼套式，该种采油树在低压电潜泵井应用较多。图5－13所示为渤海油田某无人平台应用的电动采油树节流阀结构示意。

(a)锥形节流阀

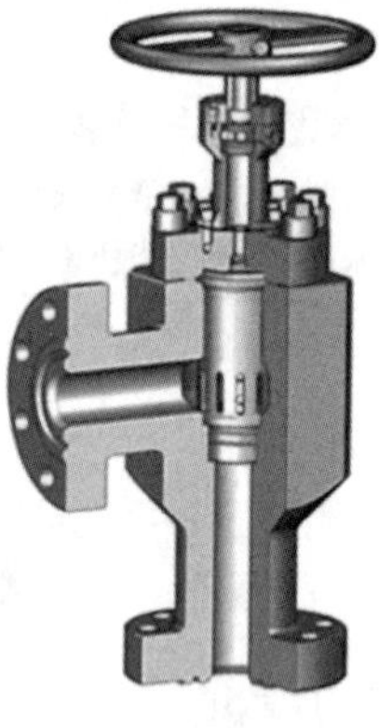

(b)笼套式节流阀

图5－12　节流阀

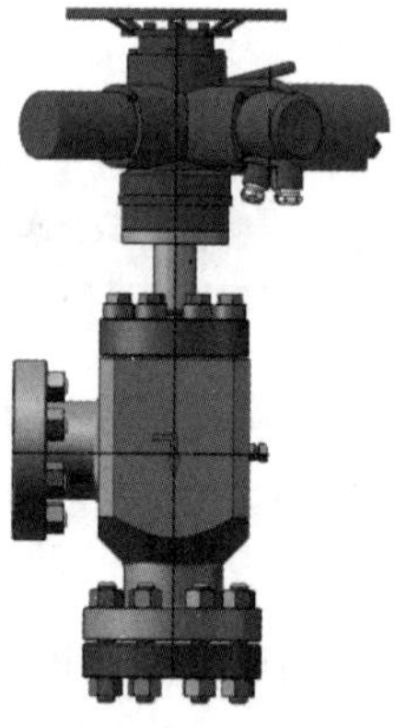

图5－13　电动采油树节流阀结构

(3)地面安全阀

地面安全阀多数是带有活塞式执行机构的闸阀，主要分为两部分，上部为驱动器部分，下部为闸阀部分。该种阀门是为了确保油气输送安全而设计。其工作原理是利用远程动力源通过管线控制阀门促动器部分的驱动装置，从而驱动阀杆使阀板和阀座通孔间的相对位置发生变化，达到切断和导通安全阀通道的目的。通常驱动装置为活塞式，有液压和气压驱动两种类型，活塞的下面装有弹簧，上面则是液(或气)压腔室。当液压油(或惰性气体)进入腔室时，将推动活塞向下压缩弹簧进而打开闸阀；当腔室放空时，弹簧的回弹力将推动活塞向上运动进而关闭闸阀。地面安全阀结构见图 5－14。地面安全阀分为主安全阀和翼安全阀。安全阀数量的设计应重点考虑地层温度、压力、流体性质。

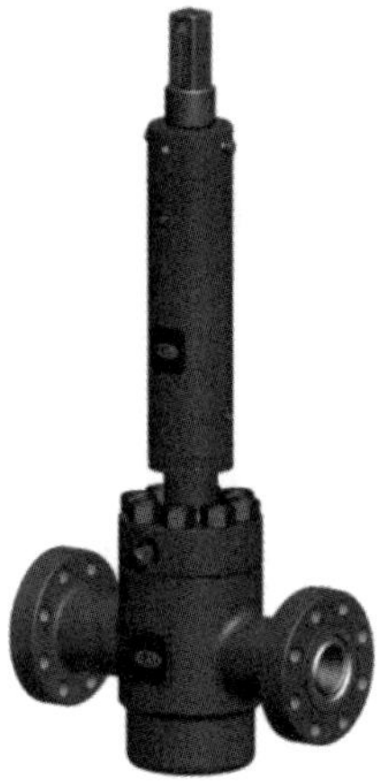

图 5－14　地面安全阀

5.2 质量控制大纲

5.2.1 生产检验关键工序流程

常规水面井口装置和采油树设备制造检验的工艺流程如图 5－15 所示。

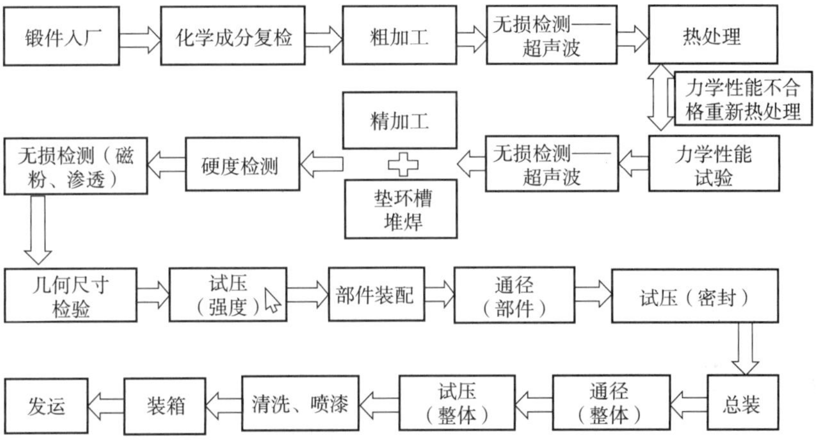

图 5－15　水面井口装置和采油树生产检验关键工序流程

5.2.2 质量控制点的设置

针对不同水面井口装置和采油树的生产检验工艺特点及各项指标的重要程度，对其设置了质量控制点，详见表 5－1。由于生产厂质量把控程度、生产工艺、产品生产状态及业主要求均有不同，因此控制点的设置也不尽相同，应用时可结合具体项目情况进行优化调整。

表 5－1　井口装置和采油树制造监理内容和见证方式

序号	阶段	内容	见证方式
1	制造准备	监理交底	R
		被监理单位条件检查	H
		技术文件审查	R

续表

序号	阶段	内容	见证方式
2	制造	原材料检查	H
		外协件、外购件检查	R
		机加工检查	I
		热处理	I
		焊接检查	W
		无损检测	W
		尺寸检查	I
		通径试验	I
		压力试验	H
		外观检查	I
		涂漆检查	I
		标志检查	I
3	组装调试	组装前检查	W
		组装检查	I
		通径试验	I
		压力试验	H
		外观检查	W
		涂漆检查	I
		标志检查	I
4	出厂	附件和备件检查	W
		文件资料检查	R
		包装及发运检查	H

5.2.3 质量控制监理大纲

5.2.3.1 制造准备阶段监理

(1)监理交底

监理交底宜包括以下内容：

1)总监理工程师应对项目监理机构内监理人员进行监理技术交底，内容包括设备监理委托合同、设备采购技术文件、相关标准、监理工作程序等；

2)项目开工前，监理人员应参加由委托人主持召开的交底会，监理单位对被监理单位进行监理交底，内容包括项目信息交底、采购合同、图纸及技术协议确认、验收工作内容交底等，交底会应形成会议纪要并经与会各方代表会签。

(2)被监理单位条件检查

被监理单位条件检查宜包括以下监理内容：

1)审查被监理单位资质；

2)审查被监理单位的质量管理体系；

3)审查相关人员资格，如焊接、无损检测、热处理、理化试验、检验等人员资格；

4)审核检验检测设备、试验设备、仪器仪表的状况及检定/校准情况。

(3)技术文件审查

技术文件审查宜包括以下监理内容：

1)审查设备采购合同技术要求，识别与现行法规、规范、强制性标准的偏差；

2)审查设备主要设计文件和图纸、主要制造工艺等，识别与采购合同技术要求及现行法规、规范、强制性标准的偏差；

3)审查工艺文件和操作规程准备情况，如制造工艺文件、工艺操作规程、无损检测规范等；

4)审核质量控制程序，如质量检验计划、检验试验程序和验收规范、过程文件控制程序、外购件验收规范、特殊过程确认程序、产品标识与追溯性程序、不合格品控制程序等。

5.2.3.2　制造阶段监理

(1)原材料检查

原材料检查宜包括以下监理内容：

1)审查原材料质量证明文件；

2)见证原材料复验；

3)审查原材料复验报告；

4)对于进口原材料，审查相关入关文件；

5)检查材料代用及审批；

6)检查原材料主要尺寸；

7)检查原材料的表面外观质量，包括锈蚀、磕碰、划痕等质量问题。

(2)入厂检验外协件、外购件检查

入厂检验外协件、外购件检查宜包括以下监理内容：

1)检查设计要求；

2)检查尺寸；

3)性能检验；

4)无损检测(如适用)；

5)外观检查；

6)检查标志；

7)检查附件和备件；

8)检查合格证明文件；

9）审查外协厂方关键原材料进货检验记录。

（3）机加工检查

机加工检查宜包括以下监理内容：

1）检查机加工工序；

2）检查产品流转过程；

3）检查机加工设备；

4）检查机加工过程；

5）检查零部件加工尺寸；

6）检查机加工零部件外观。

（4）热处理

热处理宜包括以下监理内容：

1）审查热处理工艺文件及执行情况；

2）检查仪表检定/校准状态等；

3）审查热处理报告或机械性能报告；

4）审查热处理后部件的无损检测报告（如适用）。

（5）焊接

焊接宜包括以下监理内容：

1）见证焊接工艺评定试验，审核试验记录（如适用）；

2）审查焊接工艺评定报告、焊接工艺规程及其适用性；

3）审查焊接人员资格；

4）审查焊接设备选型、附属装置、安全防护等；

5）审查焊接材料的质量证明文件、入厂复验文件；

6）检查焊接材料的保管和使用情况；

7）检查焊接工艺执行情况；

8）检查焊缝外形尺寸和焊缝质量；

9）检查部件内部焊缝成形及清理情况；

10）检查返工、返修作业情况；

11）检查焊缝标记情况。

（6）无损检测

无损检测宜包括以下监理内容：

1）审查无损检测工艺文件，包括探伤时机、探伤部位等；

2）审查无损检测人员资格；

3）检查仪器选用情况、灵敏度、检定/校准状态等；

4）检测无损检测方法、质量级别、检测比例、检测部位；

5）见证无损检测过程；

6）审查无损检测报告。

(7)尺寸检查

尺寸检查宜包括以下监理内容：

1)检查量具仪器的选用情况、检定/校准状态、测量方法等；

2)检查锻铸件、机加工件及装配件精加工后的主要尺寸、表面粗糙度等。

(8)通径试验

通径试验宜包括以下监理内容：

1)检查通径规格选用；

2)见证通径过程，保证全贯通无卡阻。

(9)压力试验

压力试验宜包括以下监理内容：

1)检查试压设备及压力表的检定/校准状态等；

2)见证试压过程；

3)审核压力试验报告，包括初始压力、保压时间、压降大小、压力曲线等。

(10)外观检查

外观检查宜包括以下监理内容：

1)检查外观完整性，包括设备零部件、连接件、密封件、螺栓紧固件等完整齐全；

2)检查加工表面和非加工面外观质量；

3)检查设备表面质量，包括无明显缺陷和机械性损伤。

(11)涂漆检查

涂漆检查宜包括以下监理内容：

1)审查油漆质量证明文件、有效期、涂漆工艺等；

2)检查部件涂漆前喷砂除锈等级和清洁状况；

3)检查涂漆过程，如环境状况、层道要求、间隔时间、油漆温度、底漆和中间漆种类、面漆种类和颜色、干燥情况等；

4)检查漆膜质量，如涂层平整、色泽均匀，无气泡、开裂、剥落、流挂、缩孔和皱褶、干膜厚度等；

5)检查机加工表面、摩擦面保护情况。

(12)标志检查

标志检查宜包括以下监理内容：

1)检查铭牌材质；

2)检查铭牌安装位置；

3)检查铭牌内容信息；

4)检查警示铭牌、指示铭牌等。

5.2.3.3 组装调试阶段的监理

(1)组装前检查

组装前检查宜包括以下监理内容：

1）检查组装操作人员资格和职责；
2）审核组装调试人纲；
3）检查检测工具、仪器仪表和设备的能力范围、检定/校准状态等；
4）检查装配试验场地；
5）检查安全警示措施；
6）检查组装环境，包括温度、湿度、噪声、清洁等。
（2）整体组装检查
整体组装检查宜包括以下监理内容：
1）检查各部件的装配连续性代码和可追溯性记录；
2）检查组装工艺的合理性和合规性；
3）检查连接件销轴、螺栓的强度等级和规格情况；
4）检查组装连接件的预紧力；
5）检查现场组装时防磕碰、防划伤等机械损坏的措施有效性；
6）油管挂、套管挂等内部零部件试装。
（3）通径试验、压力试验、外观检查、涂漆检查、标志检查等参照前述要求。

5.2.3.4 出厂阶段的监理控制过程

（1）附件和备件检查
检查附件和备件的种类、外观质量及数量等。
（2）文件资料检查
文件的适宜性和完整性宜包括以下监理内容：
1）整体设备、零部件合格证；
2）企业资质；
3）测量与试验设备检定/校准证书；
4）特殊岗位工作人员上岗资格证书；
5）设计图纸、工艺规范等技术文件；
6）关键零部件原材料质量证明文件；
7）关键零部件机械性能或热处理记录、无损检测报告；
8）制造过程记录文件；
9）各种试验记录报告；
10）喷砂涂漆记录；
11）其他有关产品质量问题的证明文件；
12）发货清单。
（3）包装与发运检查
包装与发运检查宜包括以下监理内容：
1）检查成品的储存、支承、堆放、存放环境；
2）检查试验后介质和压力的排放情况；

3)检查零件和设备外露金属表面的防锈处理；

4)检查法兰盘表面、外露密封表面的保护情况；

5)检查非金属材料的老化控制和保护情况；

6)检查备件、附件及专用工具防锈处理和储存情况；

7)检查运输防护及固定措施；

8)检查整机铭牌；

9)核对发货清单信息与实物相符情况；

10)检查装箱情况及外包装信息；

11)检查车辆信息和装运情况。

5.3 质量问题及处理

5.3.1 生产厂及人员资质类问题

(1)生产厂资质问题

设备监理工程师对生产厂提供的检验设备资质进行审核，发现游标卡尺、千分尺及深度尺为厂方自有计量室进行评定，设备监理工程师要求生产厂提供具备校准能力的证书或授权文件。生产厂提供了《计量标准考核证书》(图5－16)证明生产厂具备相应测量器具检定能力，此项问题关闭。

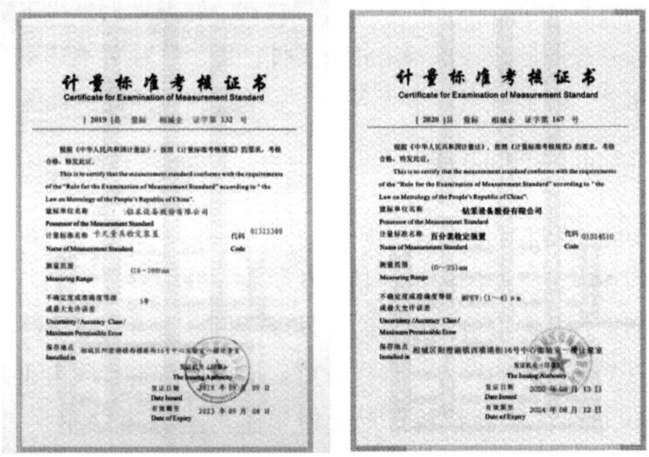

图5－16　生产厂计量标准考核证书

(2)人员资质证书过期问题

设备监理工程师对生产厂提供的人员资质进行审核时发现2人无损检测UT2、PT2证书过期。生产厂回复为特殊原因导致无法重新取证。设备监理工程师要求生产厂尽快安排人员重新取证，重新取证前，此2人不得参与本项目的无损检测过程。后续生产厂已重新提交证书，此问题关闭。

5.3.2 生产厂工艺设计文件类问题

(1)原材料材质要求企业标准与 ASTM 标准不一致

设备监理工程师对原材料质证书进行审核时发现，生产厂 4130、4140 原材料企业标准中 Mn 的含量与标准 ASTM 要求不一致，实际含量均在 ASTM 标准之内。设备监理工程师要求生产厂进行处理。具体情况见表 5－2。

表 5－2 原材料 4130、4140 标准中 Mn 的含量

序号	材料编号	企业标准中 Mn 的含量/%	ASTM 中 Mn 的含量/%
1	4130	0.40～0.80	0.40～0.60
2	4140	0.55～0.95	0.75～1.00

后生产厂对于此问题出具材质澄清说明，表明了更改原因及历史业绩等，并愿意承担因化学成分偏差引起的责任，此问题关闭。

(2)《不合格品处理报告》方案操作性差

设备监理工程师检查现场堆焊不合格需重新返修的套管四通，发现《不合格品处理报告》的返修方案不全面，不能完全解决堆焊不合格所需处理问题。设备监理工程师要求针对此问题重新制定返修方案。工厂质量部重新修改返修方案，监理组进行检查，可以满足现场堆焊不合格的处理，此问题关闭。

(3)堆焊 316 不锈钢无手工焊工艺

设备监理工程师对现场堆焊不合格产品进行检查，发现无返修手工焊施工工艺等，要求生产厂针对堆焊问题按照监造要求制定相关文件。生产厂针对堆焊不合格品，提交了焊接不合格后的返修工艺。经监理组审核无异议，后续严格按照此文件执行。

5.3.3 合同执行类问题

(1)关键部件未经确认进行外包

设备监理工程师在审核生产厂提供产品的化学成分分析报告、热处理报告、硬度检测报告、机械性能检测报告及无损检测报告时，发现阀板、阀座及阀体等部件的检测报告出具单位并非与业主方签订合同的厂方。经设备监理工程师与生产厂沟通，得知阀板、阀座及阀体等为外委单位加工生产、检验产品，但生产厂不能提供经业主同意外委的相关函件。

经沟通，业主知悉生产厂该部分部件外委加工，要求生产厂对附带检测试棒进行复验，同时要求设备监理工程师对外委单位出具的检测报告进行审核，做好复验工作的监理及把关。

(2)现场加工与图纸不符

某油管四通与套管四通抗磨补心上端倒角与技术协议倒角要求不符，采办技术协议明确要求倒角为 30°，生产厂图纸设计为 20°，实测为 20°。针对此问题，生产厂建议不要修

改倒角，因为20°倒角在现场更容易安装。生产厂出具技术说明文件，业主接受并认可。

(3)标准未确认版本

某井口装置和采油树驻厂监造项目中，业主派发的技术协议中未注明 API 6A 版本，设备监理工程师对版本号表示疑问。后业主确认按 API 6A 20 版执行。

5.3.4 外购件问题

(1)供货商资质证书问题

应监理委托人的要求，设备监理单位的监理范围不仅局限于被监理单位，而是扩大到被监理单位的关键供货商，重点关注电动执行器上所用的电机供货商。某次项目中被监理单位的电机供货商为2家，压力变送器供货商1家。设备监理工程师首先对被监理单位供货商的资质进行检查，包括不限于营业执照、质量管理体系认证证书、环境管理体系认证证书、职业健康安全管理体系认证证书、3C 认证证书和防爆证书等。在检查过程中发现3家供货商资质均存在不同程度的问题，2家电机供货商的3C 强制认证证书和防爆合格证均已过期，1家压力变送器供货商的 NEPSI 防爆证书过期。

设备监理单位将此问题通过《监理专题汇报》反馈到监理委托人。监理委托人组织召开专题会议，设备监理单位采用风险思维和过程控制方法，对设备形成过程中的质量风险、安全风险、合同违约风险(包括进度、费用等)、公正性风险进行识别和评价，策划和确认监理活动的范围、内容和方法，保证目标的实现。设备监理单位给出合理化建议：要求供货商在1个月内进行资质更新，更新前暂不进行本项目产品的生产，证书更新完成并经设备监理单位审核合格后方可生产。监理委托人采纳了此意见，并要求供货商按此建议执行。

被监理单位供货商均在规定时间内进行了资质的更新，设备监理单位审核合格后，进行了本项目产品的生产。

(2)外协件不合格率高问题

设备监理工程师进行水压见证时，发现部分批次的外协件平板阀水压试验不合格率高达10%，遂要求生产厂后续进厂的所有外协平板阀均需进行水压试验，不允许抽检。

到货两批平板阀(型号：3⅛″ 3K、2 1/16″ 2K)，监理组现场统计密封试验不合格约占50%，并且返修后的平板阀仍然存在水压试验不合格的现象。监理组要求生产厂暂时停止平板阀的进货，针对不合格率高的问题，进行查找原因、情况分析、制定措施并与供货商沟通处理后方可继续供货。部分产品未进入生产厂直接打回原厂处理，表5－3所示为进入生产厂的不合格品比例。

表5－3 外协制造闸阀不合格数据

型号	产品状态	图号	零件号	到货数量	不合格数量	不合格比例/%
DL，2 1/16″ 3K/5K	整机	Z011825/C	ZJ037838/C	24	2	8.30
DL，4 1/16″ 3K	整机	Z011842/A	ZJ037200/A	3	1	33.3

续表

型号	产品状态	图号	零件号	到货数量	不合格数量	不合格比例/%
DL，$3\frac{1}{8}''$ 3K	整机	Z011931	ZJ037767/C	12	6	50
DL，$3\frac{1}{8}''$ 3K	整机	Z011931/c	ZJ037767/C	8	5	62.5
DL，$4\frac{1}{16}''$ 3K	整机	Z011842/a	ZJ037200/A	3	1	33.3
DL，$2\frac{1}{16}''$ 3K/5K	整机	Z011825	ZJ037838	12	4	33.3

经过供货商对平板阀进行解体，全部零件进行尺寸、外观、粗糙度等检查发现，阀座的开挡面粗糙度未到达图纸要求，造成漏水。返修的平板阀研磨处理后，进行密封试验，试压结果全部合格。

5.3.5 生产厂设备类问题

(1)试验中出现未审核的仪器

设备监理工程师到生产厂进行化学成分抽检时，发现试验用的试验机(包括手持光谱仪、拉伸试验机和冲击试验机)与审核过的试验机不符，设备监理工程师要求生产厂提供所使用的试验机的鉴定报告进行审核，见表5-4。生产厂已提供相应仪器的鉴定报告，审核结果合格，此问题关闭。

表5-4 生产厂设备仪器检定审查记录

设备名称	编号	运行状况	生产厂方	检定证书号	有效期
直读光谱仪	67X0035	良好	HITACHI	TYLS1912266941-002	2023-03-07
微机控制电子万能试验机	WDW-300GE	良好	上海冶苑计量测试设备有限公司	900900610	2023-03-13
微机控制低温全自动冲击试验机	029	良好	上海冶苑计量测试设备有限公司	900893107	2023-02-09
电子引伸计	182968	良好	钢铁研究总院	182968	2023-03-13
冲击试验低温仪	QT-BY0809	良好	苏州谦通仪器设备有限公司	QT-BY0809	2023-02-08

(2)硬度仪现场标签过期

设备监理工程师在进行垫环抽检过程中，进行硬度测试，发现现场洛氏硬度仪计量合格证过期，遂要求生产厂提供此台设备鉴定证书。生产厂当天提供此台设备的校准证书，设备监理工程师对校准证书进行了审核，校准证书在有效期内，鉴定结果合格。问题原因为现场计量标签未及时更换，当天已进行计量标签更换，此问题关闭。

(3)硬度计过期

硬度测试项目中，生产厂现场操作人员使用的硬度计读数显微镜处于过期状态。设备监理工程师要求厂方现场提供另外的有效的显微镜，对硬度值读数进行复核。现场使用有效的显微镜对硬度值复核后，硬度值读数误差可忽略不计。监理组要求厂方相关人员应及时对检验检测类量具、设备进行送检和有效性鉴定。

5.3.6 生产厂报告类问题

(1)压力试验报告类问题

1)水压试验报告不符合 API 6A 要求

设备监理工程师对现场驱动器检验壳体水压试验及功能试验时，发现生产厂未提供试验记录，不符合 API 6A 要求。经沟通协调，厂方同意将每次的驱动器试验出具单独的报告。

2)压力试验报告不规范

设备监理工程师在审核生产厂提供的采油树水压试验报告时，发现其初始压力为 21.6MPa，保压 4min 后，终止压力为 21.8MPa，压降为 -0.2MPa，压降不符合规律。

设备监理工程师就此问题下达监理通知单，生产厂质量负责人答复该采油树水压试验符合 API 6A(2018)第 11.2.2 项要求，且由于压力表灵敏度在低压试验泄压前有轻微窜动，故压力值有轻微偏高。

3)组合阀水压报告问题

设备监理工程师在审核组合阀阀体静水压报告时发现技术质量要求不一致。设备监理工程师立即联系工厂对该静水压测试报告进行复核，重新提供该编号静水压试验报告，并要求工厂质检人员加强检查，避免此类问题再次发生。

4)水压报告错误

设备监理工程师在审核生产厂提供双联阀静水压试验报告时，发现水压试验报告图号错误。设备监理工程师就此问题联系生产厂质量负责人查询后得知，是水压操作员出报告疏忽，审核报告人员同样没有做好把关工作。设备监理工程师要求负责人重新出具报告，并在出具报告时加强审核，避免该问题继续出现。

(2)化学成分报告错误

设备监理工程师在审核生产厂提交的化学成分分析报告时，发现某材料的化学成分分析 Cr 元素含量为 0.05%，远超公差范围。设备监理工程师就此问题立即联系生产厂质量负责人，查询该炉号化学分析原始记录后发现 Cr 元素含量为 11.50%，符合工厂化学成分试验规程。设备监理工程师督促生产厂对该炉号重新出具正确的化学成分分析报告，并责令相关人员在出具报告时加强审核，避免该问题继续出现。

(3)磁粉探伤报告错误

设备监理工程师在审核生产厂提供的磁粉探伤报告时，发现报告中套管四通的零件编号数量与磁粉探伤数量不一致，设备监理工程师就此问题立即联系生产厂质量负责人。生产厂质量负责人查询后得知，在填写此报告时，模板为上次检测报告的模板，磁粉探伤数量未进行更改。设备监理工程师要求负责人重新出具报告，并在出具报告时加强审核，避免该问题继续出现。

5.3.7 生产厂管理类问题

(1)堆焊316不锈钢不合格品现场无标识

设备监理工程师对现场堆焊不合格产品进行检查，发现现场堆焊不合格品无不合格品标识，无返修路线卡，要求生产厂针对堆焊问题按照监理要求制定现场标识。

生产厂针对堆焊不合格品，提交了现场不合格品记录文件、现场不合格品制作的标识(图5－17)，经监理组审核无异常，后续严格按照此文件执行。

图5－17 现场不合格品标识

(2)采油树发货方式不合理

因采油树发货分为采油树本体与下部组合阀分开发货，为保证现场使用安装时无问题，监理组对生产厂提出相关意见：将采油树本体与下部阀体组装，整体进行水压试验，但生产厂研发部综合考虑后未能同意此建议。

监理组为保证现场正常安装，再次提出是否能够将采油树上部分本体与下部分组合阀进行试装，主要目的有：

1)确认采油树上部分本体吊装是否平稳，到达现场后能够顺利进行组装，若无法保证平稳，是否能够考虑拆下电动执行器单独发货，到达现场组装；

2)对采油树上部分本体与下部组合阀进行试装，检查垫环槽位置、螺栓孔位置及法兰位置等是否符合要求。

经生产厂研发部评估和现场试验，采油树上部分在装电动油嘴的情况下，很难做到完全平衡，到达现场后进行采油树上下部分安装时，预计困难较大。故监理组要求生产厂将电动油嘴拆下，分成三部分发货(采油树本体、电动油嘴、组合阀套件)，并且需在法兰处做好防护。另外，对于采油树上下部分试装，监理组与生产厂达成协议，进行不定期抽检。

(3)产品发货不合理

产品发运过程中，监理组对装箱情况及发运过程进行见证，发现多项问题。因发货时间为半夜，紧接着是周六、周日，生产厂质量部、研发部等没有上班。故对生产厂下发《监理工程师联络单》，要求下次发货时避免以下情况的发生。

1)发货前须签署《监造产品放行单》，设备监理工程师签字后方可发货。

2)发货前监理组需审核完成产品合格证及相关材料后方可发货。

3)发货产品油漆问题。发货的采油树、组合阀喷漆后下部有垫物或螺母，造成此处油漆损伤露出本体，后期通过修补无法达到工厂技术要求，监理组要求需要在喷涂过程中解决此问题。

4)发货时间问题。发货时间尽量不安排在半夜，因发货时出现问题，各修补作业人员下班，可能造成产品修补达不到技术要求。

5)发货箱上标识只能采用不褪色的油漆喷涂，不可用打印纸张及其他方式代替。

后续发货时，上述问题均得到解决，此问题关闭。

(4)监理出现漏监产品

设备监理工程师接生产厂通知将于近日对监理设备产品进行发运，但该批次产品在监理组驻厂期间工厂未通知监造。与厂方沟通后确认，该批产品为预排产产品，故未能通知监理组对生产过程进行监督见证，造成漏监。

为了防止此类问题再次发生，监理组已通知生产厂，应当在接到订单后安排生产期间通知监理组对关键工序、重点工序进行现场见证，对于监理组驻厂期间因工厂原因未能及时通知而造成漏监产品，监理组不予认可放行。同时请委托方能够提前安排采购计划并将订单抄送设备监理机构。

(5)停止点未停止

设备监理工程师进行现场到货件检查时，发现部分套管四通已经进行机械加工，而监理组进厂后已多次强调监理组未审核完成原材料证明时，暂不进行下一道工序。

经与生产厂协调，暂停进行机械加工操作，要求厂方提供现场需进行机械加工的各项证明。后续监理组已将现场急需加工的套管四通、油管四通的质证书、锻造报告、热处理报告等审核完成，审核结果合格后通知生产厂对以上产品恢复生产。

(6)外协件进厂检验方式不合理

外协件压力变送器到达生产厂后，厂方只是进行外观检查后就进行安装。监理组认为生产厂对于压力变送器质量控制不足。建议编写压力变送器测试试验规范，对压力变送器进行功能试验及校准试验。

后续生产厂提交了《压力变送器测试试验规范》，经监理组审核，文件内部分引用标准及数据存在问题，要求厂方重新更改。生产厂再次提交了修改后的《压力变送器测试试验规范》，经监理组审核无异常，此问题关闭。

(7)探伤不符合要求

1)未做探伤试验

套管四通毛坯未做无损检测，不符合 API 6A U－3 及技术协议要求，设备监理工程师提出表示拒收该产品。后经沟通澄清，此套管四通按项目技术要求 U－2 判定，已验收合格。

2)探伤时机不符合要求

设备监理工程师在检查平板闸阀阀体粗车时，发现阀体 3 台中孔位置垫环槽已加工，这将影响热处理后内部超声波检测的条件。设备监理工程师立即制止了厂方继续加工垫环槽，并按监理组要求在热处理后粗车进行锻件内部超声波检测，生产厂已按照要求执行。

3)随炉试块不符合要求

设备监理工程师在检查某热处理随炉试块时发现试块厚度实测为 110mm，最大法兰厚度为60mm，试块厚度未达到法兰厚度的2倍，不符合API 6A标准要求。设备监理工程师要求厂方进行更换，厂方用同批次锻造试块进行了更换。

4)试块取样位置不符合要求

设备监理工程师在检查某试块线切割后试样位置时，发现试样位置实际在离试块边缘20mm处，试块厚度为120mm，不符合API 6A标准要求的1/4T(应距离试块边缘30mm)处。设备监理工程师要求厂方在该试块的1/4T处重新线切割试样。

图5－18　套管四通无唯一编码

(8)现场产品无唯一标识

设备监理工程师现场检查发现套管四通上无产品编码，缺乏唯一标识，如图5－18所示。生产厂立即对缺乏编码产品进行标识，并提出后续具体控制措施：①加强新进员工教育、培训；②调度生产时对追溯性进行强调；③质检部门加强巡检。

(9)编号错误

设备监理工程师在对2个油管四通本体精加工后抽检中，发现其流转单中零件编号与毛坯编号上下不一致。监理组立即联系厂方质检人员进行处理，溯源到原材料质保书处，发现为毛坯编号打印错误，该毛坯编号对应为平板阀，零件编号准确无误。监理组责令厂方立即改正，并让质检人员加强检查，避免此类问题再次发生，此问题关闭。

5.3.8　生产制造问题

(1)尺寸超差

1)油管四通BT槽内径尺寸超差

油管四通本体BT槽内径为ϕ213.64mm，超出加工图纸公差上限0.14mm，不符合生产厂加工图纸公差标准要求，见图5－19。设备监理工程师要求厂方对此油管四通本体暂不转入下一道工序，并将此问题告知工厂质量部，质量部回复对油管四通尺寸超差问题进行分析、评审。

图5－19　油管四通本体BT槽内径尺寸超差

监理组组织工厂进行油管四通试压验证，对该油管四通装配“BT”型密封圈，用$7\frac{7}{8}''$套管工装进行密封试验，试验压力为21～22MPa，试验2次，分别保压4min，试验过程无可见渗漏，压降小于试验压力的5%，试验验证合格。对技术、质量进行评审，认为产品直接使用可以满足设计准则和合同要求，产品可继续流转。

2）流笼尺寸超差

设备监理工程师对流笼进行入库抽检，发现 2 个流笼产品的部分尺寸不符合技术要求和流笼设计图纸的要求。设备监理工程师遂对此批次的流笼尺寸进行全数检查，此批次流笼共 11 件，内径尺寸均存在超出图纸 0. 01 ~0. 03mm 的情况。

监理组要求生产厂对此批流笼开具《产品不合格单》，暂不入库，返送至生产厂研发部进行研判，要求出具具体处理方案。监理组跟踪该产品处理情况。

生产厂技术部及质量部对此问题进行研判，确定可以让步使用，并出具《不合格品处理报告》，监理组就此事联系技术部人员进行图纸确认。经监理组确认此流笼使用部位为节流阀，流笼的主要作用为固定阀座和密封，而超差尺寸不在主要用途上，可以让步使用，此问题关闭。

3）组合阀阀体尺寸超差

组合阀阀体进行入库前，监理组对组合阀阀体尺寸进行抽检。对其中 3 台进行尺寸抽检，总体宽度尺寸标准为 325. 7 ~326. 5mm，3 台抽检结果分别为 330. 23mm、329. 54mm、330. 21mm，均超出图纸尺寸，监理组遂对其余 4 台尺寸进行检查，结果均超出图纸要求。监理组认为，此尺寸超差后会影响组合阀的中心距、现场空间及其他配件安装，故对此 7 件组合阀阀体不予认可。

生产厂对 7 件有问题的组合阀阀体开具《产品不合格单》，对尺寸进行分析后进行了重新加工。在保证中心距的基础上，将一侧尺寸进行加工，加工完成后，监理组对所有尺寸进行了复核，均满足图纸尺寸要求，见图 5 –20，此问题关闭。

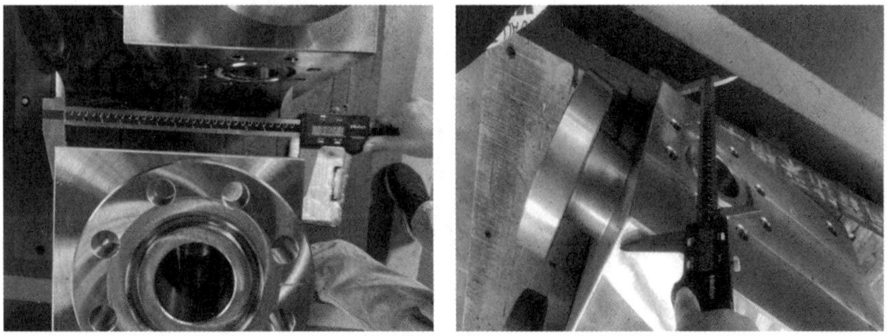

(a) 原始尺寸　　(b) 加工后尺寸

图 5 –20　组合阀阀体尺寸超差

4）毛坯尺寸不符合精加工图纸要求

监理组对到货毛坯机加工过程进行检查时，发现 2 件组合阀阀体毛坯尺寸不合格。到货毛坯总长 1300. 5mm，半精加工图纸要求 1303. 5mm；图纸尺寸 219. 0mm 处，毛坯尺寸 223mm，保证总长下无法加工；法兰厚度 66. 0mm 与档宽 73. 0mm 无法同时保证。针对此 2 件毛坯，监理组要求生产厂下发《产品不合格单》，进行分析，确保加工后关键尺寸、主体承压性能无变化。

厂方提交了《不合格品处理报告》，报告中技术部与质量部共同判定为回用，经监理组沟通认可此方案，后续跟踪此 2 件产品最终尺寸情况。具体的加工方案，经监理组确认为：总体尺寸仍按图纸加工，两侧均车削到金属面，总体尺寸会存在满足图纸要求或小于图纸尺寸 3mm 左右；图纸中 219mm 档宽尺寸预计会增加 4mm 左右，此处对组合阀整体承压性能无影响；图纸两侧法兰厚度会出现满足图纸尺寸或比图纸尺寸小 2mm 左右。

此项问题，将暂时进行关闭。待机械加工完成后，监理组将对尺寸进行确认，有异常问题将重新开启。

5) 自研产品部分毛坯端面未加工

现场尺寸检验过程中，多次出现组合阀外形结构尺寸超出偏差 2 ~ 5mm，监理组与生产厂质量部进行沟通，质量部回复因工厂要求部分非法兰面(即不影响安装、连接等)不必进行机加工。监理组审核未加工面部分(尺寸检验中超差部分)确为不影响安装、连接、强度等位置，监理组予以认可。

6) 套管四通尺寸超差

设备监理工程师在对套管四通本体尺寸抽检时，发现套管四通本体总长度为 530.98mm(图纸要求为 529.50 ~ 530.00mm)，超出加工图纸公差上限 0.98mm(图 5 - 21)。设备监理工程师对同批套管四通本体总长度进行了检查，尺寸均在图纸公差要求范围内。

图 5 - 21　套管四通尺寸超差

监理组要求生产厂对此套管四通本体暂不转入下一道工序，并将此问题告知工厂质量部，质量部回复对此套管四通本体立即进行返工，返工后监理组抽检其管头本体总长度为 529.98mm，符合图纸公差要求，其他尺寸均在图纸公差要求范围内，此问题关闭。

7) 节流阀阀体尺寸不合格

设备监理工程师在车间抽检节流阀阀体几何尺寸时，发现有一节流阀阀体阀座孔的锥度密封面处加工不合格，如图 5 - 22 所示。设备监理工程师要求按不合格件报废处理，并责令生产厂质检人员加强检查，避免此类问题再次发生，此问题关闭。

图 5 - 22　节流阀阀体阀座孔的锥度密封面处加工不合格

8）外协件尺寸错误

设备监理工程师在见证3⅛″地面安全阀气压试验时，发现阀门由于配套的驱动器防磨套过高，导致阀杆无法驱动阀瓣自由开合，因而无法正常进行实验。后续生产厂提供配件更换，此问题关闭。

9）套管四通精加工尺寸不符合要求

某套管四通机加工后，发现套管四通底部锁块槽精加工扎刀、套管四通顶部顶丝孔与法兰孔相剐蹭。监理组综合考虑，建议直接做报废处理，不考虑修复性回用。并通知厂方开辟绿色通道，紧急补料，生产毛坯等。要求厂方重视机加工质量，合理安排夜班人员岗位，避免失误和损失。

（2）材质问题

防磨套硬度不符合要求。某防磨套实测硬度值HBW 231～235，硬度值小于API 6A 20版要求的HBW 241～321。监理组表示拒收该批次产品。后经沟通澄清，委托方已接受厂方的技术标准，同意接收该批防磨套。

（3）焊接问题

1）堆焊316不锈钢不合格率高

监理组对现场堆焊不合格产品进行检查，发现堆焊不合格率超过60%，要求生产厂暂停使用原焊接工艺，分析原因，调整焊接工艺，并且出现焊接返修超过两次必须经业主、厂方及监理组共同确认后方可继续返修。生产厂针对堆焊工序不合格率较高的问题，从以下几方面进行分析。

a. 人员方面。工厂已抽调技术精湛的人员进行焊接，分析人为影响的概率。

b. 设备方面。检出的16件不合格品，经追溯，涉及的几台设备分布比较平均，而这几台设备生产其他产品，均表现正常，暂排除设备因素。

c. 工艺方面。工厂焊接技术人员根据既往经验结合生产实际，重新优化了焊接工艺，进行工艺试验。

根据上述分析，生产厂提供了问题处理情况：

a. 人员培训。进行416不锈钢焊接培训，后续该项目只由焊接班长以及一名骨干进行焊接，如图5－23（a）所示。

b. 现场调整焊接工艺。电流强度由160～300A调整为160～280A；焊接电压由12～16V调整为11～13V；焊接速度由15～29mm/s调整为16～19mm/s，如图5－23（b）所示。

按照上述工序共加工12件丝扣法兰，共需焊接24道口。出现渗透探伤不合格部位为3点，分布在2件产品表面。相比原来不合格产品为1道焊口平均2处不合格，不合格率大幅降低。不合格率按照面数计算为12.5%，若按不合格点数计算，已经低于10%。监理组暂时将此问题关闭，后续继续检查堆焊的不合格率问题，若再次出现升高的情况，问题及时开启，追查原因。

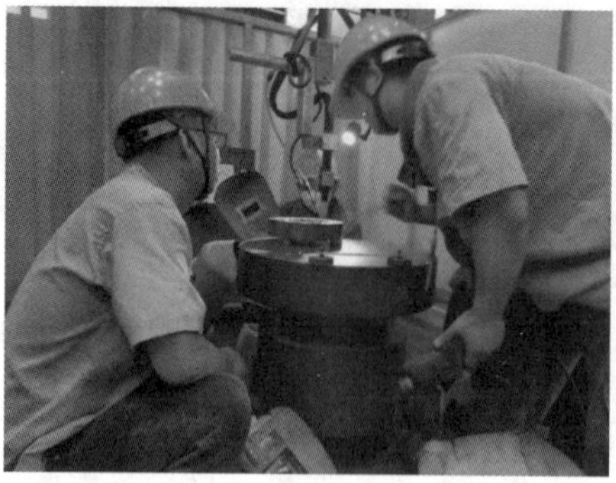

(a) 人员培训

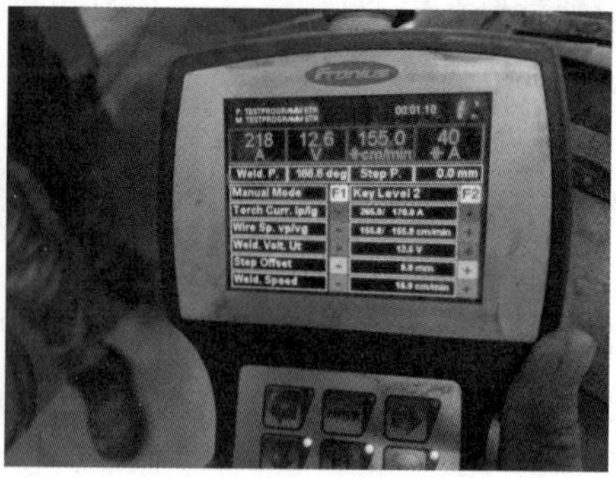

(b) 调整焊接参数

图 5－23　堆焊问题整改

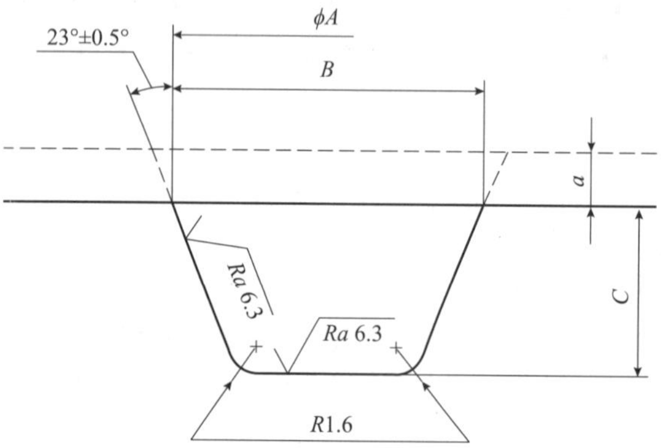

图 5－24　抗腐蚀垫环槽粗加工图

2）垫环槽堆焊层不合理

设备监理工程师在垫环槽堆焊时，发现堆焊评定未考虑厚度控制因素，未对焊接工艺评定试件进行剖切测量，见图 5－24、图 5－25。工厂仅靠经验判断厚度是否满足规范要求，这样做存在的质量隐患是，要么厚度不够进而不能满足防腐要求，要么厚度太厚造成浪费。

图 5－25　垫环槽堆焊

经监理组与生产厂进行沟通，形成质量控制措施：堆焊评定应充分考虑厚度控制因素，评定试件剖切测量，纳入焊接工艺评定结论中；做好堆焊前机加工以及堆焊后最终机加工的详细尺寸记录，利用尺寸差准确控制堆焊厚度；利用既有的数字式超声波检测仪，从本体基层对堆焊层厚度进行检测的工艺评定并制作检测试块，可用于快捷检测堆焊层厚度；加强与业主投产前的技术沟通，对直接采用耐腐蚀材料还是在基体钢材堆焊进行充分设计评估，达到既能满足业主使用要求，又能控制制造成本，体现较好的经济效益。

(4)表观缺陷

1)毛刺

巡检发现部分毛刺问题如图5－26所示。

(a) 外螺纹表面有毛刺　　(b) 螺纹孔螺纹表面有毛刺

图5－26　毛刺

2)磕碰

巡检发现部分磕碰问题如图5－27所示。

(a) 采油树帽本体螺纹磕碰　　(b) 组合阀阀体磕碰　　(c) 套管四通磕碰

图5－27　磕碰

3)压痕

巡检发现部分压痕问题如图5－28所示。

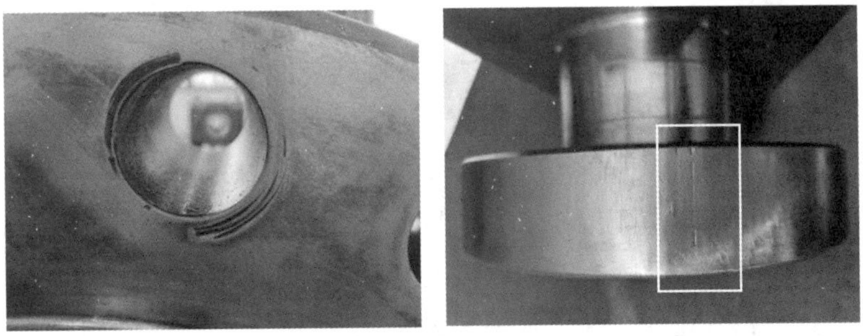

(a) 阀体螺栓孔压痕　　(b) 阀体法兰端面有压痕

图5－28　压痕

4)划伤

巡检发现部分划伤问题如图5－29所示。

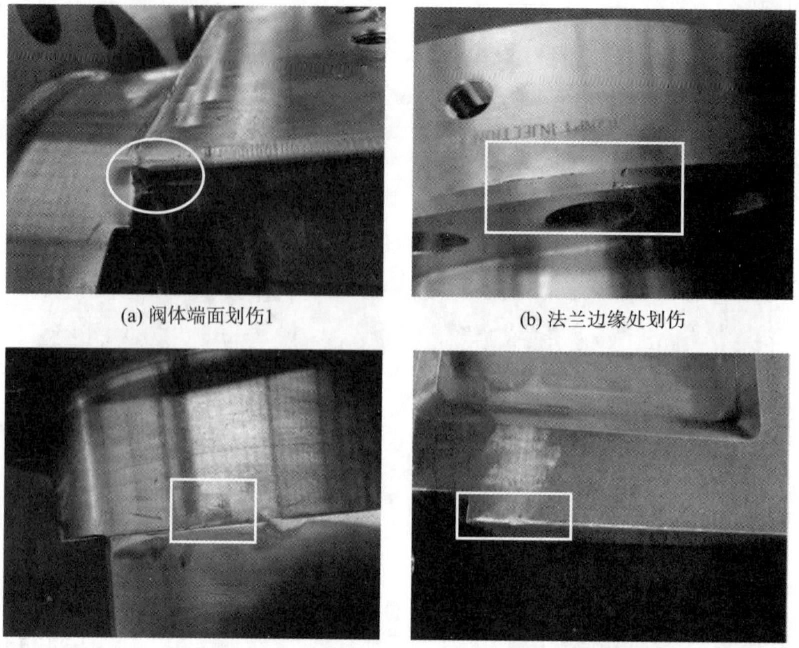

(a) 阀体端面划伤1　(b) 法兰边缘处划伤

(c) 阀体端面划伤2　(d) 阀体端面划伤3

图 5－29　划伤

针对上述表观缺陷，监理组及时联系生产厂对缺陷处进行修磨，测量尺寸符合图纸要求。并责令厂方质检人员加强检查，避免此类问题再次发生。

(5)油漆问题

1)附着力不符合要求

设备监理工程师检查发现 3 件套管四通、3 件油管四通、1 件升高管喷漆漆膜未完全固化且附着力不符合要求[图 5－30(a)]，需生产厂对不合格喷漆的产品进行整改。

首先，厂方对部件进行烘干处理，设备监理工程师对漆膜再次进行检查，发现漆膜还未彻底干透并且附着力达不到要求。厂方将此问题反馈给油漆原厂，油漆原厂亲自进行检测处理，然后再作出最终整改计划方案。

其次，工厂对喷漆不合格部件进行扒漆重新喷漆处理，并邀请油漆原厂技术人员来工厂指导分析原因，工厂最终修改原有喷漆工艺，重新对不合格产品进行喷漆。工厂对新的喷漆工艺出具文件说明。

重新喷漆后，工厂与油漆原厂技术人员判断此次喷漆符合要求，监理人员检查了油漆厚度与附着力[图 5－30(b)]，检查结果符合工厂喷漆新工艺要求。工厂对同批产品不同喷漆工艺与质量进行技术说明，并出具技术文件。

2)油漆厚度不符合要求

a. 设备监理工程师对底漆厚度进行检查，发现在法兰处存在厚度 $<60\mu m$ 的情况，不满足 GB/T 31415—2015《色漆和清漆　海上建筑及相关结构用防护涂料体系性能要求》的要求，需要对油漆进行重新喷涂。喷漆后需要监理组重新确认后方可进入下一道工序。

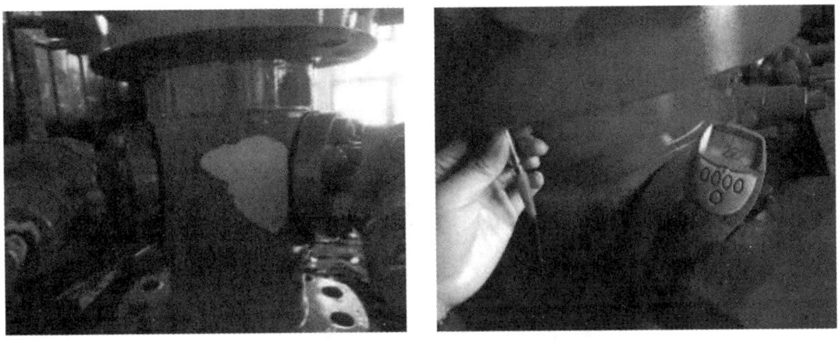

(a) 油漆脱落　　(b) 油漆厚度检测

图 5－30　采油树法兰油漆破损

b. 设备监理工程师对组合阀油漆干膜厚度进行检查，油漆已刷过底漆与中间漆，抽查厚度最低为 115μm。工厂工艺文件要求：底漆厚度为 140 ~ 180μm，中间漆厚度为 80 ~ 120μm，此时厚度应为 220 ~ 300μm，厚度不符合工厂油漆工艺要求，如图 5 －31 所示。采用中间漆二次喷涂方式进行补救，再次检查后油漆厚度满足工厂的油漆工艺要求。

c. 设备监理工程师抽检套管四通油漆厚度，油漆厚度均小于 350μm，抽检结果均不符合 GB/T 31415—2015 及工厂工艺要求，要求工厂重新喷涂油漆。监理组对重新喷涂的套管四通进行油漆厚度复检，复检结果均大于 350μm，符合要求。

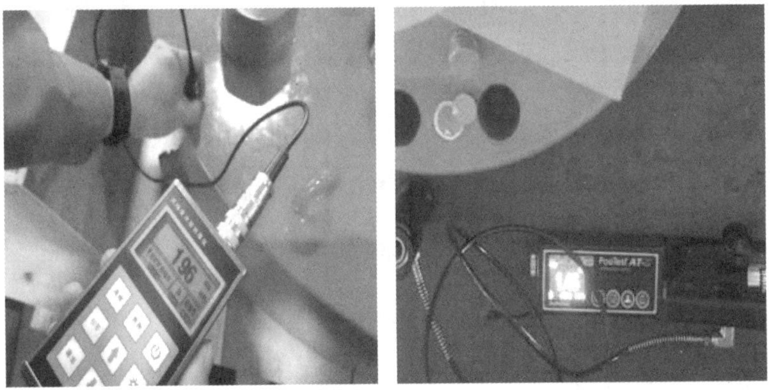

图 5－31　油漆厚度检查

3）油漆脱落

某厂多套井口装置在海上平台安装约一个月后，发现油漆脱落并发生严重锈蚀，如图 5 －32 所示。由于井口装置服役时间短，排除维护、保养因素，问题的根源初步判断为井口装置产品出厂验收不合格。

根据现场调研分析，监理组初步认为油漆脱落问题的直接原因是油漆附着力不足，间接原因为从事油漆喷涂人员规范操作意识不足，密封包装存在缺陷，质量监管不严格。根据原因针对性地制定整改措施，结合现场生产工序，总结了油漆喷涂质量控制手段并指导生产厂整改提升。

图 5 - 32　井口装置油漆脱落情况

4) 油漆破损

巡检发现油漆破损问题如图 5 - 33 所示。

图 5 - 33　采油树法兰油漆破损

针对此类问题，监理组立即联系生产厂对该部分进行补漆，并责令工厂质检人员加强检查，避免此类问题再次发生。

(6) 标识铭牌问题

1) 钢印问题

a. 节流阀阀体钢印缺失。设备监理工程师对外协加工产品节流阀阀体尺寸抽检时，发现阀体表面阀体流向标识未加工，且阀体侧面型号钢印未加工(图 5 - 34)，不符合生产厂加工图纸要求。监理组对同批共 5 个阀体进行了检查，均有此问题。故要求厂方对本批次节流阀阀体暂不转入下一道工序，并将此问题告知生产厂质量部。生产厂质量部回复对阀体立即进行返工，并在返工完成后通知监理组见证。监理组见证返工过程与结果，确认返工后阀体符合图纸要求，此问题关闭。

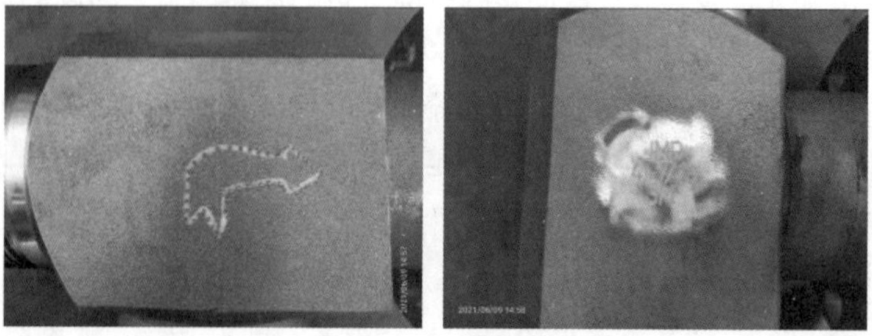

图 5 - 34　节流阀阀体钢印缺失

b. 双联阀阀体钢印错误。设备监理工程师对外协加工双联阀本体尺寸抽检时，发现双联阀法兰处流转钢印中关于阀体温度级别打印错误，打印为“LU”（生产厂要求为“PU”），不符合厂方生产要求。监理组要求双联阀本体暂不转入下一道工序，并将此问题告知生产厂质量部。生产厂质量部回复对此双联阀本体立即进行返工，监理组见证其钢印返工后标识，符合生产厂生产要求，其他尺寸均在图纸公差要求范围内，此问题关闭。

c. 平板阀阀体钢印错误。设备监理工程师对平板阀阀体抽检时，发现其流转钢印追溯编号打印错误，与同批次平板阀阀体打印重复，不符合生产厂图纸要求。监理组对同批次平板阀进行检查，追溯编号均在图纸要求范围。要求厂方对平板阀阀体暂不转入下一道工序，现场立即进行返工。监理组见证其返工过程，返工后追溯编号符合图纸要求，其他尺寸均在图纸公差要求范围内，此问题关闭。

d. 组合阀阀体钢印错误。设备监理工程师在生产巡检中发现有1个组合阀阀体其下法兰处钢印打印错误，如图5－35所示。监理人员立即联系工厂对钢印进行修改，并责令工厂质检人员加强检查，避免此类问题再次发生，此问题关闭。

图5－35　组合阀阀体钢印错误

e. 套管四通钢印错误。设备监理工程师在核查切边套管四通本体钢印标识时，发现切边套管四通下法兰钢印“密封 $9\frac{5}{8}$”有误，与实际不符，钢印应为“$13\frac{3}{8}$”，如图5－36所示。厂方已对原钢印标识进行了修磨，重新打印，打印效果良好，钢印清晰可见，符合实际情况及相关要求。监理组要求厂方要更注重细节性质量，避免类似失误。

图5－36　套管四通钢印错误

2）铭牌错误

a. 设备监理工程师在核查底层套管四通铭牌信息时，发现铭牌显示“制造日期：10/2021”。监理组随即现场指正了其不符合逻辑，现已重新制作铭牌“制造日期 01/2022”，如图 5－37 所示。监理组要求厂方相关人员对此类信息应加强核查，以防止与实际不符的情况发生。

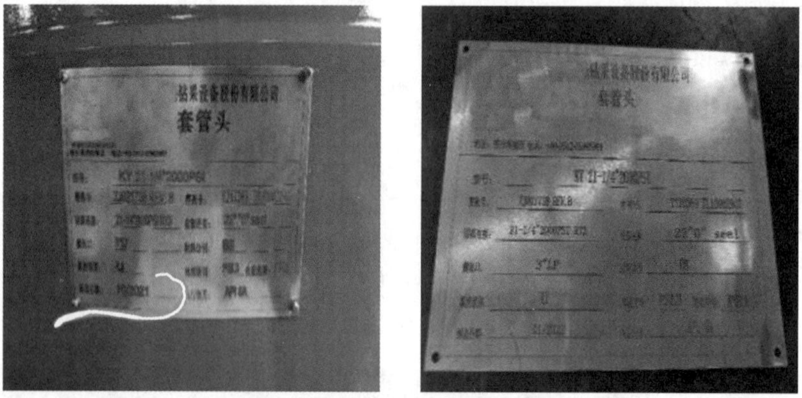

图 5－37　套管头铭牌信息错误

b. 设备监理工程师在核查套管四通铭牌信息时，发现铭牌显示“套管切割高度：12.0－125.0mm”。设备监理工程师随即现场指正了其不符合逻辑，后厂方已重新制作铭牌“套管切割高度：120.0－125.0mm”，如图 5－38 所示。

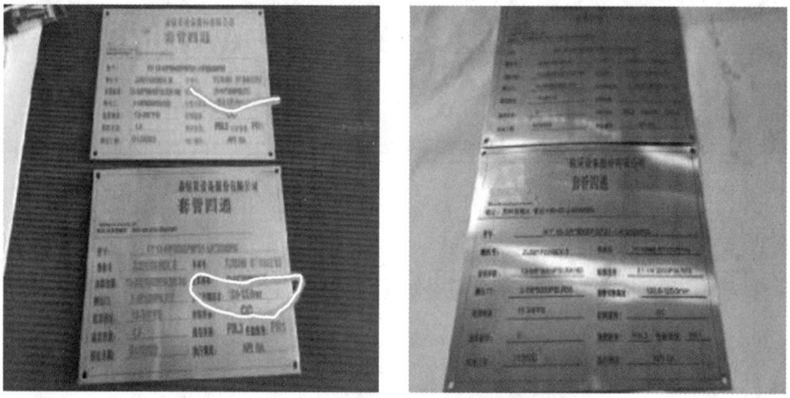

图 5－38　套管头铭牌信息错误

c. 设备监理工程师在核查采油树总成铭牌信息时，发现铭牌信息备注井号“A18”与实际要求“A18H”不符，监理组表示应以项目实际井号名称为准。厂方答复由于相关操作人员打印失误导致，将修正为实际对应井号“A18H”，如图 5－39 所示。经修复后核查，铭牌信息清晰、完整且无误，符合相关质量控制要求，可追溯。

针对上述类似问题，监理组要求厂方后续要更注重细节性问题。厂方表示，后续将加强细节化管理，持续提升质量控制要求。

3）刻度被油漆覆盖

设备监理工程师在核查油嘴刻度盘外观时，发现刻度盘有油漆局部覆盖，不利于清晰读取，如图 5－40 所示。厂方安排人员对刻度盘进行了清洗，经检验，清洗后外观良好，符合要求。

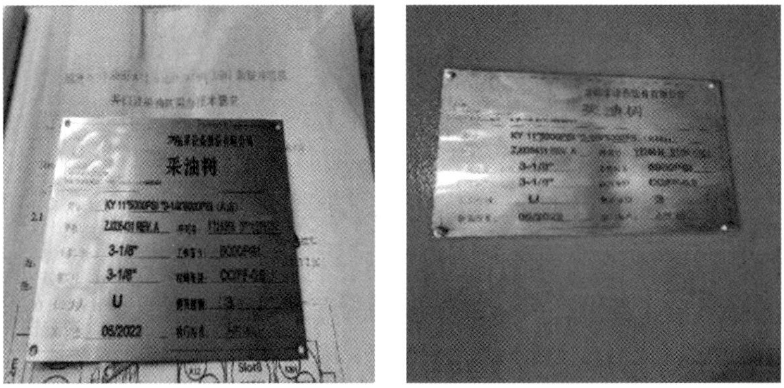

图 5－39　采油树铭牌信息错误

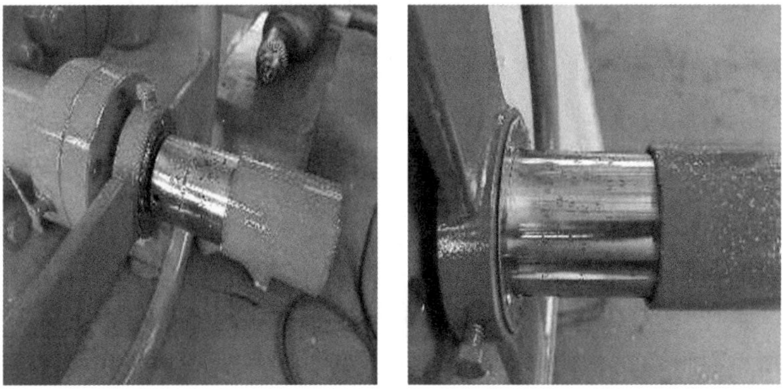

图 5－40　油嘴刻度被油漆覆盖

5. 3. 9　生产厂试验类问题

（1）试验规程规范问题

1）电机试验规范问题

某电控采油树生产过程中，电动执行机构为外购成品。设备监理工程师对生产厂及其供货商的电机试验规范进行系统性检查。在检查过程中，发现如下问题：

a. 带载温升试验规范缺失；

b. 出厂检验规范书，无文件编号，出厂测试内容不全；

c. 引用的国标已作废；

d.《出厂试验记录单》与出厂测试规范书内容不一致。

经过沟通协调，生产厂及其供货商先进行编写并完善规范，完成后提交监理组审核，审核合格后严格按照审核后规范进行试验，试验合格后方可发货。

2)电动执行器试验问题

设备监理工程师对生产厂《气、液驱动器试验规程》进行审核时，发现厂方没有电动油嘴试验的规程，电动执行器到货后只是进行组装发运，未进行任何功能测试、联合调试等，监理组要求生产厂进行必要的测试，并出具相关规程。后续，生产厂重新提交了《气、液、电动驱动器试验规程》，监理组对其进行审核，发现问题如下：

a. 引用标准名称错误；

b. 部分记录要求不全；

c. 若能将电动执行器与压力变送器联调，需进行联调；

d. 功能测试只要求本体、手动、模拟信号、遥控的任意一种即可，监理组认为需进行全部试验(若无法实现也必须进行模拟信号与手动调节两种)。

生产厂提交了修改后的《气、液、电动驱动器试验规程》，经监理组审核无异议，此问题关闭。

(2)试验不符合标准要求

1)水压试验压力不符合 API 6A 要求

水压试验 21MPa 阀门初始试验压力超过试验压力 5%，生产厂对此进行了说明：厂方试压使用的手动泵升压，由于 21MPa 平板阀容积小，升压速度快，在开压时初始压力出现超过试验压力 5% 的情况。本批产品密封试验时最高压力为 23.2MPa，按照标准要求，本体强度试验压力为 41.4MPa，故 23.2MPa 在安全范围，对阀门质量不会产生影响。此外，厂方承诺：如果因上述问题造成用户安装使用过程中出现质量问题，由厂方承担责任。

2)水压试验流程不符合 API 6A 要求

某次水压试验在第二次保压前，未能将压力降至零，不能满足 API 6A 要求。后续，工厂已根据监理组提出的问题进行了报告的修正，并提升了试验质量把控。

(3)试验不合格

1)水压试验保压不合格

两组采油树组合阀的安全阀工厂阀座试压过程中发现：

a. 试压曲线达到压力要求值，但不稳压，生产厂重复此过程多次，其中三次稳压保压合格，但是三次不连续；

b. 安全阀驱动器泄压时压力会突然升高再下降。

对于以上两项问题，厂方现场操作人员认为是合格的，监理组对此提出异议并与生产厂技术部沟通，要求对安全阀进行拆装重组检查，然后再进行重新试压。

后续，生产厂多次对安全阀进行拆卸检查，并重新试压，并对试压不稳压情况与驱动器原厂进行技术沟通，驱动器原厂也对此进行技术支持说明。生产厂重新检查组装试压后安全阀，压力值与保压时间符合技术要求，但泄压过程中还是会出现压力升高现象，厂方认为此情况属于正常现象，对此问题进行技术说明并出具报告。

最后，根据 API 6A 标准要求，阀座试压过程中压力值与保压时间符合标准要求，且全程无泄漏现象，由此判断阀座密封是符合标准要求的。

2)水压试验泄漏

采油树阀盖组件静水压测试过程中，测试压力无法达到标准要求的压力值时，即出现泄漏，泄漏位置位于安全阀的阀盖位置。经核实，驱动器供应商提供的阀盖尺寸和生产厂要求的尺寸不符合，尺寸超差1mm左右，导致密封失效，产生泄漏。生产厂和驱动器供应商取得联系，驱动器供应商已重新加工对应的驱动器阀盖，此问题关闭。

3)水压试验压力值错误

设备监理工程师在现场见证水压试验时，发现厂方对压力要求21MPa的平板阀错误地采用35MPa的方法进行静水试压，监理组判断此操作可能会造成零件损坏。

经与生产厂沟通，厂方给出解释：由于本厂平板阀52-21与52-35系列属于同一种阀门，均可使用35MPa或者21MPa进行试压，根据连接产品的试压要求进行选择21MPa或者35MPa。

4)阀体探伤缺陷

闸阀阀体磁粉探伤过程中，发现有2件闸阀阀体阀腔内部有线性缺陷，超出检验规范和验收规范范围。

监理组表示拒收。并建议此2件闸阀阀体做报废处理，不考虑技术性修复。并通知厂方开辟绿色通道，15d内提供相关毛坯，以满足按期交货需求，厂方接受。监理组提出后续预防措施：AISI 410SS不锈钢在锻造、热处理、机加工、无损探伤方面均具有一定难度，要求厂方继续提高相关工艺，以降低质量风险。

5.4 质量控制方法应用实践

5.4.1 过程能力分析应用

在某次采油树制造监理中，监理组在原材料化学成分复检见证后对化学成分复检报告进行审核，发现部分检测数据超过原材料标准规定Mn含量的范围。由于采油树对原材料的屈服强度、抗拉强度、伸长率、断面收缩率等材料性能有着特殊要求，考虑材料中Mn含量会影响材料的抗磨性及其他物理性能，为了确保采油树质量达到预期要求，监理人员对原材料Mn含量进行过程稳定性及过程能力分析。

(1)样本数据的收集与整理

由于化学成分分析复检按热处理炉批进行检测，因此从同一生产线采集25组4130原材料Mn含量检测数据样本，然后每个子组选取4个同炉批样本，收集整理后的数据如表5-5所示(i表示样本子组数)。

表 5－5　原材料 Mn 含量检测数据

样本序号	w/%					
	x_{i1}	x_{i2}	x_{i3}	x_{i4}	子样本均值$\overline{X}_i$	子样本极差 R_i
1	0.565	0.564	0.563	0.551	0.561	0.014
2	0.585	0.582	0.591	0.583	0.585	0.009
3	0.578	0.574	0.575	0.572	0.575	0.006
4	0.539	0.541	0.534	0.545	0.540	0.011
5	0.574	0.572	0.565	0.572	0.571	0.009
6	0.567	0.573	0.564	0.581	0.571	0.017
7	0.559	0.575	0.562	0.562	0.565	0.016
8	0.539	0.543	0.554	0.545	0.545	0.015
9	0.590	0.610	0.582	0.581	0.591	0.029
10	0.570	0.593	0.565	0.573	0.575	0.028
11	0.549	0.545	0.547	0.553	0.549	0.008
12	0.575	0.553	0.572	0.566	0.567	0.022
13	0.568	0.583	0.569	0.562	0.571	0.021
14	0.563	0.562	0.556	0.561	0.561	0.007
15	0.575	0.583	0.567	0.584	0.577	0.017
16	0.589	0.584	0.577	0.592	0.586	0.015
17	0.567	0.552	0.573	0.571	0.566	0.021
18	0.583	0.574	0.612	0.586	0.589	0.038
19	0.547	0.541	0.543	0.556	0.547	0.015
20	0.565	0.572	0.573	0.564	0.569	0.009
21	0.578	0.565	0.568	0.579	0.573	0.014
22	0.566	0.553	0.575	0.552	0.562	0.023
23	0.570	0.591	0.582	0.567	0.578	0.024
24	0.577	0.552	0.567	0.562	0.565	0.025
25	0.540	0.563	0.554	0.539	0.549	0.024

（2）质量控制数据的处理与分析

根据原材料复检过程所抽样的数据，利用 Minitab 软件进行稳定性检验和过程能力分析，具体结果如图 5－41 所示。

1）正态性检验。由正态概率图可知数据沿着拟合分布线附近分布，个体分布拟合良好，$P=0.174$，大于 0.05，数据为正态分布，具备进行过程能力分析条件。

2）控制图分析。极差控制图处于控制状态。均值控制图不受控，存在 9 个点距离中心线超过 3 个标准差，均值控制图非受控率为 36%，过程处于非受控状态。超界限点说明

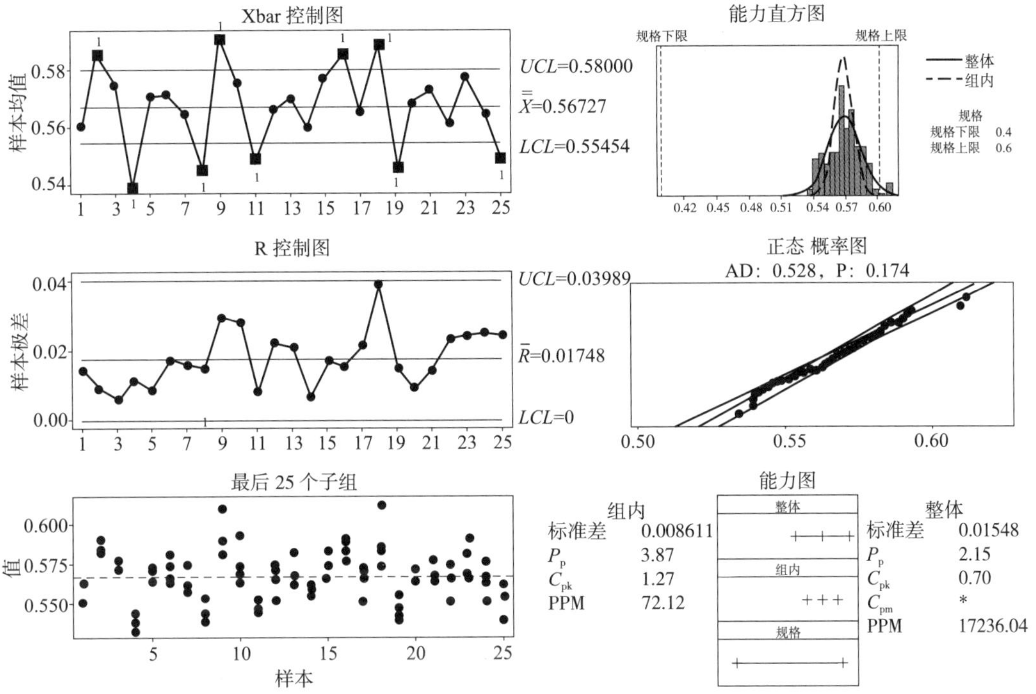

图 5－41　原材料 Mn 含量的 Process Capability Sixpack 报告

Mn 含量高，超过正常控制水平。

3) 观测性能检查。“最后 25 个子组”图表明数据在过程均值附近随机且对称地分布。直方图显示有锯齿状，Mn 含量控制偏高且存在超上限炉次，出现中心上偏移，表明不同时期或人员操作存在差异性。整体实曲线与组内虚曲线的紧密程度存在很大差异，表明过程不稳定，子组间存在明显变异。

4) 性能指数分析。数据正态性检验合格，过程不受控，无法直接分析 C_p 和 C_{pk}；过程性能指数 $P_p=2.15$，$P_{pk}=0.7$，过程能力不足，且趋中性存在较大偏差。导致过程性能指数低的主要原因是 Mn 含量控制偏高、波动大以及特殊原因的波动较多，受不同炉批的差异性影响较大。

(3) 结果处理

由上述分析可知，过程处于非受控状态，过程能力不足，存在 Mn 含量不合格的现象。为了避免原材料 Mn 含量不达标影响采油树质量，监理组立即联系生产厂进行处理。主要原因为工厂关于 4130、4140 材料 Mn 含量的企业标准与标准 ASTM A29/A29M 规定不一致，后工厂出具了关于材质标准的澄清说明，澄清说明中表明了更改原因、历史业绩等，并愿意承担因化学成分更改引起的责任。在厂方原材料企业标准符合 API 6A 标准要求的前提下，检验样本的 Mn 含量均满足要求。在对趋中性不良的过程改进参数均值位置，采取加强检验操作规范、减少人员设备测量误差等措施以减少波动后，可认为原材料 Mn 含量满足业主对采油树原材料成分的要求。

过程能力分析极大地发挥了数理统计对质量控制的指导作用，弥补了传统设备监理模式对过程控制不足的短板，从而降低采油树产品的检验成本，提前预防生产制造过程中不合格品的出现，有效提高产品的合格率。

5.4.2 质量控制图应用

(1)质量控制样品的选择

由于采油树电动节流阀处在无人值守的海上平台工作，要求执行机构在恶劣工况下仍能正常使用，温升指标尤为关键。因此选取电动执行机构满载运行 30min 的温升数据作为质量控制数据。收集数据的时间应足够长，两次测试之间应间隔一定时间，确保变差原因有机会出现，测量时严格控制环境温度，采用同一台扭转测试台和红外线测温仪，检验人员与测量方法和部位保持一致。温升质量控制数据为：31.7℃、34.5℃、34.7℃、35.6℃、30.8℃、34.5℃、36.3℃、30.6℃、33.7℃、32.2℃、35.4℃、35.6℃、37.2℃、35.4℃、34.7℃、35.4℃、36.2℃、32.7℃、33.5℃、32.7℃、35.3℃、32.3℃、30.7℃、36.3℃、31.3℃。

(2)质量控制数据的处理

在用控制图进行稳定性分析和控制时，数据必须呈现合理的正态分布，严重偏离正态分布情况可能会导致分析过程出现错误报警。通过 Shapiro - Wilk 检验法对质量控制数据进行正态分布检验，W 检验结果如图 5 - 42 所示，在 $\alpha=0.05$ 的检验水准下，质量控制数据总体服从正态分布($W=0.932$，$P=0.095>0.05$)。

	柯尔莫戈洛夫-斯米诺夫[a]			夏皮洛-威尔克		
	统计	自由度	显著性	统计	自由度	显著性
×1	0.165	25	0.079	0.932	25	0.095

a. 里利氏显著性修正。

图 5 - 42 Shapiro - Wilk 检验结果

采用 Grubbs 检验法对数据进行检验，剔除可疑值。计算出平均值 $\bar{x}$ 为 33.972，标准差 s 为 1.99，根据平均值和标准差计算出检验最小值 G_{min} 为 1.69，检验最大值 G_{max} 为 1.62。查询 Grubbs 检验临界值表可知 G95(25) = 2.663，G_{min} 和 G_{max} 均小于 2.663，所以质量控制数据无离群值，检验合格。

(3) $I-MR$(单值 - 移动极差)控制图

温升试验在严格控制试验变量的情况下任何时刻点的输出性质比较一致，这种情况下，组内变差实际上为 0，子组中没有连续的数据只有独立观测值，因此使用 $I-MR$ 控制图，在不将测量数据分成子组的情况下监控过程水平(均值)和过程变异(移动极差)，检测是否存在特殊原因。

由质量控制数据计算出移动极差的平均值 $\bar{R}=2.35$，根据 GB/T 17989.2—2020《控制图 第 2 部分：常规控制图》的方法，$I-MR$ 控制图中心线 CL 为数据平均值 $\bar{x}$，查表可知 $E_2=2.66$，从而得出上控制限 $UCL_I=CL+E_2\bar{R}=40.22$，下控制限 $LCL_I=CL-E_2\bar{R}=$

27.72；上警戒限 $UWL_{\mathrm{I}}=CL+\frac{2}{3}E_2\overline{R}=38.14$，下警戒限 $LWL_{\mathrm{I}}=CL-\frac{2}{3}E_2\overline{R}=27.72$；MR 控制图中心线 CL 为移动极差的平均值 $\overline{R}$，查表可知 $D_3=0$，$D_4=3.27$，从而得出上控制限 $UCL_{\mathrm{MR}}=D_4\overline{R}=7.68$，下控制限 $LCL_{\mathrm{MR}}=D_3\overline{R}=0$，上警戒限 $UWL_{\mathrm{MR}}=\overline{R}+\frac{2}{3}(D_4\overline{R}-\overline{R})=5.90$。根据上述结果绘制温升数据的单值－移动极差质量控制图，结果如图 5－43 所示。

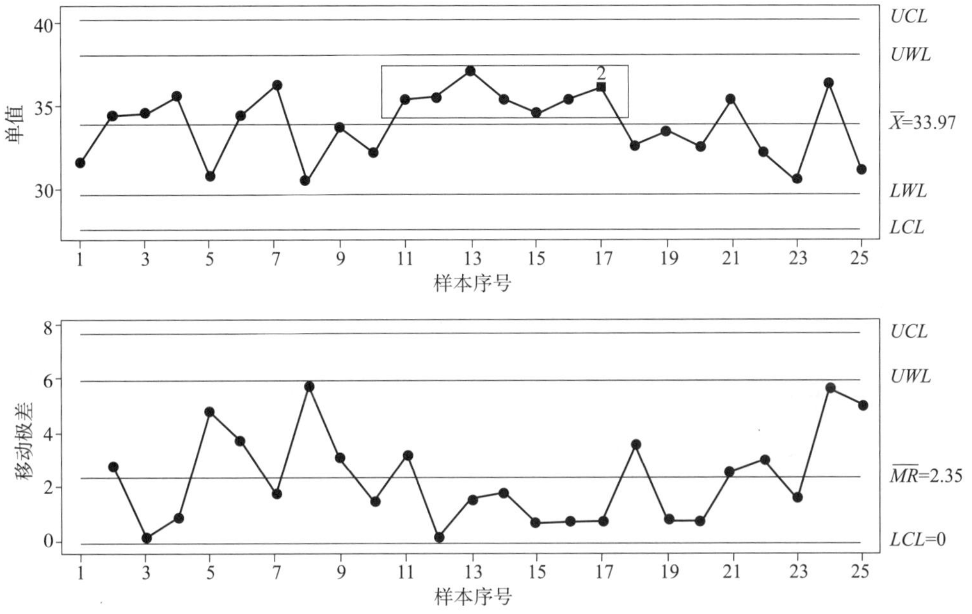

图 5－43　温升数据的 $I-MR$ 控制图

（4）结果分析

根据控制图判定过程处于控制状态须同时满足两条标准：

1）控制图上的点不超过控制界限：连续 25 点以上处于控制界限内；连续 35 点中，仅有 1 点超出控制界限；连续 100 点中不超过 2 点超出控制界限。

2）控制图上点的排列没有缺陷：排列分布形态未出现“链”“偏离”“倾向”“周期”“接近”等异常情况。

图 5－43 中，MR 控制图中 25 个样本的温升数据移动极差均未超出上、下控制限，控制图上点的分布无异常现象，满足受控状态的两个标准；$I-MR$ 控制图中所有控制数据均落在警戒限之内，但点 2 为连续出现在中心线 CL 一侧的第 7 个点，点的排列出现“链”的异常形态，不满足第二条标准，$I-MR$ 控制图处于非控制状态。满载运行 30min 温升均不超过 45℃，从图中可以看出，所有数据均在正常范围内，均为合格产品，但其控制图已处于异常状态，需要及时识别潜在的不符合因素，采取纠正措施，使过程再次处于控制状态。

为了避免出现不合格产品，监理组立即联系供货商查找原因，发现样本 11～17 在进行空载 30min 温升试验后未完全冷却，导致满载 30min 温升数据偏高。人为失误属于偶然性因素，在及时整改、加强试验人员规范操作后，可认为产品处于控制状态。只有当过程发生变化时，才需要重新估计控制限制，重新建立控制图，在保持相对固定的情况下监控过程或评估过程控制。如果过程未出现重大工艺调整，分析系统没有实质性变化，此控制图可长期使用。

通过对温升试验的质量控制，说明了质量控制图在电动执行机构制造监理的应用场景，确保产品质量特性的分布不随时间变化、生产过程或工作过程只受偶然因素的影响，处于受控状态，实现了对试验过程的长期监督，从而提升产品质量。

5.4.3 鱼骨图应用

某海上平台井口装置在安装一个月后，发现多套井口装置油漆脱落并发生严重锈蚀，现场油漆脱落情况如图 5 – 44 所示。由于井口装置服役时间短，排除保养、维护质量因素，问题的根源初步判断为井口装置产品质量不合格。

图 5 – 44　井口装置油漆脱落

(1) 原因分析

针对现场发现的油漆脱落质量问题，监理组结合生产厂实地生产现状深入调查，通过对产品制造、安装、调试、喷涂等过程进行分析，认为本次油漆脱落可能原因主要有以下几方面：

1) 喷漆工在喷漆前对产品喷漆表面的清洗处理不到位，表面可能还存在残留的水分、油脂，导致后续喷漆后附着力差。

2) 油漆喷涂施工过程没有严格按照喷漆工艺执行，底漆、中间漆、面漆喷涂间隔时间不够，导致油漆干燥度不达标。

3) 油漆未完全烘干就装箱发货，加上包装箱密封性较好，在后续运输途中，在密闭的包装箱内产生高温水蒸气，从油漆表面侵入产品金属表面，导致油漆底漆和金属表面附着力降低，残留在金属表面的水蒸气后续将导致金属表面生锈。在平台安装后，遇到表面附着泥浆等物质后，更容易脱落。

由现场调研分析可知，附着力不良是油漆脱落问题的关键因素，因此采用结果分解型鱼骨图对油漆附着力不良进行原因分析，不断追问结果发生的原因。按七大因素分为 7 个大枝，再分别找它们的影响因素作为中枝、细枝、小枝，系统地把握各因素之间的关系。按鱼骨图的原理，基于“人、机、料、法、环、测、管”7 个主要因素，绘制了包含 39 个可能导致油漆附着力不良的子因素鱼骨图，如图 5 – 45 所示。

图 5 – 45 中的“人”即参与油漆喷涂过程的全部工人，包括调漆工、搬运工以及喷漆工；“机”是指喷漆施工使用的所有工具，包括配漆用秤、油漆搅拌机和烘干炉；“料”即喷漆的对象以及所用的油漆等材料；“法”即油漆作业相关的工艺操作规程；“环”即油漆存储及喷漆施工环境；“测”即油漆作业涉及的检验检测；“管”即生产厂的质量管理制度以及第三方监理单位的监理细则等。

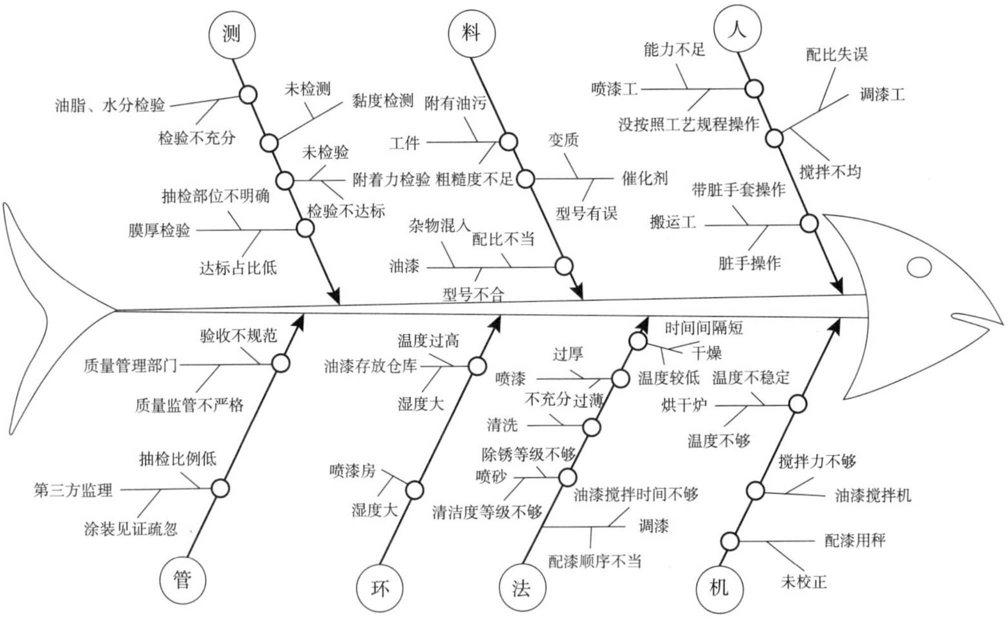

图 5－45　油漆附着力不良鱼骨图

(2) 质量控制措施

根据现场调研及鱼骨图分析，找出了油漆质量问题的可能原因，此次油漆脱落问题的直接原因是油漆附着力不足，间接原因为从事油漆喷涂人员规范操作意识不足，密封包装存在缺陷，质量监管不严格。根据原因制定针对性的整改措施，结合现场生产工序，梳理总结以下油漆喷涂质量控制手段。

1) 表面处理检查

a. 在表面处理之前，清除掉所有可能影响涂层的表面瑕疵，如锯痕、毛边、焊熔金属飞溅、碎片、轧屑、尖角等，可采取大范围研磨以获得一个无棱角及无尖锐突起的表面。

b. 用干喷砂进行清洗，喷砂后的工件表面清洁度应达到 Sa2.5 级，表面应清洁、干燥、无污、无剥落屑片、无油迹、无氧化物、铁锈等其他污染物，达到规定的表面粗糙度和清洁度。喷砂清洗后表面的灰尘、磨蚀剂应清理干净。

c. 喷砂完工后，应除去喷砂残渣，使用无油、无水分的压缩空气吹去表面灰尘。喷砂处理后的表面应尽快喷涂底漆，喷砂完毕后与喷涂之间的时间间隔不宜超过4h，若由于特殊原因停留时间过长致使表面污染或返锈，应重新处理达到要求的表面清洁度等级后再进行喷涂。

2) 喷涂质量检查

a. 在审核生产厂制订的喷涂工艺，包括油漆牌号、涂层数量、漆膜厚度、涂层颜色等与合同技术规格书相符后，需重点检查油漆质量证明文件、有效期及储存情况。

b. 喷涂的环境对油漆喷涂的质量有较大的影响，应在清洁、干燥、空气流通及光线充足的室内场地进行。需注意气候变化，在空气湿度达到饱和时的表面温度至少为3℃，相对湿度在85%以下。不能在刮风、下雨、下雪、有雾、潮湿、风沙天气进行，如有环境条件不允许进行喷涂作业时，应通知生产厂采取必要措施或停止相应工作。

c. 油漆的喷涂应按各油漆牌号的工艺要求进行，应对油漆喷涂过程进行见证，具体见证方法如表5－6所示。

表5－6　油漆喷涂过程见证

<table>
<tr><th>序号</th><th>工序</th><th>工序内容</th><th>见证方法</th></tr>
<tr><td>1</td><td>清洗</td><td>清洗产品表面油污</td><td>油脂、水分检验</td></tr>
<tr><td>2</td><td>防护</td><td>对不需要喷涂的区域进行防护</td><td>检查焊接坡口端以及裸露的杆件、不锈钢件、塑料及橡胶制品件、加工的配合面等防护情况</td></tr>
<tr><td>3</td><td>喷砂</td><td>清理产品表面锈蚀，获得较好的喷涂表面</td><td>检查除锈、粗糙度、清洁度等级</td></tr>
<tr><td>4</td><td>调漆</td><td>按照配比要求进行调配</td><td>黏度检测</td></tr>
<tr><td>5</td><td>喷底漆</td><td rowspan="3">(1)测量喷涂环境
(2)难喷涂的区域进行预涂处理
(3)加热干燥
(4)完全固化后进行下一阶段喷涂</td><td rowspan="3">(1)压缩空气检测
(2)外观检验
(3)膜厚检验</td></tr>
<tr><td>6</td><td>喷中间漆</td></tr>
<tr><td>7</td><td>喷面漆</td></tr>
<tr><td>8</td><td>完工检验</td><td>(1)外观检验
(2)漏涂检验
(3)膜厚检验
(4)附着力检验</td><td>(1)检查外观无漏涂、流挂等缺陷
(2)对漆膜厚度及附着力进行抽检</td></tr>
</table>

d. 见证过程中要检测涂层表面是否有任何瑕疵，涂层必须均匀，没有任何凹陷、流纹、斑点、损坏或污染物，如果一旦有上述现象出现，要立即清除并重新喷涂受影响区域，新油漆部分与老油漆应良好过渡。每一层涂层都必须将所需喷涂区域完全覆盖，在每次涂层时都要测量湿涂层的厚度，以确保能达到干涂层的厚度要求。在每一层漆固化干燥后才可后续喷涂。

e. 喷漆后应对油漆最终外观进行检查，表面需要做肉眼检测以查看表面清洁状况和表面轮廓情况，必须干燥、固化、充分保护以免在运输过程中导致损坏。

5.4.4　系统化优化策略的应用

为了减少监理过程中的问题数量及种类，通过水面井口装置和采油树监理实践分析，探索减少设备监理质量问题的有效策略，旨在从源头控制质量，提高精细化管理水平。

(1)监理质量问题分析

1)现场调研

为提高设备监理管理效率，减少监理质量控制中问题的数量，提升监理质量管理水平，通过井口装置和采油树现场监理情况调研，将近三年发现的现场问题进行分类，并计算所占比例，如表5－7所示。

表 5－7 监理问题统计表

问题名称	问题分类	问题数量	问题占比/%
厂方资质问题	资质类	19	7. 2
人员证书问题	资质类	20	7. 6
功能试验问题	试验类	45	17. 1
质量控制	质量文件类	28	10. 6
报告问题	质量文件类	17	6. 5
合同执行问题	合同执行类	8	3
仪器仪表问题	现场生产类	12	4. 6
机械加工问题	现场生产类	21	8
标识问题	现场生产类	41	15. 6
生产问题	现场生产类	52	19. 8

针对监理过程中发现问题的种类及数量进行分类，近三年监理过程发现的问题可分为资质类（14. 8%）、试验类（17. 1%）、质量文件类（17. 1%）、合同执行类（3%）及现场生产类（48%）。

2）原因分析

由于现场生产质量控制的主体为生产厂，现场生产问题属于人员、设备等状态的突发情况，设备监理在其中发挥的作用不大，不宜进行控制。基于现场调研结果，结合设备监理服务自身的特点，合同执行、质量文件、功能试验和资质不符这四类监理问题可通过采取一定手段进行控制。为了设备质量、生产进度达到预期，讨论可能影响产品质量的原因，通过原因分析图对"监理过程发现问题较多"这个症结的层层剥离和剖析，确定了以下这 14 个末端原因，如图 5－46 所示。

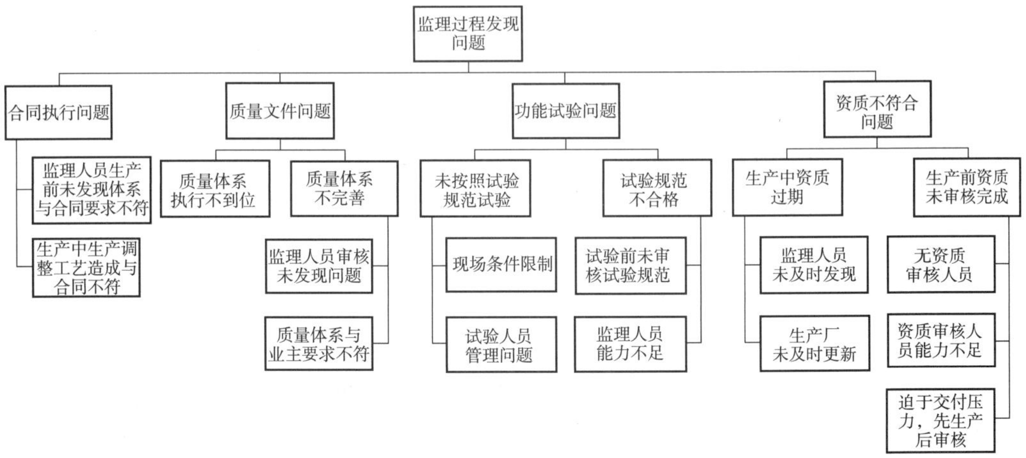

图 5－46 原因分析树图

通过进一步现场调查分析，确认问题产生原因、人员配备及技术运用情况，得到人员结构不合理、监理管理问题以及监理技术问题为主要原因。

a. 人员结构不合理：前期质量管理体系、人员设备等资质审核工作量大，而人员数量不足；生产中的监理工作量小，人员数量却冗余；人员能力不足以满足兼任质量体系审核和现场监造的需求。

b. 监理管理问题：监理时机滞后，导致监理问题数量增加。具体表现在生产厂质量体系、人员设备资质证书未审核完成便进行生产；工艺文件未与业主技术要求核对完成便进行生产；以及试验规程未审核完成便进行试验。

c. 监理技术问题：监理人员对于监理技术的运用不熟练，无法灵活地运用到现场监理中，导致出现很多监理问题，影响监理问题的处理时效。

(2) 监理优化措施

1) 人员结构优化

根据生产阶段的不同，灵活调整监理人员配置。在前期资质审核阶段临时增加人员，非关键生产制造阶段适当减少人员，关键生产制造阶段迅速增加人员以确保监理质量。

a. 前期资质审核阶段：资质审核阶段涉及生产厂的人员资质、设备评估、体系文件、试验规程、质量控制文件等，此阶段如未能审核完成便进行生产，后续问题会不断重复出现。所以针对此阶段，应临时增加监理人员，进行集中资质审核。

b. 非关键生产制造阶段：在常规生产过程中，即进行机械加工、零部件探伤、堆焊焊接、组装等常规工序，监理的主要工作为现场巡检、抽检等基础工作，人员需求量不大，可以适当减少，满足该步骤的监理工作即可。

c. 关键的生产制造阶段：关键的生产制造阶段即关键的功能试验、出厂发运等停止点，因关键阶段时间短、数量少，可以通过临时迅速增加人员来满足关键生产制造阶段的监造，确保关键节点的质量。

2) 监理目标前移

对被监理单位供货商的资质、试验规程等进行审核，采取试验见证、到货试验前移及调整现场停止点等手段，确保其满足业主要求。

a. 被监理单位供货商的资质审核：企业资质审核前移，对被监理方的供货商资质进行审核，从而避免后期出现批量问题。

b. 被监理单位的供货商试验规程审核：试验规程前移，对被监理单位供货商试验规程审核完成后，方可进行生产、试验。通过试验规程的审核，使其满足业主要求，避免后续到货不符合要求，从而出现大量不易解决的问题。

c. 被监理单位供货商的试验见证：试验见证前移，对被监理单位的供货商，采取远程视频方式等进行试验见证，确保严格按照监理组审核完成的试验规程进行试验，避免后续问题的产生。

d. 被监理单位的到货试验前移：监理组在被监理单位的外协件到达现场后，要求先进行检验试验，将发现问题的时机提前。

e. 调整现场停止点：停止点一般设置在原材料验收、功能试验和出厂发运阶段，将问题控制在停止点内，避免后续问题未得到控制，出现问题放大、增多等风险。

3)监理技术应用

加强监理技术的学习和应用，提高监理人员对现场发现问题的分析和解决能力。例如，利用事故树分析法查找问题根源，透彻了解系统产生故障的原因，找出薄弱环节；SPC 质量控制方法应用于采油树制造监理过程的质量管理，极大地发挥了数理统计对质量控制的指导作用；S 形曲线比较法对进度进行分析控制，及时发现进度偏差，弥补了传统监理模式对进度控制不足的短板。

运用监理技术对监理过程中的问题进行分析，让偶发性问题得到系统性解决，从而降低井口装置和采油树设备的检验成本，提前预防生产制造过程中不合格品的出现，有效提高产品的合格率，保证产品进度及质量。

(3)效果评估

通过对实施对策后一年内的监理问题的统计分析，发现资质问题、试验问题、质量文件问题、合同执行问题总占比由 52% 降低至 19%。同时，通过减少不必要的人员配置、优化监理方法，节省了人工成本，减少了监理问题数量及问题处理时间，直接降低成本 13. 75 万元，显示出改进措施的经济效益。

为确保改进措施的持续性，需制定详细的巩固措施，包括编制《监理计划》和《监理细则》，以及加强监理技术的学习和应用等。后续，需不断完善改进方法，并加强培训工作，提升设备监理专业技术和管理能力。

5.5　本章小结

在本章中，以海上水面井口装置和采油树驻厂监造为背景，梳理总结了一套适用性及可操作性较强的监造方法及流程，并结合现场典型的质量控制案例，重点分析了现场质量问题的处理措施。此外，详细介绍了多种质量控制方法在设备监理工作实践中的应用，给海上井口装置和采油树制造质量控制提供了新的思路，同时也可为其他类似设备的监理提供了质量控制借鉴。

6 水下井口装置和采油树制造质量控制

6.1 设备简介

6.1.1 水下生产系统

我国海洋油气资源丰富，其中多数储量受海洋环境影响，无法采用在海上平台安装水面采油树的常规开发模式。将采油树系统移至水下，是开发这部分储量的重要手段。1996 年，国内首个成功开发的水下油气生产系统项目在流花 11－1 油田实现投产，之后我国水下油气生产系统相继应用于陆丰 22－1、番禺 35－2、陵水 25－1 等油田。我国水下油气资源的开采经历了从浅水到深水再到超深水的跨越，水下生产系统也随着开采环境的变换而发展。

水下生产系统是开发深水油气田的关键装备，是一种水下完井系统和安装在海底的生产设施。海底管汇系统及海底管线组成一套水下油气水采出系统，通过地面和水下控制系统的操作控制，将油气井采出的油水气从海底输送到依托设备或陆上终端的系统工程。它是一个技术密集、多学科综合协调的海洋工程高技术领域，有着极其广泛的应用前景。特别是对于中深水油气田和边际油气田的开发，水下生产系统技术更能体现出它的优越性。

水下生产系统主要包括水下井口、水下采油树、水下控制系统、水下管汇、跨接管、脐带缆及海底管线等设备。典型的水下生产系统示意如图 6－1 所示。

图 6－1 水下生产系统

水下井口上部支撑水下采油树，为生产流体提供通道，在深水油气勘探开发作业中起着“承上启下”的作用，是深水油气开发系统的“定海神针”。水下采油树是海上油气田水下开发不可或缺的重要设备之一，它连接了来自地层深处的油气和外部的油气运输管道，是地层深处的油气通往运输管道的“咽喉”。水下控制系统控制着水下阀门的开关、采集水下生产系统运行状态数据，实时监测水下井口和生产系统的工作状况，调整生产参数，且对异常情况进行监测、报警并采取相应的控制措施，是海洋油气田水下生产系统的“大脑”。水下管汇承担着将深海油气汇集并输送至“加工中心”海上平台或陆地终端的重要作用，被誉为水下生产系统的“油气枢纽站”。

6.1.2 水下井口

水下井口(Subsea Wellhead)是安装在海底泥线附近，为油气井套管柱或油管柱提供悬挂和密封，并为水下防喷器(Blow - out Preventer，BOP)组或水下采油树提供支承和连接的井口装置。水下井口组成如图 6 - 2 所示。

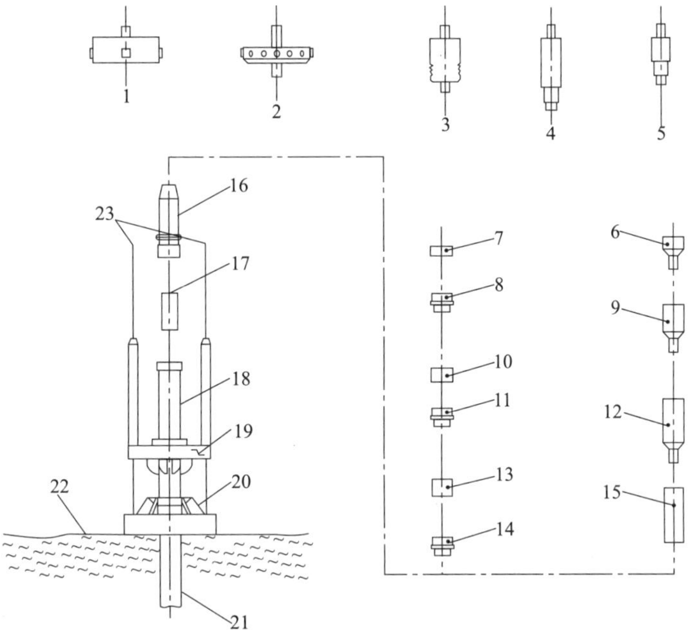

图 6 - 2 水下井口组成

1—临时导向基座送入工具；2—导向头送入工具，762mm；3—高压井口头送入工具；4—套管悬挂器送入工具；5—试验工具；6—耐磨衬套，178mm；7—环空密封总成，245mm × 178mm；8—套管悬挂器，178mm；9—耐磨衬套，215mm；10—环空密封总成，340mm；11—套管悬挂器，245mm；12—耐磨衬套，340mm；13—环空密封总成，508mm；14—套管悬挂器，340mm；15—井口头孔保护装置；16—高压井口头；17—表层套管，通常 508mm；18—低压导管头，通常 762mm；19—永久导向基座；20—临时导向基座；21—导管头，762mm；22—海底；23—导向绳

与水下井口装置一起使用的主要设备是：临时导向基盘(Temporary Guide Base，TGB)，永久导向基盘(Permanently Guide Base，PGB)，导管头，井口头，环空密封总成(密封装置、应急密封装置、锁定衬套)，套管悬挂器，套管悬挂器锁定衬套，孔保护装置

和耐磨衬套，防腐帽，送入、回收和试验工具等。

(1)临时导向基盘

临时导向基盘也称为钻井基盘，具有一个中心孔，用于钻井的第一部分和安装导向附件设施。TGB 起到支撑永久导向基盘的作用，能够为井口标高提供一个可控的参考点。单个卫星井上，如果不需要精确控制井口的标高，就不需要 TGB。在多井井口基盘上，TGB 构成了井口基盘集成部分。

(2)永久导向基盘

永久导向基盘也称为生产基盘，具有用于连接导管头和为钻完井设备导向的功能。如果永久导向基盘和临时导向基盘同时使用，永久导向基盘下侧结合一个万向接头装置来补偿由于海床面形状或者井的垂直度而引起的任何角度偏差。安装永久导向基盘通常要使井口上部高于海底 2～3m 以上。这个高度允许钻井废液和水泥浆返到海底处理，而不影响水下设备的导向和安装。

对于卫星井，在安装采油树之前，根据采油树总体配置情况，配置海底管线与采油树的拖曳和连接接头后，生产导向基盘可以代替永久导向基盘。这允许在不影响管线连接的情况下回收采油树。当然，生产导向基盘设计可以兼备临时、钻井导向基盘和生产导向基盘的功能，可以是永久性的或可回收的。这时海底管线可直接与采油树相连，此时需要在回收采油树之前解脱和采油树的连接接头。

(3)导管头(低压)

导管头(低压)焊接在导管上。这构成了固定在海床上的初始点。导管头内有一个着陆台肩用以安装井口头，导管头外面有连接永久性导向基盘的设备。导管头可以和永久性导向基盘一起安装，或者和生产导向基盘一起安装。

(4)井口头(高压)

井口头坐放在导管头之内，井口头使整个井形成一个耐压整体，悬挂表层和随后的套管柱及油管悬挂器，并抵抗外部载荷。防喷器组或水下采油树可通过相匹配的井口装置连接装置和垫环，连接和密封到井口头顶部。井口头应支撑油管悬挂器或油管悬挂器异径连接装置。

(5)环空密封总成

环空密封总成在每个套管悬挂器和井口头之间提供压力隔离。其可以同时与水下套管悬挂器下入或单独下入。环空密封总成通过各种方法驱动，包括扭矩、重量和(或)液压压力。如果存在潜在的残留液体损失时，生产环空密封总成宜通过适当材料的密封套筒或构造与生产环空隔离。

(6)套管悬挂器

水下套管悬挂器安装在每个套管柱的上面，并在坐入井口头时支撑管柱。其应设计成能通过钻井隔水管和水下防喷器组坐入水下井口装置，并能支承要求的套管载荷。水下套管悬挂器应有为环空密封总成的准备，应支承在悬挂器上方的防喷器试验压力所产生的载荷和因随后套管柱所引起的载荷。应提供方法把套管载荷和 BOP 试验压力载荷传递到井口头或已经安装的套管悬挂器上。在厂房内套管短节应安装在悬挂器上，这会减少搬运和后来现场上紧期间的损害风险。

(7)套管悬挂器锁定衬套

套管悬挂器锁定衬套可以安装在水下井口头装置中套管悬挂器最上端，起到以下作用：加固和预防套管悬挂器和环空密封总成的垂直活动，从而提高环空密封总成的长期密封完整性；能够承受高于环空密封总成上锁定装置的更大抵抗向上载荷，如生产管柱的热膨胀载荷；隔离生产油管和生产套管悬挂器之间密封件最上端环空密封总成；向水下采油树、油管悬挂器或油管头提供一密封接口；为油管悬挂器提供一锁定型面。

(8)孔保护装置和耐磨衬套

在套管悬挂器安装之前，孔保护装置保护井口头内的环空密封总成密封面。在套管悬挂器下入之后，安装相应尺寸的耐磨衬套，以保护剩余的环空密封面及以前安装的环空密封总成和套管悬挂器。它们通常不是保压装置。然而考虑防喷器组的压力试验载荷，可相应地设计耐磨衬套。

(9)防腐帽

防腐帽的功能是防止水下井口装置受到岩屑、海生物和腐蚀的污染。这些帽通常是非承压的，锁定在井口头的外部型面上。如果使用保压帽，在释放帽之前，应设法测量压力和减轻压力。可要求防腐帽装有将抗腐蚀剂注入井内的设备。防腐帽可以采用专用工具或水下机器人安装。

(10)送入、回收和试验工具

水下井口系统各个组件的安装、测试和回收都有专用工具。这些工具既可通过钻杆进行推、拉、旋转等作业，也可通过钻杆或专用液压管线提供的液压驱动进行作业。这些工具与相关设备上专用的处理剖面相连接。

(11)拖网防护结构

拖网防护结构可以提供两个作用：对不相关物体的外部保护，防止下落、拖拉或挂住；密封面的内部腐蚀保护。

(12)水下泥线套管悬挂器和密封总成

水下泥线套管悬挂器为附加中间套管柱提供悬挂点，通过标准导管或井口头不可以调节。水下泥线套管悬挂器和密封总成在水下泥线联顶环和水下泥线套管悬挂器之间提供压力隔离。水下泥线联顶环整体纳入水下井口头或低压头装置下方的套管柱内。水下泥线套管悬挂器悬挂下一节套管柱、落在联顶环上，并传递它们的载荷至联顶环。水下泥线密封总成由多种方法驱动，包括扭矩、重量和液压。

6.1.3 泥线悬挂系统

最初设计的泥线套管悬挂系统是利用自升式钻井平台安装，采用干式井口时应用于浅水区，目前也常通过张力腿平台应用于深水区。这些系统在泥线附近提供一个悬挂点用于支承井筒内套管柱的重力。通常情况下，导管和套管柱以及各自的环空一起回接到水面，回接点采用的是传统的井口装置。

(1)常规泥线悬挂系统

泥线悬挂设备用来在泥线或在泥线附近悬挂套管重量、提供压力控制和提供到水面井口装置的环空通道。当以底座式钻井装置或平台方式钻井时，需要使用泥线设备以保证钻井、弃井、平台回接完井和水下完井。在钻井或修井作业期间，防喷器位于水面。在泥线悬挂处套管环空不密封，因此，在安装完井油管和水下采油树之前，应安装泥线转换设备。

与泥线设备一起使用的主要设备有：联顶环和提升环、套管悬挂器、套管悬挂器送入工具和回接异径连接装置、弃井封盖、泥线转换设备、泥线转换油管头。图 6－3 所示为在泥线悬挂和转换设备内所使用的设备。

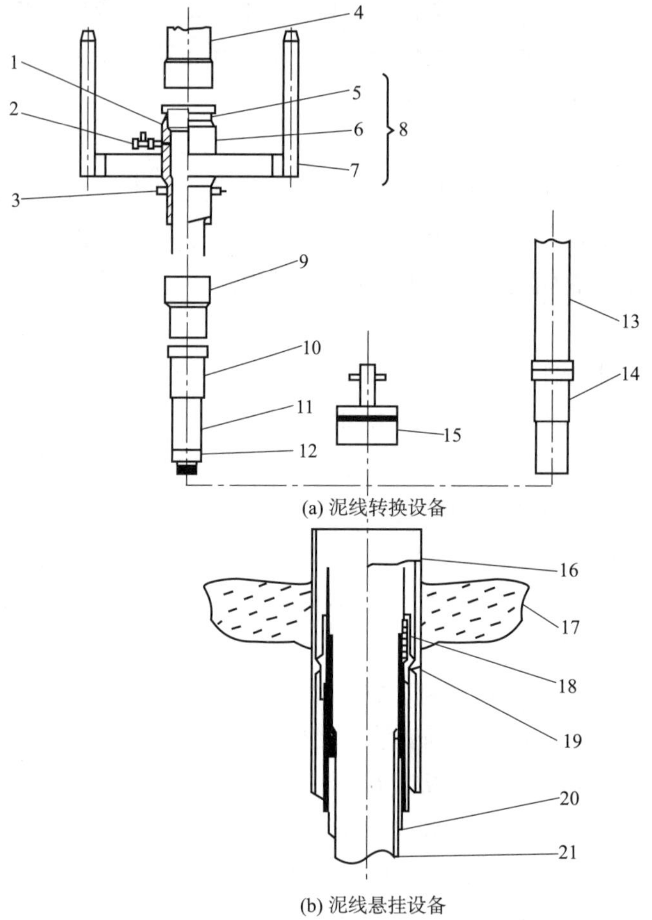

图 6－3　泥线悬挂和转换设备

1—油管悬挂器壁面；2—环空出口；3—结构支撑环；4—修井完井隔水管；5—连接装置壁面；6—井口异径连接装置；7—永久导向基座；8—油管头；9—环空密封总成；10—间接异径连接装置；11—套管；12—间接工具；13—套管隔水管；14—套管悬挂器送入工具(联顶接头)或回接工具；15—弃井封盖；16—导管，762mm；17—泥线；18—套管悬挂器，508mm；19—联顶环，762mm；20—套管悬挂器，310mm；21—套管悬挂器，245mm

(2)钻通泥线悬挂系统

钻通泥线悬挂设备用来在泥线或在泥线附近悬挂套管重量，并提供压力控制。当预期可以在水下完井，且以座底式钻井装置钻井时，使用钻通泥线悬挂设备。在钻完修井作业期间，防喷器位于水面。这个系统与泥线悬挂不同之处就在于井口头悬挂表层套管，且随后的套管柱使用类似于悬挂器和环空密封总成的井口装置。悬挂器具有过盈坐放台肩。因此，悬挂器的外径通常太大而不允许下入它们通过套管回接。通常使用额定压力值和孔与水面防喷器等效的隔水管来安装套管悬挂器、密封总成、内部弃井封盖和油管悬挂器。井口头具有锁定油管悬挂器所必需的型面，并具有可以锁定水下采油树的外部型面，因此，钻通泥线不要求转换设备。

与钻通泥线悬挂一起使用的主要设备包括：导管头，表层套管悬挂器，井口头，套管悬挂器，环空密封总成，孔保护装置和耐磨衬套，弃井封盖，送入、回收和试验工具等。图6－4所示为在钻通泥线悬挂系统内所使用的设备。

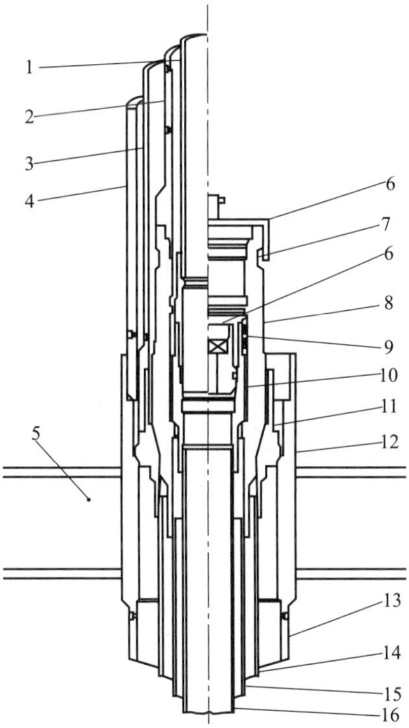

图6－4　钻通泥线悬挂系统

1—套管，244～273mm；2—隔水管，406mm；3—隔水管，610mm；4—环境回接管；5—导向设备；6—弃井封盖；7—连接装置型面；8—井口头；9—环空密封总成；10—生产套管悬挂器；11—悬挂器，473～508mm；12—导管头；13—导管，762mm；14—套管，473～508mm；15—套管，340mm；16—套管，244～273mm

6.1.4　水下采油树

水下采油树(Subsea Christmas Tree)是水下生产系统的核心设备(图6－5)，为井口装置、跨接管、管汇等设备提供可靠的连接界面。其主要功能是对生产的油气或注入储层的水、气进行流量控制，并和水下井口系统一起构成井下储层与环境之间的压力屏障。

图 6-5　水下采油树

不同厂家的采油树结构也有所不同，通常由采油树导向支架(导向结构)、树体、阀组、油嘴、油管挂、采油树帽、出油管道、井口连接器、出油管线连接系统、水下控制模块及监控仪表等组成。水下采油树通常包括上千个零部件，集成度高，可靠性要求高，其设计、制造和测试关键技术包括系统集成设计技术、高压高温密封技术、水下采油树控制技术、水下采油树关键零部件制造技术、水下采油树防腐技术、水下采油树测试与认证技术以及水下采油树安装与下放技术等。

水下采油树发展经历了干式、干/湿式、沉箱式和湿式四个发展阶段，目前国内外水下生产项目普遍采用湿式采油树进行开发和生产。按照作业水深，水下采油树又分为浅水水下采油树和深水水下采油树。按结构型式，水下采油树可分为水下卧式采油树(Horizontal Xmas Tree，HXT)和水下立式采油树(Vertical Xmas Tree，VXT)；其中，立式采油树根据垂直通道数量，又可分为单通道和双通道。两种采油树的不同结构决定了各自的优势与局限性，且具有互补的特征。

(1)水下卧式采油树

卧式采油树的主阀位于垂直通道的水平侧，油管挂坐挂于采油树本体内部。

优势：侧钻 8½″和 6″井眼或修井起出生产管柱等后续作业不用回收采油树，节约修井和再完井的时间与成本；油管挂安装于采油树本体内，坐挂位置和密封面已知；导向筒安装在树体内部，容易定向和坐挂密封；满足井下电潜泵完井对大通径的要求；不同供应商的采油树和井口头接口简单。

局限性：如回收发生故障的采油树，需要先回收生产管柱；树顶部安装水下防喷器进行完井作业时，井口承受更大的弯矩荷载。

卧式采油树布置可以采用多种选择方案。

1)导向型卧式采油树

在完成井口系统安装和钻井之后及在完井油管和油管悬挂器安装之前，可安装水下卧式采油树。防喷器安装在水下卧式采油树的上面，油管悬挂器和完井油管通过 BOP 坐放在水下卧式采油树孔内的坐放台肩上。生产流动通道沿水平方向离开密封件之间的油管悬挂器内的分支孔，连接到对准的生产出口。图 6－6 所示为导向型卧式采油树组成。在回收采油树之前，应回收完井油管。

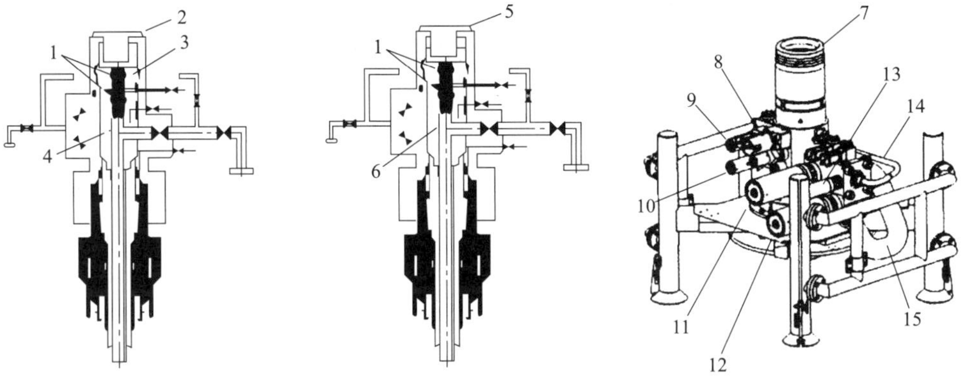

图 6－6　导向型卧式采油树

1—顶部堵塞器；2—采油树帽；3—内部采油树帽；4—油管悬挂器；5—锁定采油树帽；6—延长油管悬挂器；7—再入接口；8—环空抽汲阀；9—环空翼阀；10—环空主阀；11—主阀；12—翼阀；13—转换阀；14—转换流动环路；15—生产出口

2）无导向型卧式采油树

在另一种布置中，油管悬挂器和内部采油树帽组合成单一的延长油管悬挂系统，悬挂在卧式采油树内。其数量为压障保护隔离堵塞器和环空密封件数量的 2 倍。而且，采油树帽装置也可作为油管悬挂器锁定机构的支撑。

无导向型卧式采油树，漏斗通常向下布置，如图 6－7 所示。采油树顶部延长颈部要求防喷器组再入漏斗和其连接装置凹槽的间隙。

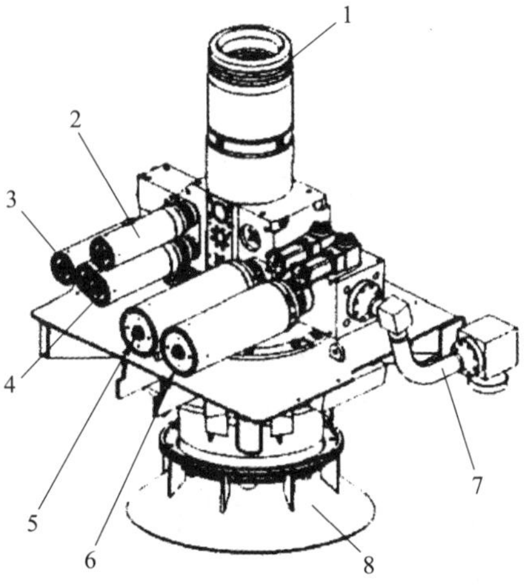

图 6－7　无导向型卧式采油树

1—再入接口；2—环空抽汲阀；3—环空翼阀；4—环空主阀；5—主阀；6—翼阀；7—生产出口；8—无导向再入漏斗（漏斗向下）

3)“钻通”卧式采油树

第三种结构通常称为“钻通”卧式采油树，允许在井口头坐放之后立即安装卧式采油树。该系统允许通过卧式采油树进行套管柱的安装和钻井，将防喷器组应下入和回收的次数减到最少。在这种结构中，采油树孔保护装置和油管悬挂器定位系统宜偏离套管悬挂器和密封总成。

(2)水下立式采油树

立式采油树的主阀位于采油树的垂直通道内部，油管挂通常坐挂于高压井口头内部。油管挂通过延伸接头连接生产、注入油管，延伸接头密封采油树底座和油管挂上部对应的密封筒。

优势：2 套闸阀作为垂直通道的 2 道压力屏障，比卧式采油树在现场安装的内树帽、堵塞器更可靠；钢丝及连续油管等干预作业用轻型修井船进行，不需要钻井防喷器组；可直接回收故障的采油树，无须起出生产管柱。

局限性：修井起出生产管柱，必须先回收采油树；需在防喷器组内部安装定位销钉或定位套筒；油管挂与高压井口头的界面很关键；下生产管柱前，需下钻打铅印确认油管挂的坐挂位置；如不兼容，需额外安装油管头。

采油树包括配套的阀座和阀组，使井筒流量和压力的控制满足安全操作要求。同时包括一个与井口相连的连接器(如使用油管挂短节)，该连接器和井口形成了压力密封连接。典型立式采油树结构如图 6 - 8 所示。

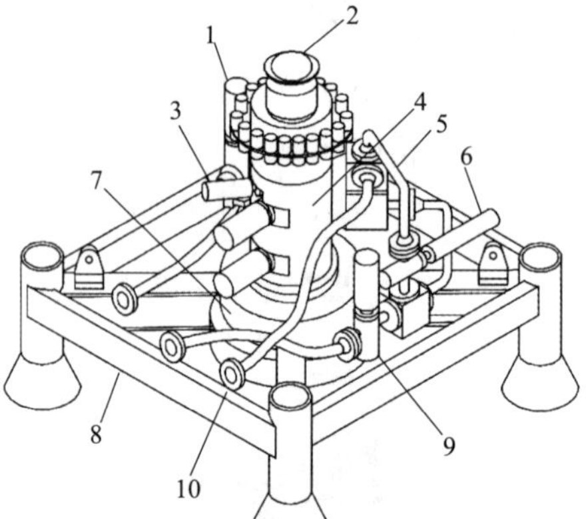

图 6 - 8　典型立式采油树

1—生产翼阀；2—采油树帽；3—生产抽汲阀；4—主阀组；5—流动环路；6—转换阀；
7—采油树连接装置；8—采油树导向架；9—环空翼阀；10—出油管线连接

外部管道提供了从采油树井筒到管线连接点的流体通道。管线直接连接到采油树或者位于生产导向基盘上的配管。

采油树帽通常安装在采油树上部，以阻止海洋生物在采油树上部连接区域生长，并且起到密封井眼的作用，其可以是承压件或非承压件。承压式采油树帽为清蜡阀、钢丝绳顶部堵塞器提供了额外的环境密封，宜包含一个监视和回收前释放压力的装置。采油树帽和其他不同的控制系统组件构成了采油树控制系统的主要部分。采油树帽可以实现某种功能的转换，从修井控制模式到生产控制模式，或从生产控制模式到修井控制模式。

在水下油管悬挂器通过钻井防喷器组安装并坐放和锁定在井口头或油管头中后，在井口头或油管头上安装水下立式采油树。生产通道是通过垂直孔内安装的阀，或者是在修井和试油期间通过采油树的顶部特殊应用场合，生产(注入)可通过采油树顶部，以及在生产(注入)期间通过垂直孔分出来的生产出口。

水下采油树可以有一个同心孔或多个孔。环空通道可通过采油树的一个孔或在油管悬挂器下面的油管头内的一侧出口。

生产出口可以与生产孔呈直角或生产出口的角度尽量适合于流动要求。在 TFL 采油树内(图 6－9)，出口与生产孔最大呈 15°，以便于泵送作业工具的通过。

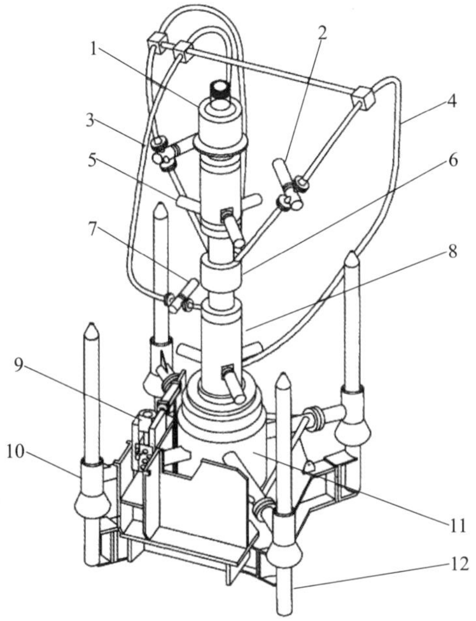

图 6－9　导向型 TFL 采油树

1—采油树帽组成；2—翼阀；3—环空环路；4—TFL 流动环路；5—抽汲阀；6—Y 形短节和转向器；7—环空翼阀；8—主阀组；9—出油管线连接装置；10—采油树导向支架；11—采油树连接装置；12—井口头导向基座

6.1.5　水下油管悬挂系统

油管悬挂器系统由油管悬挂器的油管悬挂装置和相关的送入工具组成，有时也可包括定向连接装置。油管环空密封在油管悬挂器和套管悬挂器或油管头或卧式采油树之间起相应的密封作用，悬挂器锁定在适当的位置。它设计成能在油管柱、油管环空和相应的水下采油树或油管悬挂器送入工具孔之间提供耐压密封连接，也可为 SCSSV、电气换能器和其他装置提供连续不断的联通或控制。

安装之后，油管悬挂器锁入配合的井口装置和油管头等，以抵抗因产生套管内的压力面而引起的力及抵抗热膨胀。根据水深和特殊要求，锁定机构可以是机械或液压驱动。

油管悬挂器系统的主要部件为：油管悬挂器、油管悬挂器送入工具、定向装置及其他工具。

油管悬挂器分为：同心油管悬挂器(图6－10)、多孔油管悬挂器(图6－11)、卧式采油树油管悬挂器(图6－12)、卧式采油树延长的油管悬挂器(图6－13)。

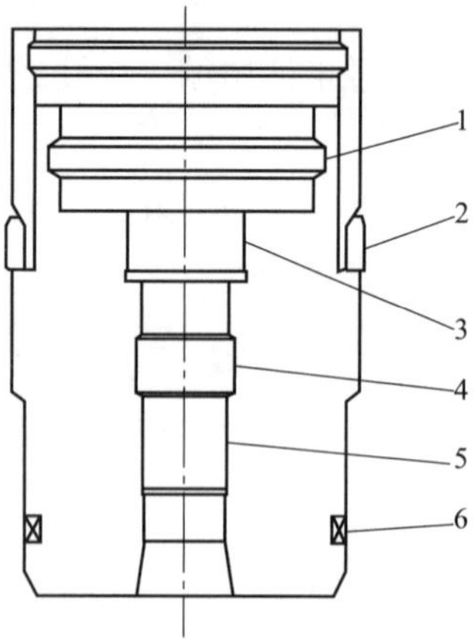

图6－10　同心油管悬挂器

1—送入工具锁槽；2—锁定；3—插入接头－密封座；4—钢丝绳塞型面；5—生产通道；6—密封

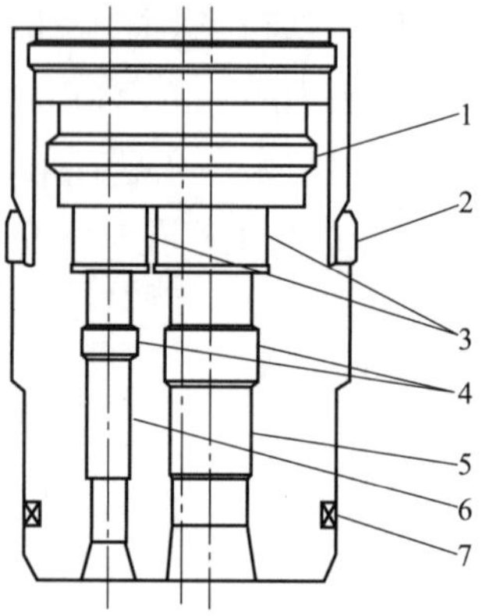

图6－11　多孔油管悬挂器

1—送入工具锁槽；2—锁定；3—插入接头－密封座；4—钢丝绳塞型面；5—生产通道；6—环空通道；7—密封

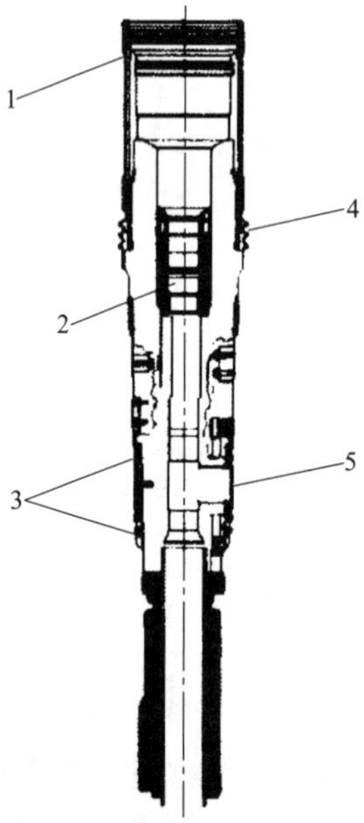

图6－12　卧式采油树油管悬挂器

1—送入工具锁槽；2—钢丝绳塞型面或关闭装置；3—密封；4—锁定；5—生产出口

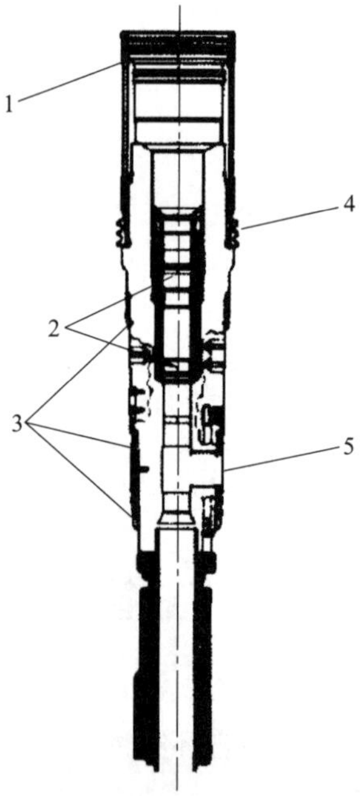

图6－13　卧式采油树延长的油管悬挂器

1—送入工具锁槽；2—钢丝绳塞型面或关闭装置，2个；3—密封；4—锁定；5—生产出口

6.2 设备工作条件

6.2.1 压力额定值

在水下采油树服役过程中，外部静水压力可高于系统内部压力。但应考虑外部载荷(如弯矩、拉伸)、环境静液压载荷和疲劳的影响。只要不超过应力准则，在满足其他任何性能要求的前提下，产品应能够在额定温度下承受额定工作压力而不变形。

(1)水下采油树总成包括的承压件和控压件，应仅按下列标准额定工作压力设计：34.5MPa(5000psi)、69.0MPa(10000psi)和103.5MPa(15000psi)。

(2)水下井口的标准最大额定工作压力应为34.5MPa(5000psi)、69.0MPa(10000psi)和103.5MPa(15000psi)。根据尺寸和具体使用要求，工具和内部零部件可有其他压力额定值。

6.2.2 温度额定值

水下井口采油树应设计成能够在其整个额定温度范围正常运行。

(1)标准工作温度额定值

根据API 17D要求，水下设备应该能够在2~120℃(35~250℉)的范围内运行。当排气时，应考虑低温对节流阀体和相关下游管路的影响。API 6A规定的额定温度范围更广，最低可达到-18℃。

(2)海水冷却调整的标准工作温度额定值

制造厂商通过分析或试验表明，当水下井口装置、泥线悬挂和采油树总成上的某些设备(如阀和节流阀驱动器)在水下工作的滞留流体温度为120℃(250℉)时，其温度不超过65℃(150℉)，那么这个设备可以设计成用在2~65℃(35~150℉)的整个额定温度范围。

(3)非标准工作温度额定值

在制造厂商的水下设备所要求的额定温度低于2℃(35℉)或高于120℃(250℉)时，应在新温度、不低于额定工作压力下试验水下设备，且应在设备上清楚地标记新温度范围及额定温度调整值。

(4)温度设计的考虑

设计应考虑温度梯度和操作周期对设备的金属件和非金属件的影响。

(5)存储、试验温度的考虑

如果水下设备在地面所要存储或试验的温度超出其温度额定值范围，那么应与制造厂商确定是否采用推荐的特殊存储或地面试验程序。制造厂商应将所有这种特殊存储或地面试验需要考虑的事项形成文件。

6.2.3 额定材料类别

表6-1提供了额定材料的类别。

表 6-1 额定材料类别

封存流体	封存流体的相关腐蚀性	CO_2分压/MPa(psi)	推荐的材料类别
一般使用	无腐蚀	<0.05(7.0)	AA
一般使用	轻度腐蚀	0.05~0.21(7.0~30.0)	BB
一般使用	中度至高度腐蚀	> 0.21(30.0)	CC
酸性环境	无腐蚀	<0.05(7.0)	DD
酸性环境	轻度腐蚀	0.05~0.21(7.0~30.0)	EE
酸性环境	中度至高度腐蚀	>0.21(30.0)	FF
酸性环境	严重腐蚀	>0.21(30.0)	HH

设备应按照材料要求(表 6-2)进行设计。

表 6-2 材料要求

材料类别	材料最低要求	
	本体、盖和法兰承压件	控压件、阀杆和芯轴悬挂器
AA——一般使用	碳钢或低合金钢	碳钢或低合金钢
BB——一般使用	碳钢或低合金钢	不锈钢
CC——一般使用	不锈钢	不锈钢
DD—酸性环境[a]	碳钢或低合金钢[b]	碳钢或低合金钢
EE—酸性环境[a]	碳钢或低合金钢[b]	不锈钢[b]
FF—酸性环境[a]	不锈钢	不锈钢[b]
HH—酸性环境[a]	抗腐蚀合金(CRA)[b]	抗腐蚀合金(CRA)[b]

[a]按 ANSI/ NACE MR0175 定义。

[b] 符合 ANSI/NACE MR0175。

6.2.4 其他要求

(1)泄漏

不允许有可见的渗漏。

(2)周期

设备应设计成能够在使用中按照制造厂商规定的预期操作周期数工作和运行。

(3)操作力或操作扭矩

设备应设计成满足在适用的范围内的操作力或扭矩要求。设计还应考虑封存压力的排放，并确保在拆开附件、总成等之前能够安全地释放封存压力。

6.3 质量控制大纲

6.3.1 检验测试计划

按水下井口和采油树制造的时间顺序，可以将驻厂监造工作对应分为详细设计、物资采办、零部件制造和加工、组装测试和存储发运 5 个阶段。对应不同阶段，驻厂监造的具体工作内容及重点不同，详见表 6－3。

表 6－3 水下井口和采油树监造内容及验收标准

项目		驻厂工作内容	验收标准
详细设计		审查设计文件，评审规范图纸、质控规程，质控人员应具有相应资格，测量和试验装置应予以标识并被检定/校准	符合行业技术标准（API Q1、API Q2、API 6A、ISO 13628－4、API 17D 等），满足作业需要
物资采办		审核供货商资质；审核原材料质量文件，确保可追溯性（热处理、机械性能测试、螺栓、螺母、非金属材料）	材料化学成分和机械性能报告；尺寸检测报告；无损探伤检测报告；外观检查
零部件制造加工		完成原材料机械加工（锻造、热处理、切削加工、钻孔和铰孔、车削、研磨及精加工），焊接及无损探伤，喷砂和喷涂等工艺过程进行监督和见证	材料化学成分和机械性能报告；尺寸检测报告；无损探伤报告（超声波检测报告、磁粉探伤检测报告、流体渗透检测报告）；外观检查；对于检查不合格的产品或部件必须有详细跟踪记录
测试	工厂验收测试（Factory Acceptance Test，FAT）	完成采油树本体、生产翼阀组、环空翼阀组、井下穿越、阀门执行器、采油树整体组装、油管悬挂器、采油树框架、水下控制模块、生产隔离阀、化学药剂注入阀等压力及功能测试	压力和功能测试符合设计验收标准
	扩展工厂验收测试（Extended Factory Acceptance Test，EFAT）/系统集成测试（System Integration Test，SIT）	完成水下控制模块控制开关阀门组、控制开关化学药剂注入阀、控制开关水面控制井下安全阀、读取井下温度压力传感器数据；安装/回收油管悬挂器、油管悬挂器密封性测试、井下穿越电连续性测试、回收油管悬挂器隔离套、安装/回收抗磨补心、安装/回收油管悬挂器堵头、采油树电连续性测试、采油树整体重心平衡度测试、采油树安装及提升工具、水下控制模块安装工具、油嘴安装工具、化学药剂注入阀安装工具、防渔网拖拽功能测试	压力和功能测试符合设计验收标准
最终检验		最终外观检验（确认装配完整、铭牌及附件等，并符合图纸要求），涂层检验（确认涂层外观及厚度符合油漆规范），套管/油管悬挂器、连接法兰、连接短节、堵头、压力表等符合图纸要求	符合最终检验标准
完工文件		审核并签署所有检验测试报告，厂方提供产品制造书	符合行业标准

6.3.2 质量控制点设置

(1)文件见证点(R点)

1)审核承包商资质。

2)审核承包商人员的资质和经验。

3)审核各类方案。

4)审核各类规范。

5)审核加工制造过程,包括测试要求和验收标准等。

6)审核材料规格及证书。

7)审核质量控制计划。

8)审核焊接工艺规范、焊接工艺评定记录。

9)审核生产检测、测试记录(外观、无损检测、测试样品、尺寸、热处理等)。

10)审核工艺评定测试结果。

11)审核生产厂的质量体系手册。

12)审核设备设施FAT/EFAT、SIT等报告。

13)审核其他需要见证文件。

(2)现场见证点(W点)

1)对关键制造环节和出厂测试过程的现场见证,包括以下但不限于:

a. 所有阀门、油嘴功能FAT过程。

b. 所有仪器、仪表功能FAT过程。

c. 腐蚀控制制造环节。

d. 整体功能FAT过程。

2)对系统集成测试过程的现场见证,包括以下但不限于:

a. 采油树、管汇、基盘与水下脐带缆终端SIT过程。

b. 水下生产控制系统[液压供应单元(Hydraulic Pressure Unit, HPU)、电力供应单元(Electrical Power Unit, EPU)、主控站(Master Control Station, MCS)等]SIT过程。

c. 水下生产控制系统与采油树、管汇SIT过程。

d. 采油树、井干预/完工/维修系统SIT过程。

e. 水下生产系统水下机器人(Remote Operated Vehicle, ROV)干预SIT过程。

3)对水下生产系统关键设备设施装船运输的现场见证。

(3)停止见证点(H点)

1)起始阶段,对设备性能指标、性能测试方案和人员资质进行验证,设置停止点。

2)制造阶段,对所有FAT、EFAT、SIT等结果进行验收,设置停止点。

3)结束阶段,对完工报告进行审查,设置停止点。

4)水下设备设施装船运输,对运输固定与保护措施(框架、柔性垫块、绑扎带等)进行检查,设置停止点。

5)水下设备设施装船运输到指定区域，对水下设备进行到货验收，设置停止点。

(4)其他质量控制要求

1)在审核关键设备和部件的运输方案时，应重点关注保护措施，防止损坏。

2)应掌握和跟踪制造阶段的变更、缺陷、不符合项及其改进措施，以及运输过程中出现的异常情况。

6.3.3 工厂验收测试

所有水下设备设施应进行FAT，FAT包括主体压力试验，用于发现结构缺陷、尺寸及外观检查、各类接口测试、配合试验证明部件的导向和定位特性。功能检查包括上扣功能、紧急脱扣功能、可逆性、重复性和压力完整性。FAT程序的大纲如下：

(1)液压系统的连续性和清洁度的验证，并确保每个单元根据要求冲洗。

(2)检查控制管路的油管路由和夹具，以确保足够的间隙和固定强度以抵抗疲劳载荷。

(3)所有设备应进行功能测试和性能值测定，如阀门的扭矩值。

(4)验证试验的所有液压和化学药剂回路。

(5)设备和工具的适合度和功能测试。

(6)静水压力测试。

(7)为采油树下一级在设计压力下装配的封套连接压力测试。

(8)项目/车间工具的接口测试，或者根据测试目的制造的辅助测试装置，如虚拟井口。

(9)每个可回收的工艺模块(Retrievable Process Module，RPM)及其模块基座和RPM下放工具的测试。

(10)针对所有连接到其他设备上的机械接口检查和测试。

(11)ROV接口检查。

(12)电力连续性、电阻检查。

(13)螺栓扭矩验证。

(14)关键孔的冲孔验证。

(15)海底存储箱的填充和压力测试。

(16)软件功能测试(如适用)。

(17)验证零件号、序列号、标签等。

(18)提供的测试记录单应包括所有进行FAT的设备设施。测试记录单应当由承包商、业主和第三方签署并见证。

水下采油树总成应按照书面规范，使用合适的测试装置模拟适用的导向基座、井口装置和油管悬挂器界面，进行工厂验收试验。表6-4~表6-6用图形表述了水下采油树工厂验收测试中的静压测试和锁定保持试验压力。需要注意的是，PSL 3G的阀门和节流阀的压力测试，需要先完成液压测试，才能进行气密封测试。

6.3.3.1 典型水下立式采油树工厂验收测试

典型水下立式采油树工厂验收测试见表6-4。

表 6-4　典型水下立式采油树工厂验收测试

位置	描述	额定工作压力	本体静水压试验压力	锁定保持试验压力
水下立式采油树				
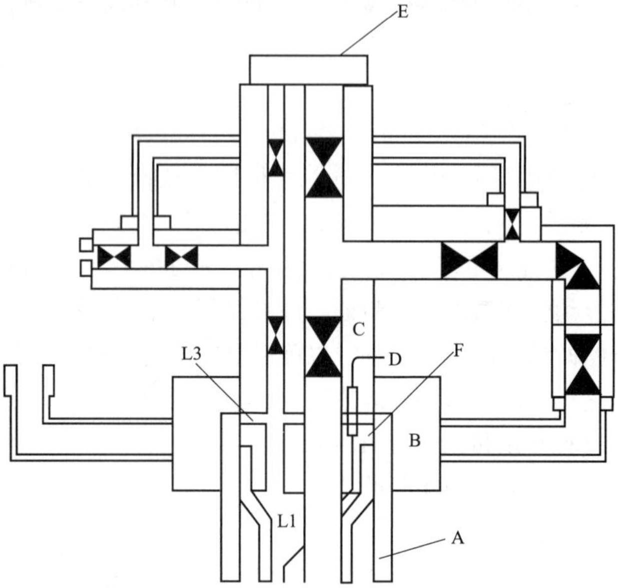				
A	水下井口装置	1.0×额定工作压力	1.5×额定工作压力	不适用
B	油管四通连接装置、油管四通和采油树连接装置	1.0×额定工作压力	1.5×额定工作压力	不适用
C	阀、阀组	1.0×额定工作压力	1.5×额定工作压力	不适用
D	水面控制井下安全阀流体通路和密封接头(承压)	1.0×额定工作压力～额定工作压力+17.2MPa(2500psi)	1.5×额定工作压力～1.5×[额定工作压力+17.2MPa(2500psi)]	不适用
	水面控制井下安全阀流体通路和密封接头(控压)	1.0×额定工作压力～额定工作压力+17.2MPa(2500psi)	1.0×额定工作压力～1.0×[额定工作压力+17.2MPa(2500psi)]	不适用
E	采油树帽(通路和锁定机构)	1.0×额定工作压力	1.5×额定工作压力	不适用
F	油管悬挂器	1.0×额定工作压力	1.5×额定工作压力	不适用
L1	下部油管悬挂器	不适用	不适用	1.1×额定工作压力
L2(未显示)	上部油管堵头	不适用	不适用	1.0×额定工作压力
	下部油管堵头	不适用	不适用	1.1×额定工作压力
L3	旁通	1.0×额定工作压力～额定工作压力+17.2MPa(2500psi)	不适用	不适用

6.3.3.2 典型水下卧式采油树工厂验收测试

(1)带内采油树帽的水下卧式采油树工厂验收测试见表6-5。

表6-5 带内采油树帽的水下卧式采油树工厂验收测试

位置	描述	额定工作压力	本体静水压试验压力	锁定保持试验压力
带内采油树帽的水下卧式采油树				
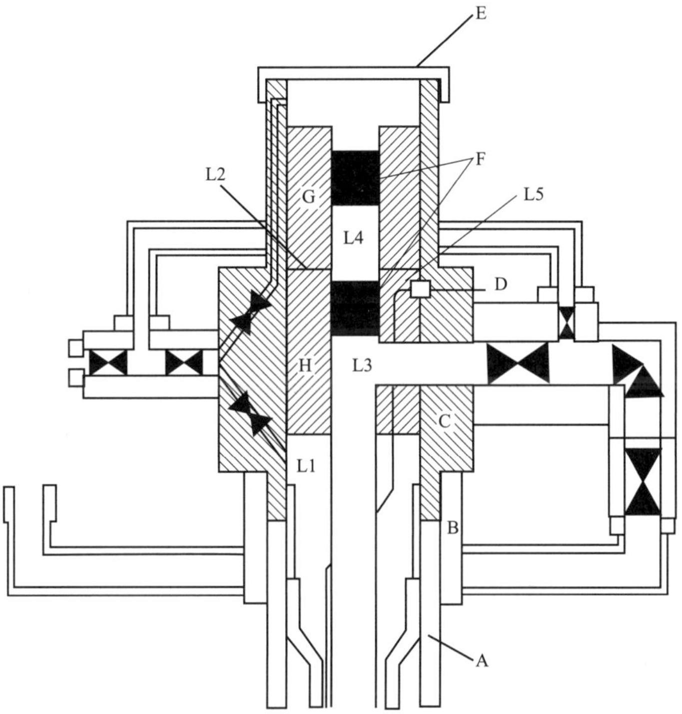				
A	水下井口装置	1.0×额定工作压力	1.5×额定工作压力	不适用
B	采油树连接装置	1.0×额定工作压力	1.5×额定工作压力	不适用
C	阀、阀组	1.0×额定工作压力	1.5×额定工作压力	不适用
D	水面控制井下安全阀流体通路和密封接头(承压)	1.0×额定工作压力～额定工作压力+17.2MPa(2500psi)	1.5×额定工作压力～1.5×[额定工作压力+17.2MPa(2500psi)]	不适用
D	水面控制井下安全阀流体通路和密封接头(控压)	1.0×额定工作压力～额定工作压力+17.2MPa(2500psi)	1.0×额定工作压力～1.0×[额定工作压力+17.2MPa(2500psi)]	不适用
E	防渣帽	按制造商的额定值	按制造商的额定值	不适用
F	顶部堵头	1.0×额定工作压力	1.5×额定工作压力	不适用
G	内采油树帽	1.0×额定工作压力	1.5×额定工作压力	不适用
H	油管悬挂器	1.0×额定工作压力	1.5×额定工作压力	不适用
L1	下部油管悬挂器	不适用	不适用	1.5×额定工作压力

续表

位置	描述	额定工作压力	本体静水压试验压力	锁定保持试验压力
L2	下部内采油树帽	不适用	不适用	1.5×额定工作压力
L3	上部下游顶部堵头	不适用	不适用	1.0×额定工作压力
	下部下游顶部堵头	不适用	不适用	1.5×额定工作压力
L4	上部下游顶部堵头	不适用	不适用	1.0×额定工作压力
	下部下游顶部堵头	不适用	不适用	1.5×额定工作压力
L5	旁通	1.0×额定工作压力～额定工作压力+17.2MPa(2500psi)	不适用	不适用

如从下部对上游顶部堵头进行试验时安装了下游顶部堵头，则试验期间下游顶部堵头上下部压力应相等。

(2)无内采油树帽的水下卧式采油树工厂验收测试见表6－6。

表6－6　无内采油树帽的水下卧式采油树工厂验收测试

位置	描述	额定工作压力	本体静水压试验压力	锁定保持试验压力
无内采油树帽的水下卧式采油树				

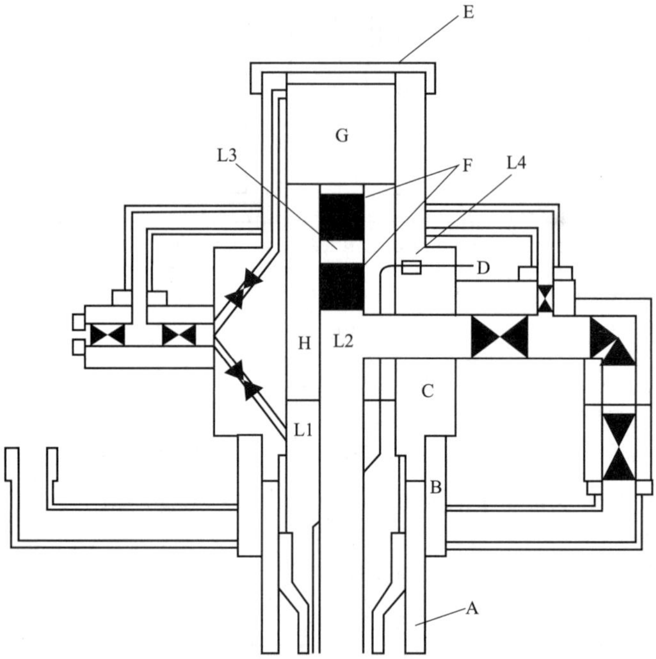

位置	描述	额定工作压力	本体静水压试验压力	锁定保持试验压力
A	水下井口装置	1.0×额定工作压力	1.5×额定工作压力	不适用
B	采油树连接装置	1.0×额定工作压力	1.5×额定工作压力	不适用
C	阀、阀组	1.0×额定工作压力	1.5×额定工作压力	不适用

续表

位置	描述	额定工作压力	本体静水压试验压力	锁定保持试验压力
D	水面控制井下安全阀流体通路和密封接头(承压)	1.0×额定工作压力～额定工作压力+17.2MPa(2500psi)	1.5×额定工作压力～1.5×[额定工作压力+17.2MPa(2500psi)]	不适用
	水面控制井下安全阀流体通路和密封接头(控压)	1.0×额定工作压力～额定工作压力+17.2MPa(2500psi)	1.0×额定工作压力～1.0×[额定工作压力+17.2MPa(2500psi)]	不适用
E	防渣帽	按制造商的额定值	按制造商的额定值	不适用
F	顶部堵头	1.0×额定工作压力	1.5×额定工作压力	不适用
G	ROV 安装采油树树帽	按制造商的额定值	按制造商的额定值	不适用
H	油管悬挂器	1.0×额定工作压力	1.5×额定工作压力	不适用
L1	下部油管悬挂器	不适用	不适用	1.5×额定工作压力
L2	上部下游顶部堵头	不适用	不适用	1.0×额定工作压力
	下部下游顶部堵头	不适用	不适用	1.5×额定工作压力
L3	上部下游顶部堵头	不适用	不适用	1.0×额定工作压力
	下部下游顶部堵头	不适用	不适用	1.5×额定工作压力
L4	旁通	1.0×额定工作压力～额定工作压力+17.2MPa(2500psi)	不适用	不适用

如从下部对上游顶部堵头进行试验时安装了下游顶部堵头，则试验期间下游顶部堵头上下部压力应相等。

6.3.4 扩展工厂验收测试

水下采油树系统应当完成 EFAT，交付的组件进行系统集成证明。采油树系统 EFAT 应当包括：

(1)水下采油树系统所有组件的装配、堆叠；

(2)SCM 应当安装在树体上，且所有驱动阀门要使用 SCM 的操作(如 FAT 未进行该项测试)；

(3)压力和温度传感器应通过 SCM 验证(如 FAT 未进行该项测试)；

(4)油管挂已安装在水下采油树上，通过 SCM 进行井下液压管线通信、通路测试；

(5)油管挂已安装在水下采油树上，通过 SCM 进行井下电缆线的通信、通路测试；

(6)采油树系统所有下放工具和应急下放、拆卸工具的接口检查；

(7)通过插入面板或电力接头，进行液压和电力连通性检查。

6.3.5 系统集成测试

完成 FAT 和 EFAT 后，应进行 SIT 以验证所有的外部接口。SIT 将在首次完成装配的主要系统上进行，例如采油树 SIT[XT + IWOCS(安装与修井控制系统，Integrated Workover Control System)]、结构 SIT[(中心管汇)、PLEM(管道终端管汇，Pipe Line End Manifold)和虚拟 SUTU(水下脐带缆终端单元，Subsea Umbilical Termination Unit)及结构]等。SIT 是为了验证整个系统内的所有设备配合正常，验证不同供应商设备之间的相互连接性。试验应包括所有阶段作业现场条件或从维护到安装所有作业的模拟，对装卸运输、动力载荷和支持系统可进行特殊试验。

SIT 需要使用到水下采油树、水下井口装置、油管悬挂器、安装工具以及 ROV 等。如果某些设备无法使用，则必须使用模拟测试真实的界面接口和压力的整装操作界面。如果受限于空间高度，SIT 必须分阶段进行。

测试过程中所有的功能必须通过 IWOCS 进行控制。压力试验用于验证系统整装测试中各个组件之间的密封完整性，测试压力必须为系统的设计压力。

SIT 通常包含现场接收检查、陆地测试和浅水测试，具体测试内容详见表 6 -7。

表 6 -7　典型的 SIT 测试内容

测试名称	测试目的	典型的测试内容	备注
现场接收检查	确认所有子系统在运输过程中无损坏，现场到货后工作正常	(1)拆箱，检查并组装设备及系统； (2)检查控制液的洁净度； (3)测试所有的机械和液压功能	(1)无须重复所有的 FAT 内容； (2)测试应包含所有设备及租赁工作
陆地测试	(1)各个子系统的独立测试，各子系统的测试能同时进行； (2)系统测试模拟海上现场安装，验证所有将要被安装到水下的设备； (3)测试可更换部件的可更换性	(1)子系统测试： 1)用生产控制系统测试采油树； 2)用安装和修井控制系统测试水下采油树、底部立管总成(用于修井)和采油树送入工具； 3)测试生产控制系统； 4)测试井筒干预系统。 (2)系统测试： 1)下入、回收油管悬挂器； 2)下入、回收水下采油树，包括采油树帽、底部立管总成(用于修井)和送入功能等； 3)验证安装过程中的所有连接，例如采油树和海底管汇之间的连接； 4)用 IWOCS 功能测试水下采油树； 5)下入、回收采油树水下控制模块、油嘴和可插入式阀门等； 6)确认管汇系统的工差(若有需要)； 7)铺设并连接脐带缆(液压、电和化学药剂注入)和出油管线； 8)用生产控制系统测试水下采油树功能； 9)测试 ROV Override 工具的界面和功能； 10)验证模拟结构(若有需要)。 (3)可更换性测试： 测试如水下采油树、水下控制模块、采油树帽和管汇系统等的可更换性	—

续表

测试名称	测试目的	典型的测试内容	备注
浅水测试(根据作业需求选用)	优化安装程序，让参与作业人员熟悉设备和设备吊运，降低实际安装的风险，提高实际安装的效率	(1)下入、回收油管悬挂器； (2)下入、回收水下采油树； (3)水下采油树与水下管汇之间的连接； (4)下入、回收采油树水下控制模块、油嘴和可插入式阀门等； (5)铺设并连接脐带缆和出油管线； (6)用 IWOCS 测试水下采油树； (7)用生产控制系统测试水下采油树； (8)下入 ROV Override 工具系统； (9)测试 ROV 界面、功能和是否可进入(尺寸大小)； (10)验证修井隔水管在吊装和动载荷条件下是否能正常维持螺栓预加应力	(1)浅水测试期间部分工具及设备可以使用模型； (2)浅水测试还需要测试所有的备用系统

6.3.6 存储与发运

设备测试后和储存发运前，按照规范排干润滑，并在裸露金属表面(牺牲阳极、铭牌除外)涂防锈漆层，或者充满相容的缓蚀剂。所有法兰面、卡箍毂和螺纹宜采用适当覆盖保护。损伤的油漆宜在储存发运之前对涂层修补。其他要求如下：

(1)塑胶密封件、密封钢圈、插入密封单独装箱或包装；

(2)冲洗干净液压系统，遮盖暴露的液压端部接头，设备泄压；

(3)将所有电缆、电接头和电子组件在规定的环境下储存；

(4)装置和总成装箱安装在板橇上并固定，防止发运期间的损伤和便于起吊搬运；

(5)提供现场装配、安装和维护的程序文件；

(6)提供交货后设备存储的推荐方法。

6.4 质量问题及处理

某深水高压气田，水深近千米，气藏深埋于海底 5000m 左右的地层深处，地层压力最高达 69MPa，温度最高达 138℃。中国海油对其采用“水下生产系统 + 浅水导管架处理平台 + 深水半潜式平台远程操控系统”模式开发。该项目水下采气树如图 6 – 14 所示。

图 6 – 14 水下采气树

针对该项目水下 1500m 级采气树进行质量控制，在项目启动前提前介入，从招标技术文件的编写、生产厂用的检验和试验计划(Inspection and Test Plans,

ITP)的审核、主生产计划(Master Production Schedule，MPS)的审核入手，在设备制造过程中，根据各工序的重要性和特殊性，严格规范各个工序的监造类型。采取资料审核点、现场见证点、停止见证点等多种监造方式相组合，从源头规避和解决产品在生产过程中出现的各类质量问题 145 项，拒收锻件 5 个，要求工厂增加委托第三方出具 EN10204 3.2 证书 1 项(符合欧洲材料规范的有效证书)。现场部分关键节点质量控制工作如图 6－15 所示。

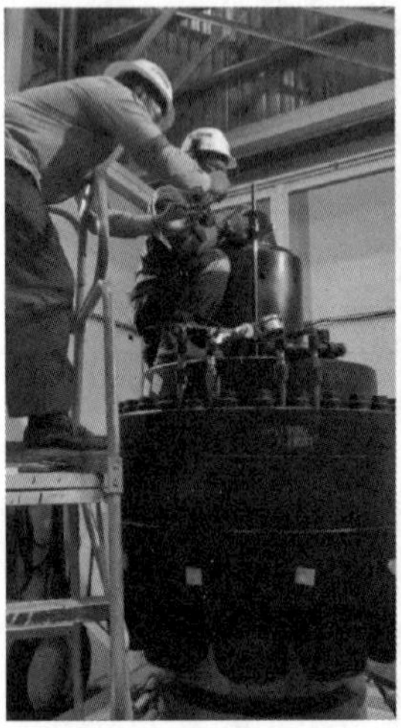

(a) 尺寸检查　(b) 超声探伤

(c) 工厂组装测试　(d) 油管悬挂器压力测试

图 6－15　水下采气树制造关键节点质量控制现场

6.4.1　合同执行类问题

锻件材质错误。对于多孔轮毂插入锻件，设备监理工程师发现实际材料是 F60，订单要求材料是 F65，生产厂澄清他们没有 F65 的原料。经沟通，业主同意用 F60 替代 F65，但是机械性能和化学成分必须符合 F65 的要求。

6.4.2　生产厂程序文件执行类问题

流量计本体和文丘里锻件加热不符合要求。根据铬镍铁合金 625 锻件制造规程，设计锻件尺寸 ϕ390mm × 1300mm 的加热次数应为 7 次，实际上加热次数为 6 次；另一设计锻

件尺寸 ϕ265mm × 3400mm 的加热次数应为 11 次，实际上加热次数为 9 次。机械性能测试合格后该问题关闭。

6.4.3 外购件问题

外购件发现损坏。设备监理工程师在进料检查期间，发现一对环空通风口线轴损坏。该线轴返回外协厂进行维修，后经修磨抛光完成后产品检验合格。

6.4.4 生产厂设备类问题

流量计验证机存在异常。机工关闭空压机，由于电磁阀压力不足，某日 18：40 PR2 模型开始降压。当日 19：35 实验员发现测试异常，检查发现问题原因并重启空压机，19：55进行汇报。生产厂决定重新开始 PR2 测试，重新测试后结果合格。

6.4.5 生产厂报告类文件

硬度报告错误。设备监理工程师审核生产翼阀组件硬度报告时，发现录入数值错误。后要求生产厂重新出具报告。

6.4.6 生产厂管理类问题

(1)油漆过期

设备监理工程师巡检时，发现生产厂毂式连接(母端)使用的 PPG930 的油漆过期。遂要求生产厂喷砂把过期的油漆去除，使用合格的油漆喷涂，重新检验后合格。

(2)运输中损伤

1)毂式连接(母端)运输过程中损伤。处理方式为将损坏的区域用砂纸处理以去除高/尖锐的斑点，目视检查和磁粉探伤未发现表面缺陷。

2)DEG 弯头运输过程中损伤。根据不符合报告(Non - Conformity Report，NCR)中提到的纠正措施，通过加工消除了缺陷，将试件的总长度减少了 2mm。维修后 MT 和 PT 结果可接受。此 NCR 关闭。

6.4.7 生产制造问题

(1)尺寸超差

驻厂监造过程中发现部分尺寸超差问题汇总如表 6 - 8 所示。

表 6 - 8　尺寸超差问题汇总

序号	设备部件	问题描述	处理措施
1	隔离套管	隔离套管尺寸超差	经过判断，这个问题不影响最终尺寸

续表

序号	设备部件	问题描述	处理措施
2	主阀本体组件	在测量定位孔的位置时，发现加工图的公差与现场图不一致。在图纸中定位孔位置公差 ϕ0.001″，现场图纸位置公差 ϕ0.008″，测量的位置公差 ϕ0.003 ~ ϕ0.005，超过图纸公差 ϕ0.001	生产厂已出具关于位置公差 ϕ0.008″的 NCR 是可以接受的，因此实际测量结果是可以接受的
3	流量计本体锻件	由于锻造过程开裂严重，最后的长度为 1030mm，不满足锻件交货要求的长度 910mm + 160mm(取样长度) = 1070mm	切头切尾后进行端部探伤，最终结果不合格，报废处理
4	Flowspool 90°弯头	弯头尺寸不满足要求。图纸要求尺寸 10.27mm，测量的尺寸达到 10.344mm	重新加工后，尺寸满足要求
5	生产翼阀组件	对 1 号生产翼阀组件进行尺寸检查，一个草拟尺寸 ϕ7.454″ ±0.010″ 超出 0.003″(顶侧空腔)	经分析该问题只会加大堆焊厚度，不影响最终的产品尺寸
6	毂式连接(母端)	精加工尺寸不符合要求。在精加工时由于加工工具撞击内孔轮毂损坏	返修后，检验合格
7	生产隔离阀	在粗加工过程中，“C”孔位置加工错误。所需位置为 13.65″，但实际为 14.358″	机加工加大“C”孔的直径，然后进行堆焊。堆焊完成后，产品最终检验合格
8	环空翼阀组件	最终检查中，发现坐槽 ID 表面精加工与图纸要求(3.248″± 0.003″)不相符	误差在 1mm 内，完成最终的 NDE 检查后确认，产品可接受
9	油管悬挂器	图纸要求尺寸为 5.230″ ± 0.002″，实际结果为 5.238″，超出公差。这将影响上顶塞安装界面距离和 FAT	机加工后 NDE 和尺寸检验合格
10	油管悬挂器	加工尺寸错误，丝扣已经被加工至错误的深度	螺纹深度返修完成后检验合格

(2)热处理问题

驻厂监造过程中发现部分热处理问题汇总如表 6 -9 所示。

表 6 -9　热处理问题汇总

序号	设备部件	问题描述	处理措施
1	流量计本体	锻件热处理不符合要求。扩散退火的时间与批准的 MPS 不一致：MPS 要求 1150℃持续 20h + 1180℃持续 28h，但实际 1180℃持续 48h	机械性能检验合格后该问题关闭
2	流量计本体	锻件热处理不满足要求。4 件流量计本体，热处理 2 件工件的间距小于 MPS 要求的 100mm	机械性能检验合格后该问题关闭
3	流量计本体	锻件淬火时间过长。4 件流量计本体，淬火转移时间约为 90s，大于 MPS 要求的 60s	机械性能检验合格后该问题关闭

续表

序号	设备部件	问题描述	处理措施
4	连接器下部本体	回火后采用水冷不满足要求。已经完成热处理后的连接器下部本体内部有水，经询问车间工人得知，连接器下部本体在回火结束后，空冷到300℃以下，采取水冷，这种操作方法不符合MPS的要求	300℃去应力退火，产品机械性能检验合格后该问题关闭
5	井口连接器	热处理方式不符合要求，热处理未按计划开展。炉膛负荷布置不合适，因为从TM钢到特殊钢的指令是炉膛负荷应单层。ITP要求明确严格禁止组件堆叠	已经根据ITP和规范要求进行热处理

(3)原材料问题

驻厂监造过程中发现部分原材料问题汇总如表6－10所示。

表6－10　原材料问题汇总

序号	设备部件	问题描述	处理措施
1	坯料	隔离套热处理前，发现一个深度为3.34mm的打磨凹坑	审阅交货图纸，经核判最后机加工完成后，不影响产品最终交货尺寸。机加工后，加做MT未发现任何缺陷，此问题关闭
2	阳极评定件	化学成分不满足要求。10件阳极评定件化学成分测试值：Fe为0.061%～0.064%，不符合MPS要求的Fe≤0.06%	报废处理
3	阳极评定件	化学成分不满足要求。10件阳极评定件In、Si、Cu元素不符合MPS要求	生产厂出具根本原因分析，最终评定件合格

(4)铸锻件问题

驻厂监造过程中发现部分铸锻件问题汇总如表6－11所示。

表6－11　铸锻件问题汇总

序号	设备部件	问题描述	处理措施
1	阳极评定件	10件阳极评定件预热温度不满足要求。MPS要求的预热温度为270～330℃，实际浇注模具预热温度为138℃	报废处理
2	阳极评定件	10件阳极评定件浇铸坯料缩孔超标，浇铸后首件阳极表面缩孔为11.95mm超标	将之后生产的5件该类型阳极评定件作为资格件，缩孔件报废处理
3	流量计本体	针对锻件一部分开展PT，尾翼面发现长度7mm裂纹	经粗加工后PT，无裂纹

续表

序号	设备部件	问题描述	处理措施
4	流量计文丘里	锻件在3个点工件温度异常(表面，1/2T和内表面)。表面温度为987℃，1/2T位置温度在968～974℃。检验员发现曲线不连续，监测最高温度约为1000℃。内表面温度为960℃，与要求的(980±10)℃不符	增加取样量，调查根本原因并分析，机械性能检验合格后该问题关闭
5	流量计本体和文丘里锻件	锻造后在圆纹面发现一些纤细裂纹，锻件末端发现明显瑕疵	机械性能检验合格后该问题关闭

(5)焊接问题

驻厂监造过程中发现部分焊接问题汇总如表6－12所示。

表6－12　焊接问题汇总

序号	设备部件	问题描述	处理措施
1	油管悬挂器	在中间预堆焊测试时，生产出口处观察到1个1″长的缺陷	打磨后PT，缺陷消除
2	油管悬挂器	焊接导致损坏。7个密封袋中5个有烧焦痕迹，17°&131° SPERI密封袋老化最严重，229°、289°&343°密封袋都有轻微老化，并且丝扣无法加工	返修后、检验合格
3	法兰	焊接表面检查期间，检测到允许公差以外的缺陷	返修后，检验合格
4	法兰	堆焊存在缺陷。法兰PAUT不合格，整个一周检测到深10mm左右的痕迹	返修后，检验合格
5	主阀本体组件	焊接不符合要求。在锥形区域(过渡进出)中观察发现缺陷	返修后，检验合格
6	主阀本体组件	焊接过程中，观察到位于球形区域的焊接缺陷	在机器上移除焊接并且再次焊接前进行无损检测，焊接返修后合格
7	主阀本体组件	熔合线发现缺陷	返修后，检验合格
8	管线	堆焊时因为焊接机器故障，管子焊覆层有缺陷	收回并将被新的管子替代
9	FCM集成的多型轮毂	FCM集成的多型轮毂在侧出口内孔处发现2个圆形缺陷，处于内孔末端	FCM被送回生产厂进行评估，在指示区域进行了磨削重新检查，满足要求
10	90°弯头	堆焊处进行PAUT时发现不可接受的纵向缺陷	返修后，检验合格
11	弯头组合件	堆焊存在缺陷。PAUT不合格，整个一周检测到深20mm左右的痕迹	返修后，检验合格
12	OD管	OD管发现一个区域的覆盖表面覆盖不连续，焊缝倾角深不小于1mm	报废处理

(6)表观缺陷

驻厂监造过程中发现部分表观缺陷汇总如表6－13所示。

表6－13 表观缺陷汇总

序号	设备部件	问题描述	处理措施
1	文丘里	粗加工时目视检查发现一处表面裂痕	此为备用件，将不用于本项目
2	FCM 轮毂	在进行内部外观检验时，发现位于轮毂区有凹痕	打磨后，MT 合格
3	油管悬挂器	FAT 后为2号油管悬挂器进行最终检验，发现坐落在离套管悬挂器顶0.5″处密封区域有刮痕	打磨后合格
4	油管悬挂器	3MWR 端口处发现一处凹痕	经测量不影响密封功能
5	环空翼阀组件	油漆后内部终检发现密封面有凹坑	返修后，检验合格
6	环空翼阀组件	终检发现孔的粗糙度不符合要求	抛光处理完成后尺寸检验合格
7	环空翼阀组件	最终目视检查时，发现2 1/16″空腔孔带有轻微颤纹标记	NDE 检查，检验合格

6.4.8 生产厂试验类问题

(1)理化试验类问题

驻厂监造过程中发现部分理化试验不符合项汇总如表6－14所示。

表6－14 理化试验不符合项汇总

序号	设备部件	问题描述	处理措施
1	主阀本体组件	冲击试验不符合要求。主阀本体组件纵向冲击试验是181/32.2/200J，均值是138J，1个值低于规定的最小45J	重新取1组样复测，结果合格
2	连接器上部本体	拉伸试验不符合要求。连接器上部本体纵向和切向拉伸强度结果为908MPa、906MPa，超出MPS要求的范围910～1014MPa	重新取1组样复测，结果合格
3	连接器上部本体	纵向和切向抗屈强度结果为675MPa、667MPa，超过MPS的要求758～962MPa	重新取1组样复测，结果合格
4	井口连接器	拉伸试验伸长率不合格，最低要求16%，结果为14%。硬度试验不合格，要求为248～302HB，结果为304HB、305HB和309HB	重新热处理，性能测试后满足要求
5	生产翼阀组件	横向冲击不合格。要求：单个最小45J，平均值为89J，实测：99/23/144J	重新取1组样复测，结果合格
6	活塞杆	冲击测试不合格。要求：单个最小35J，平均值为42J；实测：52/27/44J	重新取1组样复测，结果合格

续表

序号	设备部件	问题描述	处理措施
7	X65 Q 管	夏比冲击测试不符合要求。X65 Q 管经测量，1 个样品的剪切面积百分比仅为 55%，要求最小为 75%	重复测试，样品数量的两倍，夏比冲击测试满足要求
8	阳极评定件	10 件阳极评定件化学成分仪器测量数值不同。阳极化学成分测试，In 元素经直度光谱仪和 ICP 发射光谱仪测量，测量数值不一致	将此试样作为化学试样送至第三方实验室再进行检测，并最终以第三方实验室的检测结果为准。最终评定件合格
9	轮毂	由于一个位置不能开展硬度测试，硬度测试仍未开展	如果无法进行端连接器面进行测试，允许在最近可访问的表面进行线束测试
10	流量计本体	根据 ASTM E8 的要求，标准测试样品为直径 12.5mm，生产厂用小尺寸(直径 6mm)代替标准样品	此试样判废，重新取样
11	30°弯头	进行硬度测量时，实际测量值为 163 ~ 170 HBW，测量值小于规定的要求 180 ~ 237 HBW	重新生产后检验合格

(2)无损探伤类问题

驻厂监造过程中发现部分无损探伤不符合项汇总如表 6 - 15 所示。

表 6 - 15 无损探伤不符合项汇总

序号	设备部件	问题描述	处理措施
1	环空翼阀组件	在 4 件 AWB UT 前，发现一个表面有铁锈，不能进行 UT	除锈后进行 UT
2	环空翼阀组件	在进行最终目测检查时，发现一个 $2\frac{1}{16}''$ 阀腔内径底部存在 2 处覆盖层咬边；同一个 $2\frac{1}{16}''$ 阀腔内径密封环密封表面发现 5 处针孔缺陷	返修后，PT 合格
3	流动隔离阀	内部 UT 时发现 2 件产品有密集性缺陷，检验员对以上 2 件产品进行了现场 UT 复验，确认产品存在缺陷	报废处理
4	生产隔离阀	在进行 PT 时，在坐槽表面一侧密封区域发现缺陷	对缺陷区域抛光，重新检查后合格
5	短管	超声波测试不符合要求	重新加工，检验合格
6	三通	进行 PT 时，部件在 2″内径孔(未密封区域)发现一处小痕迹	进行了重新检查，问题关闭
7	FCM 轮毂	一个区域发现一处 2 ~ 3mm 的圆形缺陷	按照 PT 规范，可以接受
8	FCM 轮毂	进行最终目测检查时，在测试口表面处熔合线区域发现一处 2mm 的长条状缺陷	打磨后，PT 合格
9	主阀本体组件	在最终的目视检查中，在管道主体上发现了线性缺陷，深度约为 0.5mm	打磨后，PT 合格

(3)压力试验类问题

驻厂监造过程中发现部分压力试验不符合项汇总如表6－16所示。

表6－16 压力试验不符合项汇总

序号	设备部件	问题描述	处理措施
1	1/2孔针阀线阀	8件气密试验在进行高压气体上游阀座测试时发现气泡	阀门从试验台移除返回至组装技术员进行拆卸检查，所有8个关闭阀拒收
2	油管悬挂器	压力试验不合格。在15000psi压力下VAM丝扣处渗漏	返修后，重新试验合格
3	连接器下部本体	压力试验不合格。连接器验证测试时，每个腔有500psi的压降	再次进行了500psi和3000psi水压试验，没有可见泄漏，压降在允许范围内。后续继续多增加测试以验证测试结果，均没有可见泄漏，此问题关闭
4	三通	试压后发现损坏。三通从试压桩移走后，发现斜口管鞋和挡圈损坏	更换

(4)功能试验类问题

驻厂监造过程中发现部分功能试验不符合项汇总如表6－17所示。

表6－17 功能试验不符合项汇总

序号	设备部件	问题描述	处理措施
1	水下控制模块	功能试验不合格。在按照FAT程序蓄能器体积验证测试的见证过程中，发现蓄能器排液量不可接受	重新计算了新的蓄能器排液量，测试完成，合格
2	水下控制模块	功能试验不合格。按照FAT程序进行压力传感器测试，发现B2压力传感器显示压力(SEM A和SEM B)异常	经过多次重新测试并使用新的SEM后，合格
3	水下控制模块	功能试验导致损坏。FAT进行到HP DCV去闩锁测试时，在没有供压状态下，发现HPR的PT传感器通过SEM A和SEM B显示的压力不正确	更换完成PT后，在重新做验证测试时，把蓄能器底部的阀门关闭，并观察蓄能器内的压力是否会增加，测试时发现，压力从198.9bar增加到217bar，证明整个阀门有泄漏。更换新的蓄能器
4	采油树	功能试验不合格。在5″驱动阀PMV进行LOAT工具功能测试时，按照要求800psi功能测试，仅能移动80%的行程；在2″驱动阀AAV进行LOAT工具功能测试时，按照要求200psi功能测试，但是无法移动	维修后多次重新测试，合格
5	腐蚀监视传感器	振动测试(环境应力模拟)后导致损坏	目视检查证明损坏是由于终端壳从传感器主体上松动，检查终端壳和传感器主体的螺栓孔是否对齐，更换螺栓，重新进行测试，合格

(5)其他试验类问题

驻厂监造过程中发现部分其他试验不符合项汇总如表6－18所示。

表6－18　其他试验不符合项汇总

序号	设备部件	问题描述	处理措施
1	阳极评定件	10件阳极评定件化学性能温度不符合要求。化学性能测试要求低温14d(设定4℃)，监理组发现试验温度达到20℃，试验液为9.8℃，超过设定温度4℃	最终评定件合格
2	用于防尘板的阳极	用于防尘板的阳极做刨切试验：发现铁芯与浇注液结合不良；后续加大抽样3件，其中1件发现同样问题	对78件产品进行调查，由几个班次生产，对每个班次生产的批次按照MPS要求进行抽样，发现不合格本班次生产的报废，最后58件合格，重新生产20件，检验合格

6.5　本章小结

水下井口和采油树是海洋油气开发的高端重要装备，高度集成，可靠度要求高。截至目前，在国内海洋油气开发使用量相对较少。为了方便读者理解，本章节占用较大篇幅介绍了水下井口和采油树设备的构成及工作条件等内容。结合驻厂监造实践，梳理了典型水下井口和采油树的质量控制大纲，并针对现场监理过程中发现的质量问题进行汇总分析，以期为水下装备国产化的质量控制工作提供思路及参考。

7 质量控制数智化技术

7.1 数智化转型背景

《设备监理行业发展规划(2021—2025 年)》中提到，要关注国家新型基础设施建设、制造业数智化转型和“两化”深入融合的政策方向，鼓励设备监理行业技术创新和服务模式创新，基于 5G 网络，推进物联网、大数据、云计算、人工智能等新一代信息技术手段在设备监理服务领域的创新应用，增强个性化、多样化、柔性化服务能力，培育设备监理服务新产品、新业态、新模式，推动传统监理服务高端化、数字化、智慧化。

目前，传统的设备监理模式采用多名设备监理工程师长期驻厂，采取旁站的方式对设备加工及调试的关键节点进行监督，对于监理过程中发现的问题基本采用文字结合照片描述的模式来记录及传递。设备监理工程师主要依据监理细则对关键零部件的各类报告、证书、材料进行审核，以及对关键和重要工序进行抽检及过程见证等。传统的设备监理服务模式数字化智能化程度不高，效率较低，占用了较大的人力、物力。因此，急需研发先进的数智化技术对传统的设备监理服务模式进行升级，以提高服务效率，提升设备监理专业化水平。

7.2 设备监理单兵支持系统

7.2.1 顶层设计

针对传统的监理模式中存在的不足，采用最先进的信息化技术开发设备监理单兵支持系统，集成各种硬件设备，包括监理记录仪、手持终端 PDA 等，形成一套实用、可靠的装备系统，如图 7－1 所示。

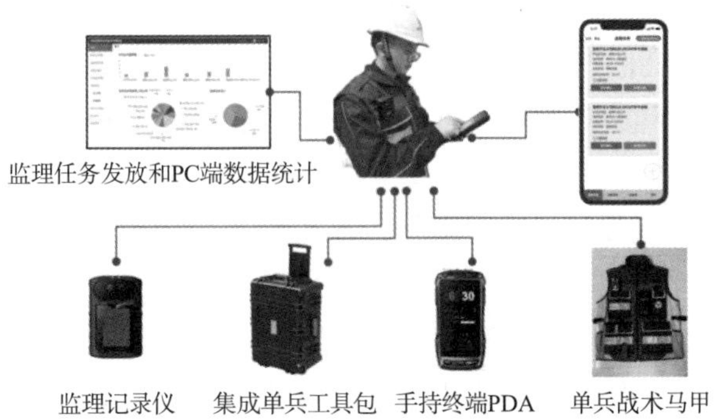

图 7－1　单兵装备整体设计

(1) 标准化监理支撑系统研发与数据库建立

基于 B/S 架构与模块化系统设计，采用 App＋PC 的双端开发，拆解设备监理不同场景不同专业检查表中的质量控制要素，实现设备监理项目场景的数字化与业务管理标准化，建立设备监理业务基本数据库。

(2)单兵装备与支撑系统数据交互

通过蓝牙、Wi-Fi 及4G 网络通信技术和嵌入式硬件开发等方式，实现不同模块之间的数据共享和传输，提高信息的共享性、及时性与有效性，增强人机交互的信息化水平和交互效率。

(3)单兵装备优化改造与集成成套

充分调研国内外设备监理现场配备的个人防护用品及检测设备，从 PPE、手持终端、影像交互设备、检验检测设备、其他专用工具等方面入手，结合人体工程学设计，进行装备的对比选型、设计优化与定制化改造，建立设备监理的单兵装备体系，形成标准化成套装备。

7.2.2 系统建设

单兵装备系统包括监理任务管理模块、问题清单管理模块、检查表管理模块和个人信息管理模块等，各模块协同工作，实现设备监理过程的全流程数字化管理，如图 7 －2 所示。

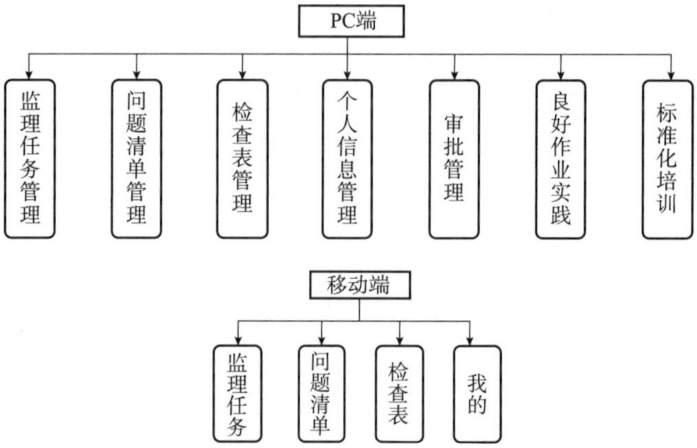

图7－2　单兵装备系统框架

(1)监理任务管理

总监理工程师通过监理任务管理模块下发监理任务，现场监理人员通过手持终端获取信息并执行任务，如图7－3、图7－4 所示。通过此功能管理每一次监理任务，实现系统提交现场发现的监理问题，提取数据库中的检查表，针对检查内容进行详查并反馈监理报告。

(2)问题清单管理

问题清单管理模块可对现场发现的问题做列表管理，查看问题详细内容，进行搜索、新增问题、修改当前问题、删除问题等操作，如图7－5 所示。

图 7－3 监理任务管理页面

图 7－4 App 端任务页面

图 7－5 问题清单管理页面

（3）检查表管理

检查表管理是开展设备监理服务的前期准备工作，通过配置基础数据对不同的监理产品检查表进行分类。针对父级检查表设置子级检查表，并对每一类检查表进一步细分，列举设备监理实施检查内容，能够实现录入检查表形成检查表数据库，并对库内的检查表进行新建、修改、删除、搜索等操作管理，如图 7－6 所示。

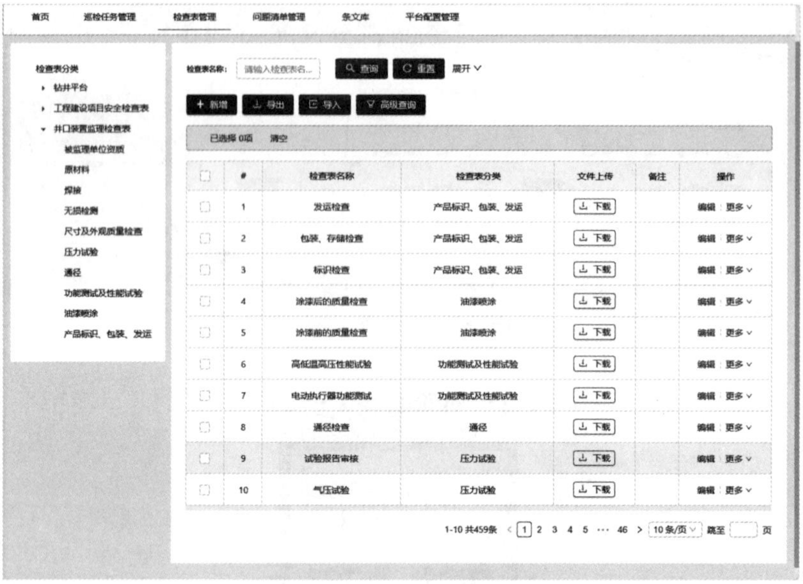

图 7-6　检查表管理页面

图 7-7　审批确认页面

(4) 个人信息管理

个人信息管理模块具有基础信息管理、数据权限管理及监理记录管理三大功能。根据用户身份设置不同权限，区分总监理工程师与现场监理人员职责，实现监理人员队伍梯队化管理。

(5) 审批管理

通过设置签字点，实现设备监理项目的审批流转流程，形成一个标准化的工作流程，如图 7-7 所示。

(6) 良好作业实践管理

设备监理工作过程中，对于现场符合性内容进行拍照记录，整理为亮点工作，在系统中展示，便于总结学习。业务相关资料汇总在系统中，通过数据共享快速提升设备监理人员的知识储备和监理技术能力。

(7) 标准化培训管理

建立标准化培训数据库，可以在系统中上传标准化的培训课件，培训课件支持新增、导入导出、编辑、删除、搜索等功能，供现场监理人员参考学习，提高设备监理团队专业化水平。

7.3　数智化监理实践

此套数智化装备系统的使用角色有现场监理人员、项目管理者及监理委托人，同时在设备监理项目前、中、后期均能适用，实现设备监理全生命周期多方位全覆盖。

7.3.1 前期应用

前期应用主要体现在入厂初期的资质审核环节。监理人员使用手持终端，对工厂资质证书、关键岗位人员资质证书、设备仪器检定证书、工艺程序文件等拍照上传至过程文件模块，同时提取证书号及有效期等关键信息，自动判断有效性并预警提示。此外，监理过程报告审核也是类似操作，智能匹配相关数据进行对比，可以减少监理人员手工录入，提高工作效率。

7.3.2 中期应用

(1)进度动态可视化

监理人员收集整理产品生产进度信息并形成数据库，可按生产厂、合同、订单、产品类别(名称、型号、规格)、生产进度(原材料入场及复检、焊接、无损检测、尺寸及外观质量检查、压力试验、油漆喷涂、产品包装发运等)进行查询，实时掌握各产品信息及生产进度。项目管理人员利用监理任务管理模块的进度监测和信息处理系统，预测进度发展、制订控制和调整方案及实施有效进度调控，有效实施项目的进度管理。同时监理委托人可通过 PC 端进入后台数据可视界面及时查看产品生产进度及监理进度。

(2)监理任务执行辅助

根据监理产品制造检验工艺流程，设计监理现场专项检查表。将其嵌入单兵装备系统，根据生产厂生产实况，监理人员使用手持终端关联相应的检查表逐项完成检查，如图 7－8 所示。通过见证记录拍照、参考标准比对、一键上传系统完成新增监理问题和添加见证记录，实现监理现场的无纸化操作。

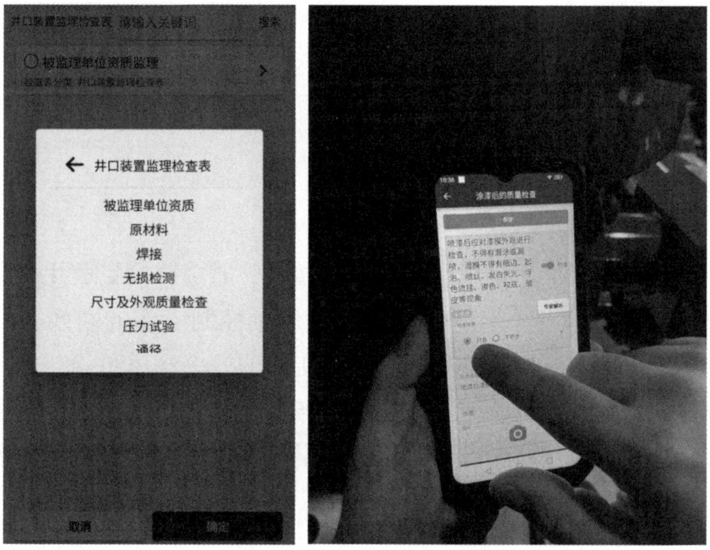

图 7－8　井口装置检查表应用

图7－9　监理过程实时记录

(3)监理过程实时记录

现场监理人员在执行监理任务时，使用监理记录仪(图7－9)，在取景预览模式下，按下相应键，自动开始记录视音频信息，按下停止键，停止记录并且保存记录内容，通过连接网络数据共享，实现高清图像实时传输、浏览，快速反馈现场工作状态及产品实物。该功能模块对于设备加工制造的特殊过程及关键工序有重要作用，是产品出现质量问题后进行过程追溯的原始记录。

(4)监理过程文件管理

单兵装备系统具备文件上传、数据录入、检索查询、在线编辑等功能，可以保留监理全过程的关键记录，供现场监理人员随时调取过程文件进行查阅、下载及使用，提高监理工作效率，同时辅助项目管理人员做好项目过程文件管理。

7.3.3　后期应用

(1)监理成果一键生成

项目管理人员在编制完工文件的过程中，通过设备监理单兵装备系统自动对监理过程产生的各类资料数据进行分类整理汇总，一键生成成果文件，对技术要求和实际产品情况作出全面响应。

(2)监理数据库建立

所有监理数据在系统中同步留存，项目管理人员和监理委托人可随时查看历史记录，有助于规避设备监理责任风险。

7.4　本章小结

本章探讨了设备监理服务质量控制的数智化转型。通过研发集成化设备监理单兵装备系统和构建全流程数字化管理平台，实现了设备质量控制工作的高效、实时和智能化管理。该智能装备系统的应用不仅提升了设备监理工作的效率和质量，还为监理人员提供了知识沉淀和技能提升的平台，标志着设备监理服务向高端化、数字化、智慧化的转型。未来，可进一步探索数智化技术在提升监理服务质量、优化资源配置以及增强风险管理能力方面的潜力。

8　设备监理服务质量评价

8.1　服务质量评价的意义

为确保产品的质量得到保障，需要专业化的设备监理服务，对设备形成的全过程进行监理，避免设备使用过程中产生各类质量问题。目前缺乏一套科学有效的设备监理综合性服务评价方法，导致业主对设备监理工作认识不够充分，业务认可度有待提高。

对于设备监理单位自身而言，设备监理服务质量的高低和自身素质的好坏是影响监理项目开展情况以及设备监理单位的市场价值的重要因素。

(1)设备监理服务质量的有效评价为设备监理单位的自身改进提供信息和数据，证实和发现影响服务质量各要素的符合性和差距，有利于服务质量的持续改进与创新。

(2)设备监理单位对不同项目监理服务质量进行评价和比较，以发现相互间的质量差距，作为考核评价的依据，有利于监理人员素质的提高。

(3)为设备监理单位提供了如何制定质量控制规范的思路和方法，有利于提高监理单位的市场竞争力。

(4)争取业主信任度的重要手段，设备监理服务质量评价应充分收集和分析业主反馈意见，做好信息记录，确保信息准确、可靠，提前发现存在的问题和潜在问题，及时采取改进措施，满足业主需求，进一步加强业主对设备监理工作的认可度，赢得业主的高度信任。

对于业主而言，对设备监理单位服务质量的有效评价，让业主充分掌握监理服务过程信息，是业主体验高质量设备监理服务的重要环节。业主对设备监理服务质量进行评价，获取真实可靠的信息，消除对设备监理单位的后顾之忧，从而对设备监理服务保持高度信任并大力支持，对所获得的监理服务有激励作用，实现超越预期的服务感受。

对于设备监理行业而言，公平、公正的服务质量评价可用于不同监理单位服务质量水平的比较，作为行业评价的依据，促进监理市场的良性竞争，有利于相关监管部门对设备监理行业的宏观把控，对设备监理的可持续发展具有重要意义。

要成功实现设备监理服务，设备监理单位除了应具备充分的资源和服务实现的能力及手段外，还应根据设备监理单位的服务质量标准对监理项目的过程和结果进行及时评价，实现各阶段的监理服务的实时监视与测量。通过建立设备监理服务质量评价模型，将监视和测量中所获得的信息数据进行详细分析，以便发现问题，及时采取预防、纠正措施，实时进行有针对性的改进，以提高业主及相关方的满意度。

8.2 设备监理单位自评价

设备监理单位自评价是指设备监理单位内部的自我评价，包括监理服务过程质量和服务结果质量评价。设备监理单位应确定需要收集、分析和评价的数据和信息，根据管理体系规定或监理工作需要，定期和不定期地组织内部自查。评价的内容尽可能细化并体现所监理的项目和监理委托人的特点；评价的方式尽可能方便易行；评价的频次与监理项目的规模、复杂程度以及设备监理单位的管理习惯有关，可以在设备监理单位的管理评审中进行，也可以在周例会、月度例会、季度例会中开展。

不定期对各项目监理机构驻厂监造工作进行现场检查，包括检查工作进展情况，各项制度执行情况，监理工作记录情况等，分析存在的问题，对于不合格的监理服务，及时采取措施予以控制与处置，包括纠正不合格或采取补救措施。监理过程现场检查重点内容如表 8－1 所示。

表 8－1 设备监理现场检查项目表

序号	检查项目	问题描述
1	质量管理体系是否有效运行	
2	委托监理合同履约情况	
3	质量和安全目标控制和相应监理承诺落实情况	
4	进度和投资目标控制和相应监理承诺落实情况	
5	监理服务策划成果和监理内部交底是否有效	
6	监理组织的项目交底和其他预控措施是否有效	
7	公正廉洁管理和业务培训情况	
8	监理过程和工作成果是否受控	
9	监理控制点、见证点的监理工作是否到位	
10	监理巡视检查的内容、范围、频次是否到位	
11	是否及时准确签发监理指令并督促整改、关闭	
12	监理记录和资料管理相关工作是否到位	

定期召开监理工作例会，总结监理服务过程情况、项目实施情况、合同履约情况、HSE 情况等，根据监理服务的合同约定和相关要求，在对监理服务过程进行现场检查的基础上，对照监理服务目标和项目实施目标，对监理服务过程和结果的合规性、有效性和改进措施进行综合评价。

(1)合规性评价：对照委托监理服务合同和设备监理单位管理细则和服务标准要求，评价监理服务过程和结果的符合情况。如果评价结果是不符合或基本符合，需进一步评价这些情况可能给设备监理单位带来哪些风险，这些风险是否可以承受。

(2)有效性评价：对照监理项目实施现状与项目安全、质量、进度、投资目标和共同确认的实施方案、工作计划，评价项目实施现状是否满足目标和计划要求，并进一步评价监理服务是否具有足够的针对性、及时性和有效性。

(3)改进措施评价：结合上述评价分析，是否需要采取必要的纠正和预防措施，进一步提升监理服务合规性和有效性的水平。如果涉及不合格监理服务，按照委托监理服务合同约定和设备监理单位关于“不合格监理服务控制”的相关要求，提出相应的整改要求和纠正措施等处置意见。

设备监理单位完成内部评价后，督促相关监理人员及时完成问题整改、不合格纠正或补救，完成监理计划等策划文件的修改和报审等后续环节。

8.3 监理委托人评价

8.3.1 设备监理服务质量差距分析模型

8.3.1.1 建立差距分析模型

服务质量差距分析模型是用来找出差距和差距产生的原因，分析服务质量问题产生的根源，从而有针对性地进行改进的一种分析模型。目前设备监理单位大多采用评语法测量设备监理服务质量，使用委托人反馈表的形式听取监理委托人评价。这种方法只能进行定性描述而不能全面获取设备监理服务质量的有效信息，不能充分反映满足委托人需要的程度和监理服务的差距。因此，为了更好地测量监理服务质量，分析设备监理服务质量的现状和趋势，识别改进的方向，制定有效的改进措施，提高服务质量，建立了设备监理服务质量差距分析模型，如图 8－1 所示。该模型说明了服务质量是如何形成的，上半部分表示与监理委托人有关的过程，下半部分表示与设备监理单位有关的过程。

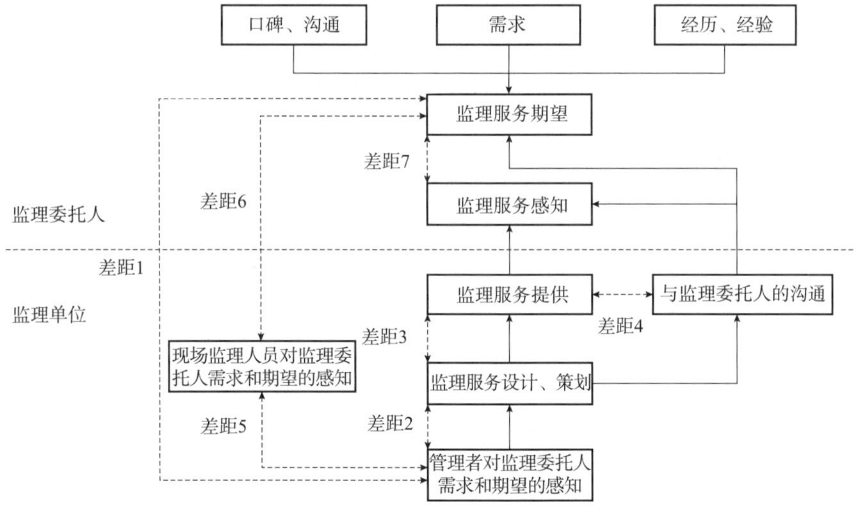

图 8－1 设备监理服务质量差距分析模型

在设备监理服务质量差距分析模型中，设备监理服务质量是监理委托人对服务表示满意程度的感知值与其期望值的差距，即服务质量＝感知值－期望值。其中，期望值是由监理委托人过往的经历、经验、监理需求以及口碑沟通等确定的，它受到设备监理单位与监理委托人沟通活动的影响；感知值是指监理委托人对监理服务的实际体验，它产生于设备监理单位一系列内部的决策和活动；监理委托人期望的服务与感知的服务之间的差距是模型的核心，感知值远大于期望值则表示设备监理单位服务质量高，反之则表示服务质量低。

8.3.1.2 服务质量差距

设备监理服务质量差距模型分析了产生服务质量问题可能的根源，即图 8－1 所示的 7 种服务质量差距，其中监理服务期望与感知之间的差距(差距 7)是主要的，是其他差距的函数，是由整个过程的其他差距综合作用引起的，即

差距 7 $=f$(差距 1、差距 2、差距 3、差距 4、差距 5、差距 6)。

因此，要想提高设备监理服务质量水平，就需要尽力缩小这 6 个方面的差距以使委托人满意。以下具体讨论设备服务质量的 7 种差距。

(1)差距 1：管理者认知差距

设备监理单位在市场调研、前期沟通及投标过程中并没有充分识别和理解委托人的需求和期望而产生了认知上的差距。造成这种差距的因素有：

1)管理者对市场调研和需求分析的信息不准确；

2)从设备监理单位与委托人联系的层次向管理者传递的信息失真或丧失；

3)设备监理单位内部组织层次复杂，阻碍或改变了在同委托人联系中产生的信息。

这种差距往往源于管理层，表现在设备监理服务提要以及投标文件中。要缩小管理者的认知差距，设备监理单位需要重视市场调研，改进调研方法，将市场调研和需求分析集中在提高服务质量上；加强与委托人的沟通，改善管理层与市场人员之间的信息沟通渠道，减少管理层次；在投标过程中提高对投标文件和服务提要的评审质量，确保识别和理解委托人需求和期望的符合性、准确性。

(2)差距 2：服务设计、策划差距

设备监理单位制定的相关服务质量标准，未能准确反映出管理者对委托人期望的理解，产生了服务设计和策划差距。造成这种差距的因素有：

1)没有针对特定的项目监理服务制定正确的服务设计和标准；

2)管理层对监理服务质量重视程度不够，缺乏支持力度；

3)监理单位有限的资源限制了期望服务；

4)监理服务目标设置不当；

5)监理任务的标准化程度不足，监理人员提供的服务不规范。

服务设计、策划差距是由管理者认知差距决定的，也受设备监理单位自身的资源限制和质量管理体系运行情况所影响。此项差距主要反映在针对各项目的监理计划和监理细则，将管理者认知转化为服务规范，关键是监理服务的标准化，标准化程度越高，服务设计、策划差距越小。

(3)差距 3：服务提供差距

监理服务提供差距是指实际提供的监理服务未能达到监理服务设计、策划的质量标准。造成这种差距的因素有：

1)监理计划及监理细则过于复杂或标准过于苛刻，可执行性不高；

2)现场监理人员对质量计划或监理细则认可程度不够；

3)服务标准与设备监理单位自身管理机制存在冲突；

4)现场人员能力素质不足，无法胜任按照标准规范提供服务；

5)项目过程管理欠缺，监督控制系统功能不完善；

6)现场监理人员与项目管理人员的团队协作不充分；

7)监理服务的技术支持不够。

服务提供差距的影响因素较多，通常由设备监理单位的人员、管理、标准三个方面两两组合或共同作用所产生，因此需综合各类因素有针对性地提出减少和避免差距的改进措施。

(4)差距4：信息沟通差距

监理服务信息沟通差距指的是同监理委托人沟通的服务质量信息与现场实际提供的监理服务质量不一致。造成这种差距的因素有：

1)设备监理单位服务承诺过高，造成实际与承诺不一致；

2)服务质量宣传过度，造成误解；

3)设备监理单位与委托人沟通不及时、不充分，未能反映真实现状；

4)设备监理单位对委托人的反馈意见不够重视；

5)项目监理机构与设备监理单位之间缺乏及时有效的沟通。

项目监理机构作为监理委托人的现场代表，与委托人的信息沟通尤为关键，主要表现形式有日报、周报、月报、季度总结、年度总结及专题报告等。由于此类沟通方式的局限性，所包含的信息内容不够全面，不能客观地反映现场真实情况，监理服务信息沟通存在差距是必然的。此外，在投标和合同签订过程中也存在承诺过多的倾向，也是造成信息沟通差距的原因之一。

(5)差距5：现场人员与管理者的认知差距

现场人员与管理者感知差距指现场监理人员与管理者对委托人期望的认知不统一。造成这种差距的因素有：

1)设备监理单位企业文化与现场监理习惯做法不一致；

2)现场监理人员与上级管理层之间缺乏沟通；

3)设备监理单位信息反馈制度不完善；

4)项目监理机构组织形式不当。

项目监理机构的组织形式要与监理的设备工程项目本身的特点相适应，也要与设备监理单位的实际能力与实际管理水平相适应。同时，好的企业文化有助于一线员工与管理层有效沟通，消除隔阂，统一认识，缩小现场人员与管理者的感知差距。

(6)差距6：现场人员之间的认知差距

现场人员之间的认知差距，指委托人服务期望与现场监理人员感知之间的不一致。造成这种差距的因素有：

1)项目监理机构的人员规模大小与实际需求不匹配；

2)现场监理人员之间缺乏团队协作；

3)现场监理人员沟通能力不足。

一线服务人员与委托人期望的认识不统一，主要受人员配置及人员素质所影响。根据委托人的监理需求，项目监理机构的人员配置与规模需要与项目本身性质、规模、工期和复杂程度相匹配。此外，需加强人员培训，为他们提供物质和精神上的支持，加强内部沟通，减少冲突。

(7)差距7：感知服务质量差距

感知服务质量差距指委托人感知的或经历的服务与期望的服务不一致。造成这种差距的原因是其他6类差距原因的组合，根据其他差距的大小不同，委托人会产生不同的感受，表现为顾客满意度。该差距会导致以下后果：

1)消极的服务完工评价；

2)对企业形象造成消极影响；

3)破坏该项业务的服务口碑；

4)市场竞争力下滑，丢失相关监理业务。

8.3.1.3 服务期望值与感知值测量

(1)监理服务期望

监理委托人决定委托监理前对其需求的监理服务寄予期待和希望，了解需求可以基本把握监理委托人的期望，但需求和期望并不完全相同，期望来源于需求且高于需求。测量监理服务的期望值，需要了解影响委托人期望的因素是什么。在设备监理服务中，监理委托人的期望主要表现在以下4个方面：

1)对设备监理单位总体印象和服务能力满足监理需求上的期望；

2)对项目监理机构总监理工程师和成员服务态度及可信度方面的期望；

3)对监理服务提供过程中可靠性和可依赖性方面的期望；

4)对监理服务价值方面的期望。

(2)监理服务感知

测量监理服务的感知值，需要明白服务质量感知来源于哪里。监理服务感知包括委托人对服务质量的感知和价值的感知。其中，质量感知又分为技术质量的感知和功能质量的感知。

技术质量是指监理服务的结果，对技术质量的感知包括：

1)被监理单位的合同行为和结果是否得到有效监控，即项目进展受控状况；

2)设备监理单位在实现项目目标中的作用和贡献大小；

3)监理委托人能否获得所期望的监理信息及资料，即项目现场信息；

4)监理委托人的决策是否得到有效贯彻并执行；

5)监理服务是否有超过委托人的期望。

功能质量是指监理服务的过程及监理人员的能力，对功能质量的感知包括：

1)项目监理机构的组织形式、现场监理人员的专业配置情况；

2)监理人员服务态度、责任感和职业道德等；

3)监理服务的规范性；

4)监理人员的能力，包括项目管理能力、专业判断能力、综合协调能力等；

5)完善的、可追溯的监理记录，痕迹化文件管理；

6)对重点关注问题咨询的可靠性和有效性等。

价值感知表现为监理委托人关注的问题，如项目进度是否受控，发现出现影响进度的因素，是否及时采取措施，纠正进度偏离；是否能够提前预防、及时发现、及时处理监理产品的制造质量，使得质量能够达到要求；产品是否按时交付；委托监理单位进行管理与自身的项目管理之间的比较感受；监理服务所需报酬与其服务价值的匹配度感受等。

(3)关键测量指标

上述列举了监理委托人对设备监理服务期望及感知的多项要素内容，但在实际运用上述要素进行测量时，部分要素测量时的可操作性不强，因此筛选部分关键要素用于设计顾客满意度调查表或构建服务质量评价指标体系，选取关键测量指标如表8-2所示。

表8-2 设备监理服务质量关键测量指标

一级指标	二级指标	指标说明
监理策划	投标	设备监理服务提要和投标文件是否符合顾客需求与期望
	前期准备工作	监理计划、监理细则、服务质量标准等是否满足项目需要
过程管理	工期进度控制	项目进度是否受控，发现出现影响进度的因素，是否及时采取措施，纠正进度偏离
	过程质量控制	是否能够提前预防、及时发现、及时处理监理产品的制造质量，使得质量能够达到要求
	交付及时性	产品是否按时交付
	合同管理	被监理单位的合同行为和结果是否得到有效监控
监理人员	人员配置	人员的专业配置和到位情况
	服务态度	包括责任感、职业道德等
	能力匹配	包括项目管理能力、专业判断能力、综合协调能力等
服务价值	期望价值	是否有效地贯彻并执行了委托人的意图和决定
	信息价值	项目进展中的现场信息是否有效传达
	文件管理价值	监理记录的可靠性、可信性、完整性

8.3.2 监理服务顾客满意度

8.3.2.1 基本概念

顾客是指能够或实际接受为其提供的，或按其要求提供的产品或服务的个人或组织，在设备监理服务关系中的“顾客”为监理委托人。让顾客满意是设备监理质量管理最主要、最基本的目标，以顾客为中心是质量管理的首要原则。根据GB/T 19000—2016中的定义，顾客满意是“顾客对其要求已被满足的程度的感受”，是监理单位为监理委托人提供监理服务过程中产生的，来源于监理委托人的要求/期望被满足程度的感受。

8.3.2.2 满意度分级

顾客满意度是顾客满意程度的量化表示，运用计量模型和抽样统计方法，通过评价顾客对一组项目因子或评价指标的感知和体验，得到一个总计或回归的量化指标来综合反映顾客对某个对象的满意水平。顾客满意是一个感知和评价的心理过程，具有动态性，而顾客满意度有很大的主观性，受到多种因素的影响，因此将顾客满意度定性描述分为五个级别，如表 8 – 3 所示。

表 8 – 3　顾客满意程度评分对应表

序号	评分区间(分)	满意程度	说明
1	100 ~ 90	很满意	监理委托人的要求不仅得到了满足且超过预期
2	89 ~ 80	满意	监理委托人的要求得到很大满足，但并没有超过预期
3	79 ~ 60	较满意	监理委托人的要求基本得到满足，略有遗憾，但总体值得
4	59 ~ 40	不满意	监理委托人的要求没有得到很好的满足，对服务感到不值得
5	39 ~ 0	很不满意	监理委托人的要求根本没有得到满足，大失所望，甚至有抱怨或投诉

8.3.2.3　满意度测量

根据 8.3.1.3 节关键测量指标的选取，设计顾客满意度调查表如表 8 – 4 所示。

表 8 – 4　顾客满意度调查表

服务属性	评价要素	期望分值[1]	感知分值[2]
监理策划	投标		
	前期准备工作		
过程管理	工期进度控制		
	过程质量控制		
	交付及时性		
	合同管理		
监理人员	人员配置		
	服务态度		
	能力匹配		
服务价值	期望价值		
	信息价值		
	文件管理价值		

1. 期望分值说明：对各评价要素的重要性进行区分，尽量避免期望分值出现重复，建议在区间[100，70]选取。
2. 感知分值说明：很满意(100 ~ 90)、满意(89 ~ 80)、较满意(79 ~ 60)、不满意(59 ~ 40)、很不满意(39 ~ 0)。

基于 SERVQUAL 理论，顾客满意度测量公式为

$$SQ = \sum_{i=1}^{12}(P_i - E_i) \qquad (8-1)$$

式中　SQ——感知服务质量，也是顾客满意度；

P_i——顾客对第 i 个因素的感受分数；

E_i——顾客对第 i 个因素的期望分数。

由式(8 – 1)获得的 SQ 是在四大服务属性及评价要素同等重要条件下单独测量的结

果，但实际上监理委托人对不同项目监理服务质量有所侧重。根据期望分值计算顾客重要性权重，加权平均得出复合满意度，如式(8-2)、式(8-3)所示：

$$w_i = E_i / \sum_{i=1}^{12} E_i \tag{8-2}$$

$$SQ = \sum_{i=1}^{12} (P_i - E_i) w_i \tag{8-3}$$

式中　w_i——顾客对第 i 个因素的重要性权重。

若复合满意度测量结果 SQ 大于或等于0，表示顾客很满意、满意或较满意；若 SQ 小于0，则表示顾客不满意或很不满意。

8.3.3　设备监理服务质量模糊综合评价模型

上述章节首先利用服务质量差距分析模型对影响设备监理服务质量的因素进行了分析，对监理委托人感知与期望差距进行了定性描述；然后利用顾客满意度测量计算了服务质量分数，得到初步的定量评估结果。然而，以上两部分内容并不能充分反映委托人对监理服务的感知，还需要进行更为细致的分级评价。因此本节采用基于层次分析(Analytic Hierarchy Process，AHP)的模糊综合评价方法将定性描述的设备监理服务质量加权处理，进行定量计算，以实现对设备监理服务质量有效评价。

模糊综合评价法是根据模糊数学的隶属度理论把定性评价转化为定量评价，即用模糊数学对受到多种因素制约的事物或对象做出一个总体的评价。它具有结果清晰、系统性强的特点，能较好地解决模糊的、难以量化的问题，适用于影响因素复杂、服务属性多的服务质量评价，可以在数据不充分的条件下减少主观臆断带来的弊端，比一般的评价方法更符合客观实际。

8.3.3.1　建立因素集

因素集就是影响评价对象的各种因素组成的一个普通集合，即 $U=\{u_1, u_2, \cdots, u_n\}$。由表8-2可知，因素集 U 可分为一级指标及二级指标，共由16个服务质量评价因素组合而成，即 $U=\{u_1, u_2, u_3, u_4\}$；$u_1=\{u_{11}, u_{12}\}$；$u_2=\{u_{21}, u_{22}, u_{23}, u_{24}\}$；$u_3=\{u_{31}, u_{32}, u_{33}\}$；$u_4=\{u_{41}, u_{42}, u_{43}\}$。因此，建立设备监理服务质量层次结构模型，如图8-2所示。

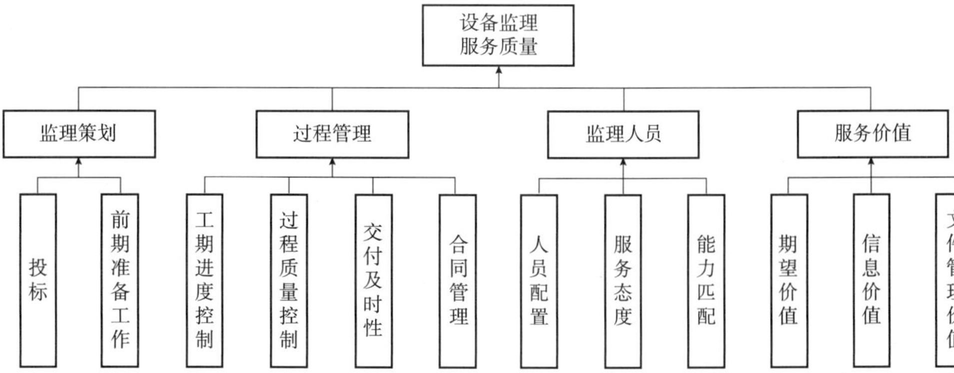

图8-2　设备监理服务质量层次结构模型

8.3.3.2 建立评语集

将设备监理服务质量分为A、B、C、D、E五个级别，建立评语集 V =（很高，较高，一般，较差，差），并对其赋值为 V =（5，4，3，2，1）。

根据关键测量指标的选取，设计满意度调查表，通过业主对设备监理单位的每个评价要素进行打分，获取二级指标的评价分数。评价分数和评语集对应的关系为：90 < 评分≤100为很满意，分级标准为很高，赋值为5分；80 < 评分≤90为满意，分级标准为较高，赋值为4分；60 < 评分≤80为较满意，分级标准为一般，赋值为3分；40 < 评分≤60为不满意，分级标准为较差，赋值为2分；评分≤40为很不满意，分级标准为差，赋值为1分。设备监理服务质量评级标准如表8-5所示。

表8-5 设备监理服务质量评级标准

级别	分级标准	对应顾客满意度	赋值
A	很高	很满意	5
B	较高	满意	4
C	一般	较满意	3
D	较差	不满意	2
E	差	很不满意	1

8.3.3.3 指标权重计算

根据选取的关键测量指标，对设备监理服务质量涉及的4个一级评价指标及12个二级评价指标，采取两两比较的方法，通过调查问卷的形式，分别让相关领域专家进行打分评判。为确保赋值的客观性及全面性，确定专家人选时充分考虑了专家的擅长领域及专家人数，包含生产厂方人员，第三方监理机构、监理委托方等共计12位。采用"1～9标度法"邀请相关领域专家对设备监理服务质量评价指标进行权重赋值，权重取值标度如表8-6所示。

表8-6 权重取值标度

标度	含义
1	表示两个因素相比，具有相同重要性
3	表示两个因素相比，一个比另一个稍微重要
5	表示两个因素相比，一个比另一个明显重要
7	表示两个因素相比，一个比另一个很重要
9	表示两个因素相比，一个比另一个极端重要
2，4，6，8	上述两相邻判断的中值
倒数	因素 i 与 j 比较得到的判断 P_{ij}，则因素 j 与 i 比较得到的判断 $P_{ji}=1/P_{ij}$

根据专家打分的数值构建判断矩阵，并对所构建的矩阵进行一致性检验，首先求取判断矩阵最大特征根 $\lambda_{\max}$，进而求取一致性 CI 值。

$$CI=\frac{\lambda_{\max}-n}{n-1} \tag{8-4}$$

式中，n 为矩阵阶数。CI 越小，一致性越好。考虑一致性的偏差可能是随机的，在检验判断矩阵是否具有令人满意的一致性时，将其与平均随机一致性指标 RI 进行比较，得到检验系数 CR。

$$CR=\frac{CI}{RI} \tag{8-5}$$

如果 CR 值小于 0.1，可以认为判断矩阵通过一致性测试；否则，未通过一致性测试，一致性指标 RI 值如表 8－7 所示。

表 8－7　一致性指标 *RI* 值

矩阵阶数	1	2	3	4	5	6	7	8	9	10
RI	0	0	0.58	0.9	1.12	1.24	1.32	1.41	1.45	1.49

通过计算，收集的 12 份调查问卷检验系数 CR 均小于 0.1，一致性检验全部通过。

通过方根法计算得出各个一级指标和二级指标的相对权重，通过各个一级指标的相对权重与其对应的二级指标的相对权重进行乘积运算，最终计算得出各个二级指标的综合权重，如表 8－8 所示。

表 8－8　设备监理服务质量指标权重

一级指标	二级指标	平均综合权重	重要度排序
监理策划	投标	0.1141	3
	前期准备工作	0.1548	1
过程管理	工期进度控制	0.0619	8
	过程质量控制	0.1388	2
	交付及时性	0.0883	5
	合同管理	0.0554	9
监理人员	人员配置	0.0368	12
	服务态度	0.0501	10
	能力匹配	0.0635	7
服务价值	期望价值	0.1070	4
	信息价值	0.0500	11
	文件管理价值	0.0793	6

8.3.3.4　评价隶属度矩阵确定

通过对业主满意度调查，得到各指标对应于评语集的隶属度，从而得到所需的设备监理服务质量评价矩阵。

$$\boldsymbol{R}=\begin{bmatrix} r_{11} & r_{12} & \cdots & r_{1m} \\ r_{21} & r_{22} & \cdots & r_{2m} \\ \vdots & \vdots & & \vdots \\ r_{n1} & r_{n2} & \cdots & r_{nm} \end{bmatrix} \tag{8-6}$$

$\boldsymbol{R}$ 是因素集 U 到综合评语集 V 的模糊映射矩阵，其中 r_{nm} 表示因素 u_i 对评价 v_m 的隶属程度。

$r_{11}=\frac{v_{11}}{v}$，$r_{12}=\frac{v_{12}}{v}$，…，$r_{15}=\frac{v_{15}}{v}$，其中，v 为参与满意度调查的业主人数，v_{11} 为“90 < 评分≤100”的人数，v_{12} 为“80 < 评分≤90”的人数，v_{13} 为“60 < 评分≤80”的人数，v_{14} 为“40 < 评分≤60”的人数，v_{15} 为“评分≤40”的人数。

8.3.3.5 综合评价结果计算

设备监理服务质量评估结果 D 为评估向量 $\boldsymbol{B}$ 与设备监理服务质量评级赋值 V 的乘积，即

$$D=\boldsymbol{B}\times V \tag{8-7}$$

评估向量 $\boldsymbol{B}$ 是对各因素模糊映射矩阵作用以相应的权重向量，反映所有因素的综合影响，即评价向量：

$$\boldsymbol{B}=A\cdot R=(a_1,\ a_2,\ \cdots,\ a_n)\cdot\begin{bmatrix} r_{11} & r_{12} & \cdots & r_{1m} \\ r_{21} & r_{22} & \cdots & r_{2m} \\ \vdots & \vdots & & \vdots \\ r_{n1} & r_{n2} & \cdots & r_{nm} \end{bmatrix}=(b_1,\ b_2,\ \cdots,\ b_m) \tag{8-8}$$

模糊综合评价最终得分在(4.5，5)表示本次监理服务质量很高，业主很满意；(3.5，4.5)表示本次监理服务质量较高，业主满意；(2.5，3.5)表示本次监理服务质量一般，业主较满意；(1.5，2.5)表示本次监理服务质量差，业主不满意；(1，1.5)表示本次监理服务质量很差，业主很不满意。

8.4 本章小结

本章分析了设备监理服务质量评价的重要性，提出了一套包含自评价和监理委托人评价的综合评价体系。通过差距分析模型和顾客满意度测量，揭示了影响服务质量的关键因素，并为设备监理单位提供了明确的改进方向。此外，本章还探讨了服务质量与顾客期望之间的关系，为提升监理单位的市场竞争力和业主信任度提供了科学依据。未来，可以进一步考虑文化差异和技术进步对服务质量评价的影响，以促进设备监理行业的持续优化和发展。

参考文献

[1]国家市场监督管理总局．质量管理体系 基础和术语：GB/T 19000—2016[S]．北京：中国标准出版社，2017.

[2]国家市场监督管理总局．质量管理体系 要求：GB/T 19001—2016[S]．北京：中国标准出版社，2017.

[3]张凤荣．质量管理与控制[M]．2版．北京：机械工业出版社，2019.

[4]张智勇．质量管理五大工具[M]．北京：机械工业出版社，2020.

[5]中国设备监理协会．设备监理基础知识和相关法规[M]．北京：中国人事出版社，2023.

[6]中国设备监理协会．设备工程项目管理[M]．北京：中国人事出版社，2023.

[7]国家市场监督管理总局．设备工程监理规范：GB/T 26429—2022[S]．北京：中国标准出版社，2022.

[8]石油装备质量检验编写组．中国石油天然气集团公司质量检验丛书：石油装备质量检验[M]．北京：石油工业出版社，2017.

[9]梁国明，高洪军，魏巍．制造业质量检验员手册[M]．北京：机械工业出版社，2020.

[10]中国设备监理协会．设备工程质量管理与检验[M]．北京：中国人事出版社，2023.

[11]余晨熹，黄文光，薛平．机电产品质量检验[M]．武汉：武汉大学出版社，2014.

[12]杜勤，梁波，谢华，等．金属材料力学性能检测[M]．北京：机械工业出版社，2021.

[13]董清华，刘亚莉，马增敏，等．金属材料化学分析[M]．北京：机械工业出版社，2021.

[14]邵泽波，刘兴德．无损检测[M]．北京：化学工业出版社，2011.

[15]夏纪真．无损检测导论[M]．2版．广州：中山大学出版社，2016.

[16]国家市场监督管理总局．无损检测 超声测厚：GB/T 11344—2021 [S]．北京：中国质检出版社，2021.

[17]国家能源局．承压设备无损检测：NB/T 47013.1～13—2015[S]．北京：新华出版社，2015.

[18]李鹤林．海洋石油装备与材料[M]．北京：化学工业出版社，2016.

[19]张冠军．石油钻采装备金属材料手册[M]．北京：石油工业出版社，2016.

[20]甘永立．几何量公差与检测[M]．上海：上海科学技术出版社，2023.

[21]南秀蓉，丁金昌，谢志远．机械零件几何量测量技术[M]．北京：科学出版社，2016.

[22]张士超，陈小伟，葛伟凤，等．海洋油气钻采装备安全评估[M]．北京：中国石化出版社，2023.

[23]全国咨询工程师(投资)职业资格考试参考教材编写委员会．现代咨询方法与实务[M]．北京：中国统计出版社，2020.

[24]中国石油化工集团有限公司物资装备部．A类石油石化设备材料监造大纲：石油专用设备分册[M]．北京：中国石化出版社，2020.

[25]廖谟圣．海洋石油钻采工程技术与设备[M]．北京：中国石化出版社，2010.

[26]杨进．海洋钻完井装备/中国石油大学北京学术专著系列[M]．北京：科学出版社，2020.

[27]董星亮，曹式敬，唐海雄，等．海洋钻井手册[M]．北京：石油工业出版社，2011.

[28]方太安，熊育坤．石油钻机维护保养手册[M]．北京：石油工业出版社，2017.

[29]侯广平，党民侠．钻井和修井井架、底座、天车设计[M]．北京：石油工业出版社，2021.

[30]苏一凡．海洋石油修井机设计[M]．北京：石油工业出版社，2016.

[31]侯依甫．钻井和修井井架、底座设计指南[M]．北京：石油工业出版社，2005.
[32]王平双，郭士生，范白涛，等．海洋完井手册[M]．北京：石油工业出版社，2019.
[33]章敬．油气井井口装置[M]．北京：石油工业出版社，2018.
[34]国家市场监督管理总局．石油天然气钻采设备 井口装置和采油树：GB/T 22513—2023[S]．北京：中国标准出版社，2023.
[35]中国海洋石油集团有限公司．开发井水下井口和采油树选型及性能要求：Q/HS 14024—2020[S]．北京：石油工业出版社，2021.
[36]国家市场监督管理总局．石油天然气工业 水下生产系统的设计与操作 第4部分：水下井口装置和采油树设备．GB/T 21412.4—2013[S]．北京：中国标准出版社，2014.
[37]国家市场监督管理总局．石油天然气工业 水下生产系统的设计与操作 第1部分：一般要求和推荐做法．GB/T 21412.1—2010[S]．北京：中国标准出版社，2010.
[38]洪毅，郭宏，闫嘉钰，等．水下生产系统关键技术及设备[M]．上海：上海科学技术出版社，2021.
[39]白勇．水下生产系统[M]．哈尔滨：哈尔滨工程大学出版社，2020.
[40]李志刚，姜瑛，王立权．水下油气生产系统基础[M]．北京：科学出版社，2018.